高职高专土建专业"互联网+"创新规划教材

建筑设备与识图

主　编◎曾澄波
副主编◎方　意　李龙焕
　　　　方金刚　万雄威
主　审◎梁亦坤

内容简介

本书突出高等职业教育特色，结合高等职业教育课程改革精神，吸取传统教材优点，充分考虑高等职业教育就业实际，根据模块教学、项目载体的思路编写。本书以教学标准为主要依据，在讲述建筑设备基础知识的基础上，注重理论与工程实践相结合，突出建筑设备识图、安装和验收等实践性内容，每个模块均附有教学导航、知识梳理与总结、复习思考题供读者学习参考，实用性、针对性、直观性强。

本书按建筑设备五大系统的基础知识、系统组成及原理、安装与验收、识图的思路分别介绍，主要内容包括建筑给水排水，建筑电气，建筑通风、防火排烟与空气调节，建筑热水及燃气供应，建筑采暖。书中融入建筑设备发展的新技术、新材料、新工艺，及其在建筑物中的设置和应用情况。

本书既可作为高等职业院校工程造价、建筑工程技术、建设工程管理、建设工程监理、建筑设计和现代物业管理等专业的教学用书，也可作为岗位培训教材。同时，本书还可供从事建筑设计、建筑施工、工程监理、工程造价和物业管理等方面工作的工程技术人员参考。

图书在版编目（CIP）数据

建筑设备与识图/曾澄波主编. —北京：北京大学出版社，2024.3
高职高专土建专业"互联网+"创新规划教材
ISBN 978-7-301-34790-4

Ⅰ.①建… Ⅱ.①曾… Ⅲ.①房屋建筑设备–建筑安装–高等职业教育–教材②房屋建筑设备–建筑安装–建筑制图–识图–高等职业教育–教材 Ⅳ.①TU8

中国国家版本馆CIP数据核字（2024）第028997号

书　　　名	建筑设备与识图 JIANZHU SHEBEI YU SHITU
著作责任者	曾澄波　主编
策 划 编 辑	刘健军
责 任 编 辑	伍大维
数 字 编 辑	蒙俞材
标 准 书 号	ISBN 978-7-301-34790-4
出 版 发 行	北京大学出版社
地　　　址	北京市海淀区成府路205号　100871
网　　　址	http://www.pup.cn　新浪微博:@北京大学出版社
电 子 邮 箱	编辑部 pup6@pup.cn　总编室 zpup@pup.cn
电　　　话	邮购部 010-62752015　发行部 010-62750672　编辑部 010-62750667
印 刷 者	河北滦县鑫华书刊印刷厂
经 销 者	新华书店
	787毫米×1092毫米　16开本　19.75印张　474千字 2024年3月第1版　2024年3月第1次印刷
定　　　价	59.00元

未经许可，不得以任何方式复制或抄袭本书之部分或全部内容。

版权所有，侵权必究

举报电话：010-62752024　电子邮箱：fd@pup.cn
图书如有印装质量问题，请与出版部联系，电话：010-62756370

前言

随着我国经济的不断发展和城市化进程的加速，建筑业的发展形势迅猛，亟须高素质、高技能的建筑类应用型人才。因此国家对高等职业教育政策做了必要的调整，高职高专教育规模得到了迅速的发展，全国各地高等职业院校纷纷设置工程造价、建筑工程技术、建设工程管理、建设工程监理、建筑设计和现代物业管理等专业，但能够做到既符合当前改革形势又适合目前教学形式的优秀教材却很少。为了更好地体现高职高专教育的特点，满足高职高专培养高素质、高技能型人才的需求，同时为了更好地将理论与实践相结合，应用和推广新技术、新工艺、新材料、新设备，并满足建筑类各专业建筑设备课程的教学需要，编者在考虑读者意见并广泛征求相关专家建议的基础上，按照最新的高等职业教育教学改革要求和现行相关专业规范，组织编写了本书。

本书有以下特点。

（1）本书整体导向正确，融入了党的二十大报告内容，突出职业素养的培养，内容科学精练，编排合理，指导性、学术性、实用性和可读性强，符合学校、学科的课程设置要求。

（2）本书以高职高专教育土建类专业教学指导委员会的专业培养目标为出发点，面向广大高职高专学生，理论知识以"必须、够用、会用"为原则，注重实践应用能力的培养。

（3）本书系统地介绍了建筑给水排水，建筑电气，建筑通风、防火排烟与空气调节，建筑热水及燃气供应，建筑采暖等建筑设备五大系统的基础知识。

（4）本书注重理论联系实际，强调建筑设备工程设计和施工的密切结合，以工程应用为重点，侧重建筑设备识图能力及安装能力的培养。

（5）本书以现行建筑设备相关设计、施工验收规范为依据，通过工程实例介绍了国内外在建筑设备技术方面的最新发展及建筑设备在建筑中的设置和应用情况，努力推广应用新技术、新工艺、新材料、新设备，以及环保、节能产品，以满足建筑业快速发展的需要。

（6）本书通过移动互联网技术，以嵌入二维码的纸质教材为载体，融入视频、音频、作业、试卷、拓展资源、主题讨论、课程思政等数字资源，将教材、课堂、教学资源三者深度融合，实现线上线下相结合的教材建设新模式。

本书由广州城建职业学院曾澄波担任主编，广州城建职业学院方意、李龙焕、方金刚、万雄威担任副主编，广东集盛建设有限公司梁亦坤担任主审。本书具体编写分工如下：曾澄波编写模块1，模块2，模块3，模块4的项目4.1、项目4.2、项目4.4，模块5的项目5.1、项目5.2、项目5.6；李龙焕编写模块4的项目4.3；方意编写模块5的项目5.3；方金刚编写模块5的项目5.4；万雄威编写模块5的项目5.5。梁亦坤对全书进行了审读，并提出了很多宝贵意见。本书的编写得到了广东省建筑业协会、揭阳市建筑装饰协会、广东集盛建设有限公司、广州城建职业学院等行业协会、企业和院校的大力支持,在此一并表示感谢!

本书在编写过程中,参考和引用了大量文献资料,在此谨向相关作者表示衷心的感谢!

由于编者水平有限,书中难免有疏漏之处,敬请同行专家及读者批评指正。

编 者

2023 年 10 月

资源索引

目录 Catalog

模块1 建筑给水排水 001
- 项目1.1 建筑给水系统 002
- 项目1.2 建筑消防给水系统 051
- 项目1.3 建筑排水系统 081
- 项目1.4 建筑给水排水施工图 117
- 知识梳理与总结 129
- 复习思考题 130

模块2 建筑电气 132
- 项目2.1 建筑电气基础知识 133
- 项目2.2 建筑供配电系统 143
- 项目2.3 建筑电气照明系统 152
- 项目2.4 建筑防雷与接地 161
- 项目2.5 建筑弱电系统 171
- 项目2.6 建筑电气施工图 184
- 知识梳理与总结 195
- 复习思考题 196

模块3 建筑通风、防火排烟与空气调节 197
- 项目3.1 建筑通风 198
- 项目3.2 高层建筑的防火排烟 204
- 项目3.3 空气调节 212
- 项目3.4 通风空调施工图 226
- 知识梳理与总结 229
- 复习思考题 230

模块4 建筑热水及燃气供应 231
- 项目4.1 建筑热水供应系统 232
- 项目4.2 热水的加热方式及加热设备 241
- 项目4.3 燃气供应系统 248
- 项目4.4 室内燃气管道施工图 260
- 知识梳理与总结 263
- 复习思考题 264

模块5 建筑采暖 265
- 项目5.1 采暖系统的组成与分类 266
- 项目5.2 热水采暖系统 267
- 项目5.3 蒸汽采暖系统 275
- 项目5.4 采暖设备及附件 280
- 项目5.5 采暖系统的布置、敷设及安装 290
- 项目5.6 采暖系统施工图 303
- 知识梳理与总结 308
- 复习思考题 309

参考文献 310

模块 1　建筑给水排水

教学导航

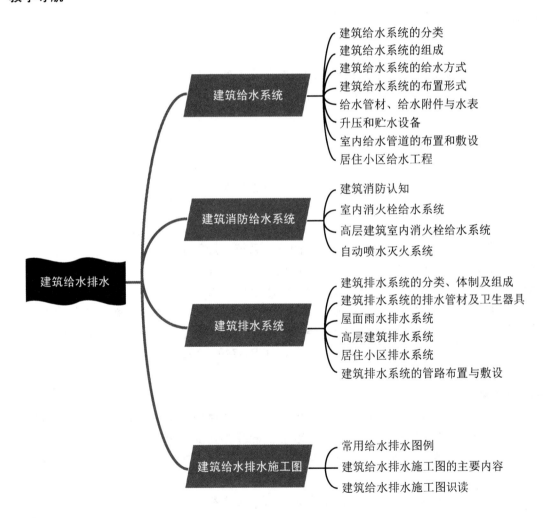

项目引例

某综合楼地下一层，地上五层，建筑高度为20.50m，框架结构，屋面为平屋顶，属多层建筑，建筑面积7331.10m²。该综合楼主要房间有办公室、活动室、空调机房、消防控制室、配电室、车库和卫生间等。该建筑内的给水排水系统主要包括生活给水系统、消防给水系统、生活污水排水系统、生活废水排水系统和屋面雨水排水系统等。

项目1.1　建筑给水系统

1.1.1　建筑给水系统的分类

1. 建筑给水系统的概念

建筑给水系统是指将室外给水管网或自备水源给水管网的水引入建筑内部，经配水管送至生活、生产和消防用水设备，并满足各用水点对水质、水压、水量、水温要求的水供应系统。

2. 建筑给水系统的基本类型

根据用户对水质、水压、水量、水温的要求，并结合外部给水系统情况，建筑给水系统可分为生活给水系统、生产给水系统和消防给水系统三种类型。

（1）生活给水系统

生活给水系统是提供人们日常生活中所需的饮用、烹饪、盥洗、沐浴、洗涤衣物、冲厕、清洗地面和其他生活用途等用水的给水系统。近年来，随着人们对饮用水品质要求的不断提高，在某些城市、地区或高档住宅小区、综合楼等实施分质给水，管道直饮水给水系统已进入住宅。生活给水系统按给水水质又可分为生活饮用水系统、直饮水系统和杂用水系统。生活饮用水系统包括盥洗、沐浴等用水，直饮水系统包括纯净水、矿泉水等用水，杂用水系统包括冲厕、浇灌花草等用水。生活给水系统的特点是用水量不均匀，水质应满足《生活饮用水卫生标准》（GB 5749—2022）。

知识链接

党的二十大报告提出"推进健康中国建设。人民健康是民族昌盛和国家强盛的重要标志。"这体现了我们党对人民健康重要价值和作用的认识达到了前所未有的新高度。实施健康中国战略，增进人民健康福祉，事关人的全面发展、社会全面进步，必须从国家层面统筹谋划推进。

水是我们的生命之源、健康之本，为了保护人群身体健康、保证人类生活质量，国家以法律形式对水中与人群健康有关的各种因素做了量值规定，这就是生活饮用水卫生标准。作为具有法律属性的国家强制性标准，生活饮用水卫生标准从源头到水龙头，全流程保障着人民的饮用水安全。经过历时5年的论证和修订，新版《生活饮用水卫生标准》（GB 5749—2022）（以下简称"新标准"）从2023年的4月1日起正式实施。

1. 新标准的指标

新标准共97项指标，包括常规指标43项和扩展指标54项。新标准中增加了高氯酸盐、乙草胺、2-甲基异莰醇和土臭素4项指标；删除了耐热大肠菌群、三氯乙醛、硫化物、氯化氰（以CN^-计）、六六六（总量）、对硫磷、甲基对硫磷、林丹、滴滴涕、甲醛、1，1，1-三氯乙烷、1，2-二氯苯和乙苯13项指标。

2. 新标准的变化

（1）更加关注感官指标

增加了2-甲基异莰醇和土臭素两项感官指标作为扩展指标。

（2）更加关注消毒副产物

新标准进一步将检出率较高的一氯二溴甲烷、二氯一溴甲烷、三溴甲烷、三卤甲烷、二氯乙酸、三氯乙酸6项消毒副产物指标从非常规指标调整到常规指标，考虑到氨（以N计）的浓度对消毒剂的投加有较大影响，将其从非常规指标调整到常规指标。

（3）更加关注风险变化

增加了乙草胺和高氯酸盐两项扩展指标，乙草胺作为一种新型除草剂，具有明显的环境激素效应，能够对动物和人产生不良影响。高氯酸盐是生产火药、烟花的主要原料，与甲状腺疾病具有相关性，同时影响儿童的生长发育。对我国多年前已禁止生产使用的物质，结合近年来的检出情况，新标准将三氯乙醛、硫化物、氯化氰（以CN^-计）、六六六（总量）等12项指标从标准正文中删除。饮水中硒、四氯化碳、挥发酚类（以苯酚计）、阴离子合成洗涤剂4项指标超标率较低，仅为局部点状污染或区域性污染，故从常规指标调整为扩展指标。彻底删除耐热大肠菌群这一指标。

（4）修改8项指标的限值

修改了硝酸盐（以N计）、浑浊度、高锰酸盐指数（以O_2计）、游离氯、硼、氯乙烯、三氯乙烯、乐果8项指标限值。

（2）生产给水系统

生产给水系统是供给生产原料和产品洗涤、设备冷却及产品制造过程用水的给水系统。

生产给水系统按工艺过程又可分为循环给水系统、复用水给水系统、软化水给水系统、纯水给水系统。其特点是用水量均匀、水质要求差异大、用水规律性强。

（3）消防给水系统

消防给水系统是供给各类消防设备灭火用水（主要包括消火栓、消防卷盘和自动喷水灭火系统等设施的用水）的给水系统。消防用水对水质要求不高，但必须按照《建筑设计防火规范（2018年版）》（GB 50016—2014）保证供给足够的水量和水压。

3. 给水系统的设置

上述三种给水系统可独立设置，也可根据实际条件和用户需要，组合成不同的共用给水系统，即组合给水系统（如生活-生产共用给水系统、生活-消防共用给水系统、生产-消防共用给水系统、生活-生产-消防共用给水系统等）。

上述各种给水系统，在同一建筑物中不一定全部都有，给水系统的选择应根据生活、生产、消防等各项用户对水质、水压、水量、水温的要求，结合室外给水系统的实际情况，经技术经济比较确定。

1.1.2 建筑给水系统的组成

建筑给水系统一般由水源、引入管、水表节点、室内给水管网、给水附件、配水设施、升压和贮水设备、给水局部处理设备等组成，如图1.1所示。

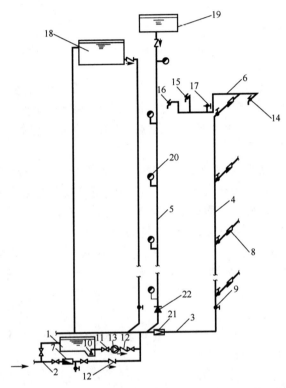

1—贮水池；2—引入管；3—给水干管；4—立管；5—消防给水竖管；6—给水横支管；7—水表节点；8—分户水表；9—截止阀；10—喇叭口；11—闸阀；12—止回阀；13—水泵；14—水龙头；15—盥洗龙头；16—冷水龙头；17—角形截止阀；18—高位生活水箱；19—高位消防水箱；20—室内消火栓；21—减压阀；22—倒流防止器

图1.1 建筑给水系统的组成

1. 水源

水源是指市政给水管网或自备贮水池等。

2. 引入管

引入管是指将室外给水管网的水引入建筑内部的联络管段，也称进户管。引入管上一般设有水表、阀门等。

3. 水表节点

水表节点是指引入管上装设的水表及其前后设置的阀门及泄水装置的总称，如图1.2所示；也指配水管网中装设的水表，以便于计量局部用水量，如分户水表。

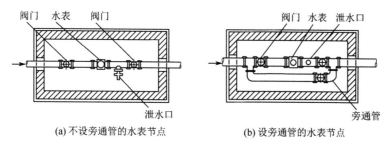

图 1.2 水表节点

水表前后的阀门用于水表检修、拆换时关闭管路，泄水口主要用于系统检修时放空管网中的余水，也可用于检测水表精度和测定管道进户时的水压值。

4. 室内给水管网

室内给水管网包括给水干管、立管和配水支管。给水干管是连接引入管和立管的管段；立管是将给水干管供给来的水沿垂直方向输送至各楼层配水支管的管段；配水支管是将水从立管输送至各个用水设备的管段。

5. 给水附件

给水附件是用以调节系统内水量、水压，控制水流方向，以及关断水流，便于管道、仪表和设备检修的各类阀门，如截止阀、闸阀、蝶阀、止回阀、浮球阀、液位控制阀等。

6. 配水设施

配水设施是生活、生产和消防给水系统管网终端用水点上的设施，如生活给水系统卫生器具上的配水龙头，生产给水系统上与生产工艺有关的用水设备，消防给水系统的消火栓、消防卷盘、自动喷水灭火系统的喷头等。

7. 升压和贮水设备

升压和贮水设备是当室外给水管网的水压、水量不能满足建筑用水要求，或要求供水压力稳定、确保供水安全可靠时，根据需要在给水系统中设置的水泵、气压给水设备、水池、水箱等。

8. 给水局部处理设备

对于建筑物所在地的水质不符合要求或高级宾馆、涉外建筑的给水水质要求超出我国现行标准的情况，需要设置给水深处理构筑物和设备（如净水仪、紫外线消毒设备等），以进行局部给水深处理。

1.1.3 建筑给水系统的给水方式

根据给水用途，对水量、水压的要求和建筑物条件，建筑给水系统有不同的给水方式。合理的给水方式应根据配水点的位置、建筑物的性质及高度、室内所需水压及室外给水管网所提供的最低水压等因素，通过方案的技术经济比较后确定。

特别提示

建筑内部给水系统所需水压和室外管网所提供的水压是选定合理给水方式的主要依据。对于一般民用建筑的生活给水系统，在进行方案的初步设计时，给水系统所需水压可根据建筑层数估算自室外地面起的最小水压值：对层高不超过3.5m的民用建筑，给水系统所需水压，1层100kPa，2层120kPa，2层以上每增加1层，增加40kPa。

在进行方案的定稿设计时，一般民用建筑所需水压 H 的计算公式如下。

$$H = H_1 + H_2 + H_3 + H_4 \tag{1-1}$$

式中　H——建筑内给水系统所需水压，kPa；

H_1——引入管起点至最不利配水点位置高度所要求的静水压，kPa；

H_2——引入管起点至最不利配水点的给水管路即计算管路的沿程与局部水头损失之和，kPa；

H_3——水流通过水表时的水头损失，kPa；

H_4——最不利配水点所需的流出水头（表1.1），kPa。

表1.1　卫生器具的给水额定流量、当量、连接管公称管径和最低工作压力

序号	给水配件名称		额定流量/(L/s)	当量	连接管公称管径/mm	最低工作压力/MPa
1	洗涤盆、拖布盆、盥洗槽	单阀水嘴	0.15～0.20	0.75～1.00	15	0.050
			0.30～0.40	1.50～2.00	20	
		混合水嘴	0.15～0.20（0.14）	0.75～1.00（0.70）	15	
2	洗脸盆	单阀水嘴	0.15	0.75	15	0.050
		混合水嘴	0.15（0.10）	0.75（0.50）	15	
3	洗手盆	感应水嘴	0.10	0.50	15	0.050
		混合水嘴	0.15（0.10）	0.75（0.50）	15	
4	浴盆	单阀水嘴	0.20	1.00	15	0.050
		混合水嘴（含带淋浴转换器）	0.24（0.20）	1.20（1.00）	15	0.050～0.070
5	淋浴器（混合阀）		0.15（0.10）	0.75（0.50）	15	0.050～0.100

续表

序号	给水配件名称		额定流量/(L/s)	当量	连接管公称管径/mm	最低工作压力/MPa
6	大便器	冲洗水箱浮球阀	0.10	0.50	15	0.020
		延时自闭式冲洗阀	1.20	6.00	25	0.100～0.150
7	小便器	手动或自动自闭式冲洗阀	0.10	0.50	15	0.050
		自动冲洗水箱进水阀	0.10	0.50	15	0.020
8	小便槽穿孔冲洗管（每米长）		0.05	0.25	5～20	0.015
9	净身盆冲洗水嘴		0.10（0.07）	0.50（0.35）	15	0.050
10	医院倒便器		0.20	1.00	15	0.050
11	实验室化验水嘴（鹅颈）	单联	0.07	0.35	15	0.020
		双联	0.15	0.75	15	0.020
		三联	0.20	1.00	15	0.020
12	饮水器喷嘴		0.05	0.25	15	0.050
13	洒水栓		0.40	2.00	20	0.050～0.100
			0.70	3.50	25	0.50～0.100
14	室内地面冲洗水嘴		0.20	1.00	15	0.050
15	家用洗衣机水嘴		0.20	1.00	15	0.050

注：1. 表中括号内的数值系在有热水供应时，单独计算冷水或热水时使用。
2. 当浴盆上附设淋浴器时，或混合水嘴有淋浴器转换开关时，其额定流量和当量只计水嘴，不计淋浴器，但水压应按淋浴器计。
3. 家用燃气热水器，所需水压按产品要求和热水供应系统最不利配水点所需工作压力确定。
4. 绿地的自动喷灌应按产品要求设计。

沿程水头损失的计算。

① 当用水头损失表示时，为

$$h_\mathrm{f} = \lambda \frac{L}{d} \cdot \frac{v^2}{2g} \tag{1-2}$$

② 当用压强损失表示时，为

$$p_f = \lambda \frac{L}{d} \cdot \frac{\rho v^2}{2} \qquad (1\text{-}3)$$

局部水头损失的计算。

① 当用水头损失表示时，为

$$h_j = \zeta \frac{v^2}{2g} \qquad (1\text{-}4)$$

② 当用压强损失表示时，为

$$p_j = \zeta \frac{\rho v^2}{2} \qquad (1\text{-}5)$$

式中　λ——沿程阻力系数；
　　　L——管路长度，m；
　　　d——管径，m；
　　　v——管路断面平均流速，m/s；
　　　g——重力加速度，m/s²；
　　　ζ——局部阻力系数；
　　　ρ——流体的密度，kg/m³。

建筑给水系统最基本的给水方式有以下几种。

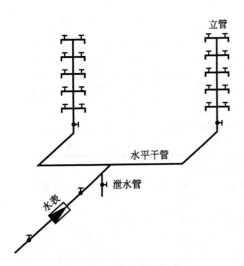

图1.3　直接给水方式

1. 直接给水方式

直接给水方式是由室外管网直接供水（即室内给水管网与室外给水管网直接相连，室内给水系统是在室外给水管网的压力下工作）的给水方式，如图1.3所示。

该给水方式的优点是：可以充分利用室外给水管网水压，减少能源浪费；系统简单，安装维护方便；不设室内动力设备，节省投资；当室外给水管网的水压、水量能够保证时，供水安全可靠。其缺点是：水压、水量受室外给水管网的影响较大，室内各用水点的压力受室外给水管网水压波动的影响，一旦室外给水管网停水，室内便立即断水。

该给水方式适用于室外给水管网的水压、水量充足，能全天满足用水要求的地区。当室外给水管网的水压、水量均能满足建筑物内部的用水要求时，应优先考虑采用该给水方式。

2. 单设水箱的给水方式

单设水箱的给水方式宜在室外给水管网的水压大部分时间能满足室内需要，仅在用水高峰时出现不足，且允许设置高位水箱的建筑内采用，如图 1.4 所示。

该给水方式有两种布置方式：一种是室外给水管网供水到室内给水管网和水箱，如图 1.4（a）所示；另一种是室内所需水量全部经室外给水管网送至水箱，然后由水箱向系统供水，如图 1.4（b）所示。在室外给水管网水压周期性不足的多层建筑中，建筑物下面几层也可以由室外给水管网直接供水，上面几层则采用有水箱的给水方式，这样可以减小水箱的容积。

该给水方式的优点是：第一种布置方式在用水低峰时由室外给水管网直接供水，水箱贮水，在用水高峰时由水箱补水，充分利用室外给水管网的压力供水，节省电耗，投资较省，供水的安全可靠性较高；第二种布置方式除具有第一种布置方式的优点外，还可起到稳压和减压的作用。其缺点是：系统设置了高位水箱，增加了建筑物的结构荷载，并给建筑物的立面处理带来了一定困难。

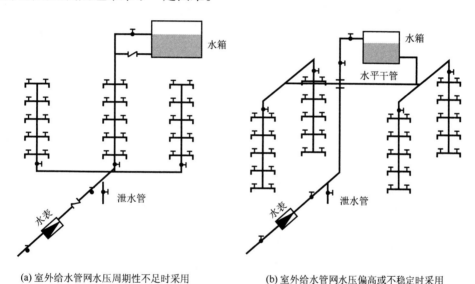

(a) 室外给水管网水压周期性不足时采用　　(b) 室外给水管网水压偏高或不稳定时采用

图 1.4　单设水箱的给水方式

3. 设水泵加压的给水方式

设水泵加压的给水方式宜在室外给水管网的水压经常不足时采用。当建筑内用水量大且较均匀时，可用恒速水泵供水；当建筑内用水不均匀时，宜采用一台或多台水泵变速运行供水，以提高水泵的工作效率。设水泵加压的给水方式又可分为以下几种给水方式。

（1）设水池、水泵和水箱的给水方式

设水池、水泵和水箱的给水方式宜在室外给水管网压力低于或经常不能满足室内给水管网所需的水压，并且不允许水泵直接从室外给水管网吸水且室内用水又不均匀时采用，如图 1.5 所示。

该给水方式是城市给水管网的水经自动启闭的浮球阀充入水池，然后利用恒速水泵将水池中的水提升至高位水箱，用高位水箱贮存调节水量并向用户供水。水箱内设液位继电器来控制水泵的启停（水箱内水位低于最低水位时启泵，满至最高设计水位时停泵）。

该给水方式的优点是：水泵能及时向水箱充水，可减小水箱的容积，同时在水箱的调节下，水泵的出水量稳定，能保持在高效区运行；由于水池、水箱贮存有一定水量，停水停电时可延时供水，供水可靠，供水压力较稳定。其缺点是：由于水泵振动，有噪声干扰。该给水方式普遍适用于多层或高层建筑。

（2）气压给水方式

气压给水示意图

气压给水方式即在给水系统中设置气压给水设备，利用该设备的气压水罐内气体的可压缩性，升压供水。气压水罐的作用相当于高位水箱，但其位置可根据需要设置在高处或低处。该给水方式宜在室外给水管网压力低于或经常不能满足建筑内给水管网所需水压，室内用水不均匀，且不宜设置高位水箱时采用，如图1.6所示。

该给水方式的优点是：气压水罐可设在建筑物的任何高度上，便于隐蔽，安装方便，投资少，建设速度快，容易拆迁，灵活性大，不妨碍美观；与高位水箱和水塔相比，气压给水装置的水质不易被污染，便于实现自动化等。其缺点是：调节能力小，管理及运行费用较高，而且有效容积较小，供水压力变化幅度较大，不适于用水量大和要求水压稳定的用水对象。

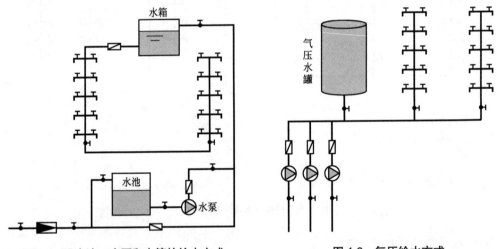

图1.5 设水池、水泵和水箱的给水方式　　图1.6 气压给水方式

（3）叠压给水方式

叠压给水方式是为充分利用室外给水管网压力，节省电能，水泵直接从室外给水管网抽水再增压的二次给水方式。叠压给水方式应设旁通管，在旁通管上设阀门，如图1.7所示。当室外给水管网压力足够大时，可自动开启旁通管的止回阀直接向室内供水。因水泵直接从室外给水管网抽水，会使室外给水管网压力降低，影响附近用户用水，严重时还可能造成室外给水管网负压，在管道接口不严密时，其周围土壤中的渗漏水会吸入管内，污染水质。当采用水泵直接从室外给水管网抽水时，必须经供水部门同意，并在管道连接处采取必要的防护措施，以免污染水质。为避免上述问题，我们必须

坚持问题导向①，通过在系统中增设贮水池，采用水泵与室外给水管网间接连接的方式来解决。

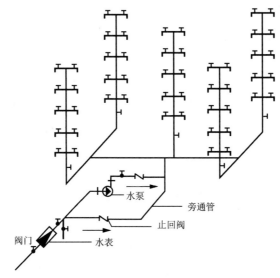

图1.7 叠压给水方式

（4）变频调速给水方式

给水设备在我国发展很快，但是随着应用也暴露出一些弊端。在实际给水系统中，为了提高供水的可靠性，水泵的型号都是根据最不利工况点的流量和扬程选定的，但是用户高峰用水量时间并不长，大部分时间用水量都小于最不利工况点的流量，而水泵扬程随着流量的减少而增加，所以水泵常期在扬程过剩的情况下运行，也就使得水泵常期低效运行，从而导致能耗增加。为解决供需不相吻合的矛盾，提高水泵的运行效率，我们借助计算机、自动控制、PLC技术的迅速发展，创新出了一种新型给水方式——变频调速给水方式。

变频调速给水方式主要由微机控制器、变频调速器、水泵机组、压力传感器四部分组成，如图1.8所示。其工作原理是：系统中扬程发生变化时，压力传感器不断向微机控制器输入水泵出水压力的信号。当测得的压力值大于设计供水量对应的压力时，微机控制器即向变频调速器发出降低电流频率的信号，从而使水泵转速随之降低，水泵出水量减小，水泵出水管压力下降；反之亦然。变频调速给水方式供水压力可调，可以方便地满足各种供水压力的需要。

变频调速给水方式目前已很成熟，在建筑给水中应用越来越广泛。对于用水流量经常变化的场合（如生活给水系统），采用变频调速泵调节流量，节能效果显著，供水压力稳定，无水箱可避免二次污染。

4. 分区给水方式

多层建筑或高层建筑，室外给水管网的水压往往只能满足建筑物下部几层的供水需

---

① 党的二十大报告"二、开辟马克思主义中国化时代化新境界"中的"必须坚持问题导向"。

求，为了充分有效地利用室外给水管网的水压，常将建筑物分成上下两个给水区，即采取分区给水方式，如图 1.9 所示。室外给水管网等水压线以下楼层为低区，由室外给水管网直接供水；室外给水管网等水压线以上楼层为高区，由升压贮水设备供水。可将两个给水区的一根或几根立管相连，在分区处设阀门，以备低区进水管发生故障或室外给水管网压力不足时，打开阀门由高区水箱向低区供水。

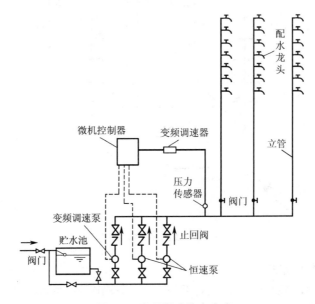

图 1.8　变频调速给水方式

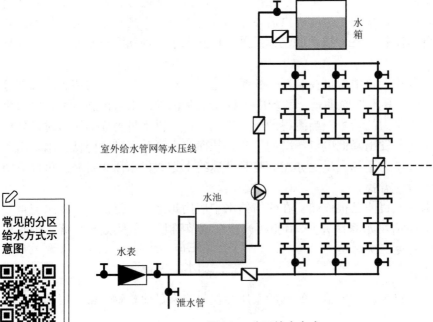

图 1.9　分区给水方式

在高层建筑中常见的分区给水方式有水泵供水减压水箱（减压阀）减压分区给水方式、水泵并联分区给水方式和水泵串联分区给水方式。

（1）水泵供水减压水箱（减压阀）减压分区给水方式

水泵供水减压水箱（减压阀）减压分区给水方式是将整个高层建筑用水量全部由设置在底层的水泵提升至屋顶水箱，然后通过各区减压水箱（减压阀）减压后将水送至各区给水系统的给水方式。水泵供水减压水箱减压分区给水方式如图1.10（a）所示，水泵供水减压阀减压分区给水方式如图1.10(b)所示。该给水方式的优点是：供水可靠；设备与管材少，投资少；设备布置集中，便于维护、管理。其缺点是：低区水压损失大，能量消耗多。

（2）水泵并联分区给水方式

水泵并联分区给水方式是指各给水分区分别设置水泵或调速水泵，各分区水泵采用并联方式供水的给水方式，如图1.10（c）所示。该给水方式的优点是：供水可靠；设备布置集中，便于维护、管理。其缺点是：水泵数量多，扬程各不相同。

（3）水泵串联分区给水方式

水泵串联分区给水方式是指各给水分区分别设置水泵或调速水泵，各分区水泵采用串联方式供水的给水方式，如图1.10（d）所示。该给水方式的优点是：供水可靠，能量消耗较少。其缺点是：水泵数量多，设备布置不集中，维护、管理不便。在使用时，水泵启动顺序为自下而上，各区水泵的能力应匹配。

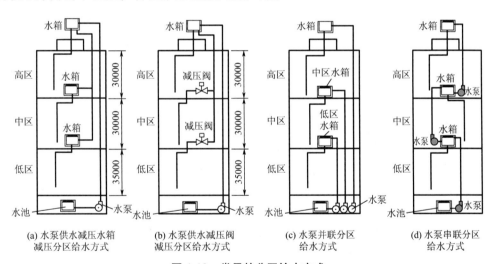

图1.10 常见的分区给水方式

5.分质给水方式

分质给水方式即根据不同用途所需的不同水质，分别设置独立的给水系统。如图1.11所示，饮用水给水系统供饮用、烹饪、盥洗等生活用水，水质符合生活饮用水卫生标准；杂用水给水系统水质较差，仅符合生活杂用水水质标准，只能供建筑内冲洗便器、绿化、洗车、扫除等用水。近年来为确保水质，有些国家还采用了饮用水与盥洗、沐浴等生活用水分设两个独立管网的分质给水方式，生活用水均先入屋顶水箱（空气隔断）后，再经管网供给各用水点，以防回流污染；饮用水则根据需要，深度处理达到直接饮用要求后，再行输配。

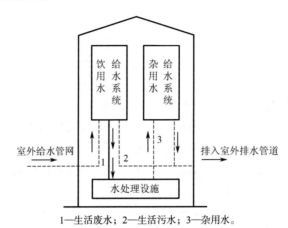

1—生活废水；2—生活污水；3—杂用水。

图1.11　分质给水方式

6. 给水方式的选择原则

① 尽量利用室外给水管网的水压直接供水。当室外给水管网水压和流量不能满足整个建筑物用水要求时，则建筑物下几层应利用室外给水管网水压直接供水，上几层可设置加压和流量调节装置供水。

② 除高层建筑和消防要求较高的大型公共建筑和工业建筑外，一般情况下，消防给水系统宜与生活或生产给水系统共用一个系统，但应注意生活给水管道水质不能被污染。

③ 生活给水系统中，卫生器具处的静水压力不得大于0.60MPa。各分区最低卫生器具配水点静水压力不宜大于0.45MPa（特殊情况下不宜大于0.55MPa）。水压大于0.35MPa的入户管（或配水横管），宜设减压或调压设施。

一般最低处卫生器具给水配件的静水压力应控制在以下数值范围：旅馆、招待所、宾馆、住宅、医院等晚间有人住宿和停留的建筑，在0.30～0.35MPa范围；办公楼、教学楼、商业楼等晚间无人住宿和停留的建筑，在0.35～0.45MPa范围。

④ 生产给水系统的最大静水压力，应根据工艺要求、用水设备、管道材料、管道配件、附件、仪表等工作压力确定。

⑤ 消火栓给水系统最低处消火栓的最大静水压力不应大于0.80MPa，且超过0.50MPa时应采取减压措施。

⑥ 自动喷水灭火系统管网的工作压力不应大于1.20MPa，最低喷头处的最大静水压力不应大于1.00MPa，其竖向分区按最低喷头处最大静水压力不大于0.80MPa进行控制，若超过0.80MPa，应采取减压措施。

1.1.4　建筑给水系统的布置形式

建筑给水系统给水管道的布置按供水可靠程度可分为枝状和环状两种形式，前者单向供水，供水安全可靠性低，但节省管材，造价低；后者管道相互连通，双向供水，安全可靠，但是管线长，造价高。按照水平配水干管在建筑物内敷设的位置，建筑给水系统可分为下分式、上分式、中分式和环状式四种布置形式，见表1.2。

表 1.2 建筑给水系统的布置形式

名称	特征及使用范围	优缺点
下分式	1. 水平配水干管敷设在底层（明装、埋设或沟敷）或地下室天花板下。 2. 居住建筑、公共建筑和工业建筑，在利用室外给水管网水压直接供水时多采用下分式	1. 图式简单，便于安装维修。 2. 与上分式相比，最高层配水点流出水头较低，埋地管道检修不便
上分式	1. 水平配水干管敷设在顶层天花板下或吊顶内，对非冰冻地区，也有敷设在屋顶上的，对于高层建筑可设在技术夹层内。 2. 设有屋顶水箱的建筑一般采用此种方式	1. 与下分式相比，最高层配水点流出水头稍高。 2. 安装在吊顶内的配水干管可能因漏水或结露损坏吊顶和墙面，要求室外给水管网水压稍高，管材消耗较多
中分式	1. 水平配水干管敷设在中间技术层内或中间层吊顶内，向上、向下供水。 2. 屋顶用作露天茶座、舞厅或设有中间技术层的高层建筑多采用这种形式	1. 管道安装在技术层内便于安装维修，不影响屋顶多功能使用，有利于管道排气。 2. 需要设置中间技术层或增加中间层的层高
环状式	1. 水平配水干管或配水立管互相连接成环，组成水平干管环状或立管环状。在有两个引入管时，也可将两个引入管通过水平配水干管相连通，组成贯穿环状。 2. 在任何时间都不允许间断供水的大型公共建筑、高层建筑和工艺要求不间断供水的工业建筑常用环状式，消防管网均采用环状式	1. 任何管段发生事故时，可用阀门关闭事故管段而不中断供水，水流通畅，水头损失小，水质不易因滞流而变质。 2. 管网造价较高

1.1.5 给水管材、给水附件与水表

1. 给水管材

建筑给水系统常用给水管材有给水塑料管、给水铸铁管、钢管和复合管等。

给水管材的种类

（1）给水塑料管

给水塑料管作为一种新型化学管材，已被广泛推广使用，加快了民用建筑"以塑代钢"的步伐。近十多年来，塑料管因具有质轻、耐腐蚀、不生锈、易着色、隔热保温性能好，以及外观美观等金属管无可比拟的优点，而得到了较快的发展，各种新型塑料管材相继推出，由最先的聚氯乙烯（PVC）管逐步发展到硬聚氯乙烯（UPVC）管、聚乙烯（PE）管、交联聚乙烯（PE-X）管、无规共聚聚丙烯（PP-R）管等，这些管材已在不同领域得到越来越广泛的应用。

① 硬聚氯乙烯（UPVC）管。

UPVC 管是一种以 PVC 树脂为原料，在其中加入必要的添加剂组成混合料（严禁加入增塑剂），经 150～200℃加热成熔融状态，在螺杆挤出机上挤压而成的塑料管材。

UPVC 管的使用温度为 5～45℃，公称压力为 0.6～1MPa。其优点是耐腐蚀性好、

抗衰老性强、粘接方便、价格低、产品规格全、质地坚硬。其缺点是无韧性、环境温度低于5℃时脆化，高于45℃时软化；由于长期使用有UPVC单体和添加剂渗出，因此在饮用水系统中应用受到很大的限制，主要用于排水系统中。UPVC管一般采用承插粘接，也可用橡胶密封圈柔性连接、螺纹或法兰连接。

②聚乙烯（PE）管。

PE管包括高密度聚乙烯（HDPE）管和低密度聚乙烯（LDPE）管。由于PE管具有质量轻、韧性好、耐腐蚀、耐低温性能好、运输及施工方便、柔性和抗蠕变性良好的优点，因此在建筑给水系统中得到广泛应用。目前国内PE管的规格为$De16 \sim De160$，最大可达$De400$。PE管常采用热熔、电熔、橡胶圈柔性连接，工程上主要采用熔接。

③交联聚乙烯（PE-X）管。

普通PE是一种高分子材料，其分子为线状结构。PE-X是通过化学方法，使普通PE的线性分子结构改性成三维交联网状结构，从而具有强度高、韧性好、抗老化性能好（使用寿命达50年以上）、温度适应范围广（$-70 \sim 110℃$）、耐高压（爆破压力6.00MPa）、无毒、不滋生细菌、安装维修方便等优点。目前PE-X管的常用规格为$De10 \sim De32$，少量达$De63$，缺少大直径的管道。这种管材是目前比较理想的冷热水及饮用水塑料管材。

PE-X管一般采用卡箍连接、卡压式连接及过渡连接。卡箍连接采用铜锻压件或不锈钢铸件，卡箍采用紫铜环，使用专用工具卡紧，如图1.12（a）所示；卡压式连接采用不锈钢或铜管件，使用专用工具压紧，不可拆卸，如图1.12（b）所示；过渡连接采用带内丝的过渡接头，通过管螺纹连接，适用于PE-X管与卫生器具金属管件或其他各类管道连接。

PE-X管存在的缺点是：必须用专用的金属管件连接，而不能用熔接或粘接；废品不能回收；线膨胀系数大，由于热胀冷缩引起的温差应力容易导致接头部位漏水，故应有充分的防范措施。

PE-X管的连接方式

(a) 卡箍连接　　　　　　　　　　　　(b) 卡压式连接

图1.12　PE-X管的连接方式

④无规共聚聚丙烯（PP-R）管。

聚丙烯（PP）具有良好的耐热性及较高的强度，但其融熔黏度低，且低温时易脆。为此，对PP进行改性，采用气相共聚法使PE与PP的分子链均匀地聚合，聚合成PP-R。聚合成PP-R后，其具有抗冲击性能，相较于PP，其在温度和内压长期作用下强度衰减更慢，即在相同温度和内压下使用寿命更长。PP-R管（图1.13）的优点是：热膨胀系数小，耐压可达4.9MPa，可输送90℃热水；管件由同种材料制成，采用焊接融合方式，连接牢固，不需铜接头，成本较低；PP-R管材、管件在生产及施工过程中产生的废品可回收利用,废料经清洁、破碎后可直接用于生产。

PP-R 管一般采用热熔连接、电熔连接、过渡连接和法兰连接。当 PP-R 管外径小于或等于 110mm 时,采用热熔连接;当 PP-R 管外径大于 110mm 时,以及管道最后连接或热熔连接困难的场合,采用电熔连接;当 PP-R 管与小管径的金属管或卫生器具金属配件连接时,可采用带铜内丝或外丝嵌件的 PP-R 过渡接头螺纹连接;当 PP-R 管与较大管径的金属附件或管道连接时,可采用法兰连接。图 1.13 所示为 PP-R 管、PP-R 管管件及热熔连接器。

(a) PP-R 管　　　　　(b) PP-R 管管件　　　　　(c) 热熔连接器

图 1.13　PP-R 管、PP-R 管管件及热熔连接器

PP-R 管的缺点主要是刚性和抗冲击性能比金属管道差,线膨胀系数较大,在设计、施工时应重视管道的正确敷设、支吊架的设置和伸缩器的选用等因素;抗紫外线性能差,在阳光的长期直接照射下容易老化;PP-R 管属于可燃性材料,所以不得用于消防给水系统,也不得与消防管道相连接。PP-R 管主要应用于公共及民用建筑的冷热水管道系统、采暖系统和空调系统中。

（2）给水铸铁管

我国生产的给水铸铁管按其材质分为球墨铸铁管和普通灰口铸铁管。给水铸铁管与钢管相比有不易腐蚀、使用期长、价格低等优点,适合于埋地敷设;缺点是管质脆、质量大、长度小、接口施工麻烦。

给水铸铁管有低压管、普压管和高压管三种,工作压力分别不大于 0.45MPa、0.75MPa、1.00MPa,实际选用时应根据管道的工作压力来选择。表 1.3 为常用给水铸铁管规格。

表 1.3　常用给水铸铁管规格

公称内径 /mm	壁厚 /mm		有效长度 /m	质量 /kg			
				低压		高压	
	低压	高压		3m	4m	3m	4m
75	9.0	9.0	3	4	58.5	75.6	58.5	75.6
100	9.0	9.0	3	4	75.5	97.7	75.5	97.7
125	9.0	9.0	—	4	—	119.0	—	119.0
150	9.0	9.5	—	4	—	143.0	—	149.0
200	9.4	10.0	—	4	—	196.0	—	207.0

给水铸铁管可采用承插连接，也可采用法兰连接。承插连接的接口做法有石棉水泥接口、铅接口、沥青水泥接口、膨胀性填料接口、水泥砂浆接口等。常用给水铸铁管管件如图 1.14 所示。

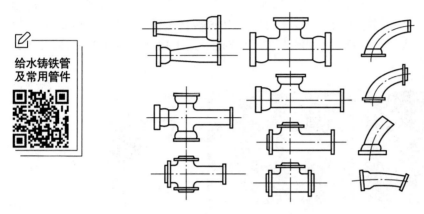

图 1.14 常用给水铸铁管管件

给水铸铁管管件主要有直通、弯通、三通、四通、异径管等。其中弯通用来使管道转弯，分为 90°、45°、22.5° 三种；三通、四通用于管道汇合或分支处；异径管用于管道直径改变处，即管径由大变小或由小变大处。

（3）钢管

① 钢管的分类、规格及特点。

钢管有焊接钢管和无缝钢管两种。焊接钢管又分为普通钢管和加厚钢管。普通钢管和加厚钢管又各有镀锌和非镀锌之分。钢管镀锌的目的是防锈、防腐，保护水质，并延长使用年限。

给水用焊接钢管（镀锌钢管和非镀锌钢管）的规格型号见表 1.4。

表 1.4 给水用焊接钢管的规格型号

公称直径/mm	公称外径/mm	普通钢管		加厚钢管	
		公称壁厚/mm	理论质量/(kg/m)	公称壁厚/mm	理论质量/(kg/m)
8	13.5	2.5	0.68	2.8	0.74
10	17.2	2.5	0.91	2.8	0.99
15	21.3	2.8	1.28	3.5	1.54
20	26.9	2.8	1.88	3.5	2.02
25	33.7	3.2	2.41	4.0	2.93
32	42.4	3.5	3.36	4.0	3.79
40	48.3	3.5	3.87	4.5	4.86
50	60.3	3.8	5.29	4.5	6.19
65	76.1	4.0	7.11	4.5	7.95
80	88.9	4.0	8.38	5.0	10.35

续表

公称直径/mm	公称外径/mm	普通钢管		加厚钢管	
		公称壁厚/mm	理论质量/(kg/m)	公称壁厚/mm	理论质量/(kg/m)
100	114.3	4.0	10.38	5.0	13.48
125	139.7	4.0	13.39	5.5	18.20
150	165.1	4.5	18.18	6.0	24.02

注：表中的公称直径系近似内径的名义尺寸，不表示外径减去两倍壁厚所得的内径。

钢管的优点是强度高、承受流体压力大、抗振性能好、每根管长度大、质量比同等规格的铸铁管轻、接头少，加工安装方便；其缺点是造价较高，抗腐蚀性差。

② 钢管的连接方式。

钢管的连接方式有螺纹连接、焊接、法兰连接和沟槽式（卡箍）连接。

a. 螺纹连接是一种广泛使用的可拆卸的固定连接。螺纹连接配件及连接方法如图 1.15 所示。螺纹连接配件用可锻铸铁制成，有镀锌和非镀锌之分。螺纹连接多用于明装管道，管径小于或等于 100mm 的镀锌钢管宜采用螺纹连接。

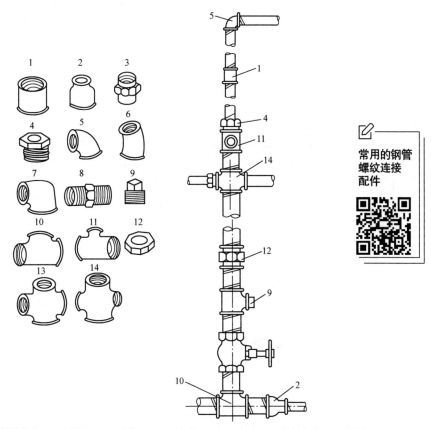

1—管箍；2—异径管箍；3—活接头；4—补芯；5—90°弯头；6—45°弯头；7—异径弯头；8—外螺钉；
9—堵头；10—等径三通；11—异径三通；12—根母；13—等径四通；14—异径四通。

图 1.15 螺纹连接配件及连接方法

b.焊接是一种以加热、高温或者高压的方式接合金属或其他热塑性材料的制造工艺及技术,多用于暗装管道。焊接的接头严密、不漏水,施工迅速,不需配件,但不能拆卸。焊接只能用于非镀锌钢管。

c.法兰连接就是把两个管道、管件或器材,先各自固定在一个法兰盘上,再在两个法兰盘之间加上法兰垫,用螺栓紧固在一起。法兰连接一般用于较大管径的管道(50mm以上),用于连接闸阀、止回阀、水泵、水表等处,以及需要经常拆卸、检修的管段上。法兰连接配件形式及应用,如图1.16所示。

图1.16 法兰连接配件形式及应用

d.沟槽式(卡箍)连接是用滚槽机或开槽机在管材上滚出或开出沟槽,套上密封圈,再用卡箍固定。沟槽式(卡箍)连接方式不仅可用于钢管,还可用于其他管材。沟槽式(卡箍)连接分刚性接头连接和柔性接头连接,如图1.17所示。

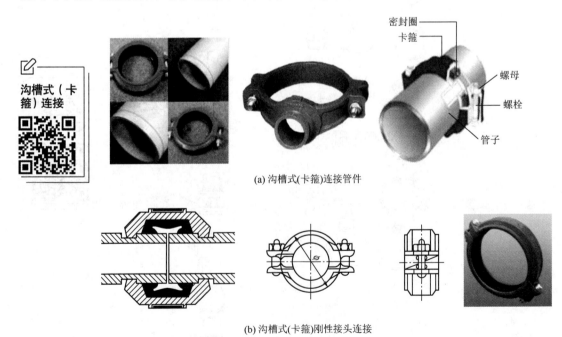

(a) 沟槽式(卡箍)连接管件

(b) 沟槽式(卡箍)刚性接头连接

图1.17 钢管的沟槽式(卡箍)连接

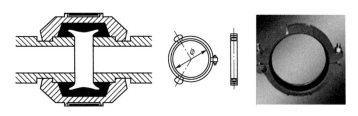

(c) 沟槽式(卡箍)柔性接头连接

图 1.17 钢管的沟槽式（卡箍）连接（续）

（4）复合管

复合管包括钢塑复合管和铝塑复合压力管等多种类型。

① 钢塑复合管。

钢塑复合管是在钢管内壁衬或涂一定厚度的塑料层复合而成的。依据复合管基材的不同，钢塑复合管可分为衬塑复合管和涂塑复合管两种。衬塑复合管是在传统的输水钢管内插入一根薄壁的聚氯乙烯管，使两者紧密结合，就成了聚氯乙烯衬塑钢管；涂塑复合管是以普通碳素钢管为基材，将高分子聚乙烯粉末熔融后均匀地涂敷在钢管内壁，经塑化后，形成光滑、致密的塑料涂层。钢塑复合管兼备了金属管材强度高、耐高压、能承受较强的外来冲击力和塑料管材的耐腐蚀性、不结垢、导热系数低、流体阻力小等优点。钢塑复合管可采用沟槽、法兰或螺纹连接的方式，应用方便，但需在工厂预制，不宜在施工现场切割。

② 铝塑复合压力管。

铝塑复合压力管是以焊接铝管为中间层，内外层均为聚乙烯塑料，采用专用热熔胶，通过挤出成型方法复合成一体的管材，如图 1.18 所示。铝塑复合压力管分为铝合金－聚乙烯（PAP）型、铝合金－交联聚乙烯（XPAP）型两种。铝塑复合压力管既保持了 PE 管和铝管的优点，又避免了各自的缺点；可以弯曲，弯曲半径等于 5 倍直径；耐温差性能强，使用温度范围为 –100～110℃；耐高压，工作压力可以达到 1.0MPa 以上。铝塑复合压力管可采用卡压式连接、卡套式连接、螺纹挤压式连接。卡压式连接是采用不锈钢接头，通过专用卡钳压紧，可用于各种规格的管道，不可拆卸；卡套式连接是采用铸铜接头，通过螺纹压紧，可拆卸，适用于公称直径 $DN \leq 32mm$ 的管道连接；螺纹挤压式连接是采用铸铜接头，在接头与管道之间加密封层，通过锥形螺帽挤压形成密封，不可拆卸，适用于 $DN \leq 32mm$ 的管道连接。

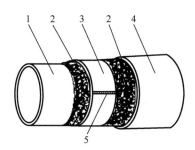

1—内层聚乙烯(交联聚乙烯)；
2—专用热熔胶；
3—铝管；
4—外层聚乙烯(交联聚乙烯)；
5—铝管焊缝。

(a) 铝塑复合压力管结构图

图 1.18 铝塑复合压力管结构图及连接方式

(b) 铝塑复合压力管连接方式

图 1.18　铝塑复合压力管结构图及连接方式（续）

> **知识链接**

给水管的选用方法

1. PP-R 管

作为一种新型的水管材料，PP-R 管具有得天独厚的优势，其卫生无毒，材料完全由碳、氢元素组成；质量轻，密度为 $0.89 \sim 0.91\text{g/cm}^3$；耐压、耐腐蚀；管材内壁光滑，阻力小；它既可以用作冷水管，也可以用作热水管。PP-R 管的接口采用热熔技术，管在热熔连接后，能使管材与管件在接口处连为一体，整体性好，安装后经打压测试通过，不会像铝塑管一样存在时间长了容易老化漏水的问题。

优点：价格适中、性能稳定、耐热保温、耐腐蚀、内壁光滑不结垢、管道系统安全可靠、不渗透，使用年限可达 50 年。

缺点：连接时需要专用工具，连接表面需加热，加热时间过长或承插口插入过度会造成水流堵塞。

2. 铜管

铜管是水管中的上等品。铜在化学活性排序中的序位很低，比氢还靠后，因而性能稳定，不易腐蚀。据有关资料介绍，铜能抑制细菌的生长，保持饮用水的清洁卫生。铜管接口的方式有卡套和焊接两种，卡套跟铝塑管一样，时间长了存在容易老化漏水的问题。目前，大多数铜管的安装采用焊接，焊接就是在接口处通过氧焊连接到一起，这样就能够跟 PP-R 管一样，永不渗漏。因其价格昂贵，一般在高档公寓或别墅中使用。

优点：强度高、性能稳定、可杀菌，且不易腐蚀。

缺点：价格高、施工难度大，在寒冷的冬天，极易造成热量损耗，能源消耗大，使用成本高。

3. 铝塑管

铝塑管曾经是市面上较为流行的一种管材，由于其质轻、耐用、施工方便、具有可弯曲性，因此更适合在家装中使用。在装修理念比较新的广东和上海，铝塑管的市场已逐渐萎缩，属于被淘汰的产品。

优点：价格比较便宜，可任意弯曲，表面光滑，施工方便。

缺点：易老化，使用隐患多，使用年限短。实践证明，铝塑管管道连接处极易出现渗漏现象。

4. 镀锌管

镀锌管若长时间不用，打开水龙头会流出"黄水"。以前使用镀锌管的老房子中极易发生这样的事情，这样的"黄水"对人体也是有危害的。住房和城乡建设部等四部委也发文明确从2000年起禁用镀锌管，目前新建小区的冷水管已经很少使用镀锌管了。

优点：品种齐全，管件配套多。

缺点：属于国家禁止使用的淘汰产品，易腐蚀生锈，导致水流不畅，极易造成水源的污染。

5. PVC 管

PVC 管实际上就是一种塑料管，接口处一般用胶粘接。因为其抗冻和耐热能力都不好，所以很难用作热水管；强度也不适用于水管的承压要求，所以冷水管也很少使用。大部分情况下，PVC 管适用于电线管道和排污管道。另外，使 PVC 变得更柔软的化学添加剂酞，对人体内肝、肾等影响甚大，会引起肝、肾损坏甚至导致癌症，所以不建议使用。

优点：轻便，安装简易，成本低廉，也不易腐化。

缺点：质量差的会很脆，易断裂，遇热也容易变形。

6. 薄壁不锈钢管

薄壁不锈钢管耐腐蚀，不易生锈，使用安全可靠，抗冲击性强，热传导率相对较低。但不锈钢管的价格相对较高，另外在选择时应采用耐水中氯离子的不锈钢型号。

优点：不易氧化生锈，冲击性强，热传导较低。

缺点：成本较高，应采用耐水中氯离子的不锈钢型号。

7. 衬 PVC 镀锌钢管

衬 PVC 镀锌钢管兼有金属管材强度大、刚性好和塑料管材耐腐蚀的优点，同时克服了两类材料的缺点。

优点：管件配套多，规格齐全。

缺点：管道内实际使用管径变小；对环境温度和介质温度变化大时，容易产生离层而导致管材质量下降。

2. 给水附件

给水附件是给水管网系统中调节水量和水压、控制水流方向、关断水流等各类装置的总称，可分为配水附件和控制附件两类。

（1）配水附件

配水附件一般和卫生器具（受水器）配套安装，主要起分配、调节给水流量的作用。配水附件主要有旋塞式水嘴、混合式水嘴和电子自动水嘴，如图1.19所示。

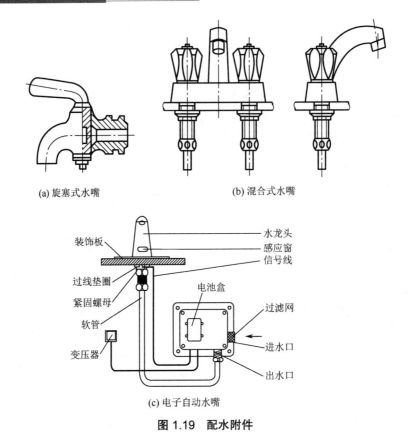

(a) 旋塞式水嘴　　(b) 混合式水嘴

(c) 电子自动水嘴

图 1.19　配水附件

① 旋塞式水嘴。旋塞式水嘴的主要零件为柱状旋塞，沿径向开有一圆形孔，旋塞限定旋转 90° 即可完全启闭，短时间可获得较大的流量。由于水流呈直线通过，其阻力较小，但由于启闭迅速，容易产生水击，一般配水点不宜采用，仅用于浴池、洗衣房、开水间等需要迅速启闭的配水点。

② 混合式水嘴。混合式水嘴分双把手和单把手两种，用以调节冷（热）水［如盥洗、洗涤、沐浴用冷（热）水等］的温度。

③ 电子自动水嘴。其控制能源仅需安装几节干电池，使用时不用接触水嘴，只需将手伸至出水口下方，即可使水流出，既卫生又节水。

（2）控制附件

控制附件用来调节水压、调节管道水流量大小、切断水流及控制水流方向。控制附件包括闸阀、截止阀、蝶阀、球阀、止回阀、倒流防止器、安全阀、减压阀和自动水位控制阀等。

① 闸阀（图 1.20）。闸阀全开时水流呈直线通过，阻力小，但水中杂质沉积于阀座时，会导致阀板关闭不严，易产生漏水现象。闸阀多用在 DN50 以上或允许水流双向流动的管道上，用来开启和关闭管道中的水流，调节流量。

② 截止阀（图 1.21）。截止阀关闭后是严密的，但水流阻力较大。其一般用在 DN50 及以下经常启闭的管道上，用来启闭水流，调节流量，同

时也可以用来调节压力。安装时注意方向，应使水流低进高出，不得装反。

③蝶阀（图1.22）。蝶阀为盘状圆板启闭件，通过绕其自身中轴旋转改变与管道轴线间的夹角来控制水流通过，具有结构简单、尺寸紧凑、启闭灵活、开启度指示清楚、水流阻力小等优点。蝶阀多用在水流双向流动的管道上。

蝶阀

④球阀（图1.23）。球阀具有闸阀或截止阀的作用，与闸阀和截止阀相比，其具有阻力小、密封性能好、机械强度高、耐腐蚀等特点。

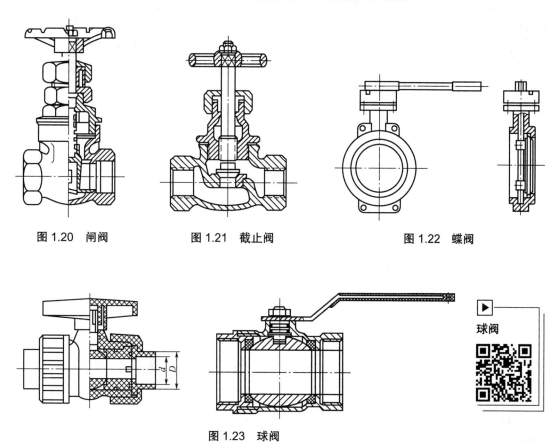

图1.20 闸阀　　图1.21 截止阀　　图1.22 蝶阀

图1.23 球阀

特别提示

给水管道上使用的阀门，应根据使用要求按下列原则选型：需调节流量、水压时，应采用闸阀；要求水流阻力小的部位（如水泵吸水管上）的阀门，宜采用闸阀；安装空间小的场所，宜采用蝶阀、球阀；水流需双向流动的管段上的阀门，不得使用截止阀。

⑤止回阀（图1.24）。止回阀是用来阻止水流反向流动的阀门，有升降式止回阀和旋启式止回阀两种。

a.升降式止回阀，靠上下游压力差使阀盘自动启闭，装于水平管道上，水头损失较大，只适用于小管径。

b.旋启式止回阀，可水平安装或垂直安装（垂直安装时水流只能向上流动），一般管径较大，不宜用在压力大的管道中。

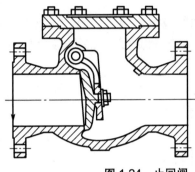

图1.24 止回阀

特别提示

以上两种止回阀安装都有方向性，阀板或阀芯启闭既要与水流方向一致，又要在重力作用下能自动关闭，以防止常开不闭的状态。

⑥倒流防止器（图1.25）。倒流防止器是防止倒流污染的专用附件。倒流防止器由进水止回阀、出水止回阀和泄水阀共同连接在一个阀腔上构成。在正常工作时，倒流防止器不会泄水；当止回阀有渗漏时能自动泄水；当进水管失压时，阀腔内的水会自动泄空，以形成空气间隙，从而防止倒流污染。

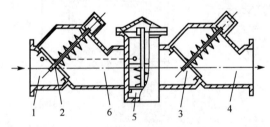

1—进口；2—进水止回阀；3—出水止回阀；4—出口；5—泄水阀；6—阀腔。

图1.25 倒流防止器

⑦安全阀（图1.26）。安全阀是管网和其他设备在承受超过规定的压力时，为了避免遭受破坏而装设的附件。安全阀一般有弹簧式和杠杆式两种。

⑧减压阀（图1.27）。减压阀的作用是降低水流压力。在高层建筑中，采用减压阀可以减少或替代减压水箱，简化给水系统，增加建筑的使用面积，同时可防止水质的二次污染。在消火栓给水系统中，采用减压阀可以防止消火栓栓口处的超压现象。

(a) 弹簧式安全阀　　　　　　(b) 杠杆式安全阀

图 1.26　安全阀

常用的减压阀有两种，即可调式减压阀和比例式减压阀。可调式减压阀 [图 1.27 (a)] 采用阀后压力反馈机构，工作中既减动压也减静压，既可水平安装也可垂直安装，在高层建筑冷热供水系统中完全可以代替分区供水中的分区水箱。比例式减压阀 [图 1.27 (b)] 是在进口压力的作用下，浮动活塞被推开，介质通过。由活塞两端截面积不同而造成的压力差改变了阀后的压力，也就是在管路有压力的情况下，活塞两端的面积比构成了阀前与阀后的压力比。无论阀前压力如何变化，阀后静压及动压按比例可减至相应的压力值。

(a) 可调式减压阀　　　　(b) 比例式减压阀

图 1.27　减压阀

⑨ 自动水位控制阀（图 1.28）。给水系统的调节水池（箱），除能自动控制切断进水外，其进水管上应设自动水位控制阀。自动水位控制阀的公称直径应与进水管管径一致。常见的自动水位控制阀有浮球阀、活塞式液压水位控制阀、薄膜式液压水位控制阀等。

(a) 浮球阀　　　　(b) 电磁遥控浮球阀　　　　(c) 液压水位控制阀

图 1.28　自动水位控制阀

3. 水表

水表是一种计量用户累计用水量的仪表。它主要由表壳、翼轮、减速装置、记录装置组成。建筑给水系统中常用的水表主要有以下几类。

（1）流速式水表

水表的类型有流速式和容积式两种。在建筑给水系统中，广泛采用的是流速式水表，它是根据管径一定时，通过水表的水流速度与流量成正比的原理来测量用水量的。水流通过水表时推动翼轮旋转，翼片转轴传动一系列联动齿轮（减速装置），再传递到记录装置，在刻度盘指针下便可读到流量的累计值。

流速式水表按翼轮转轴不同分为旋翼式水表和螺翼式水表，如图1.29所示。旋翼式水表的翼轮转轴与水流方向垂直，水流阻力较大，多为小口径水表，宜计量的用水量较小；螺翼式水表的翼轮转轴与水流方向平行，水流阻力较小，多为大口径水表，宜计量的用水量较大。复式水表是旋翼式水表和螺翼式水表的组合形式，在流量变化很大时采用。

流速式水表按计数机件是否浸于水中，又分为干式和湿式两种。干式水表的计数机件用金属圆盘与水隔开，精确度较差，仅用于水质浑浊的场合。湿式水表的计数机件浸于水中，其计数度盘上装有一块厚玻璃，用于承受水压。湿式水表机件简单，计量准确，密封性能好，但只能用在水中不含杂质的管道上，如果水质浑浊，将降低水表精度，对水表产生磨损，缩短水表使用寿命。

水表的选用包括种类的选择和口径的确定。一般情况下，管道的公称直径小于或等于50mm时应采用旋翼式水表；管道的公称直径大于50mm时应采用螺翼式水表。对于用水不均匀的给水系统，以设计流量不大于水表的最大流量确定水表的口径；对于用水均匀的给水系统，以设计流量不大于水表的公称流量确定水表的口径。

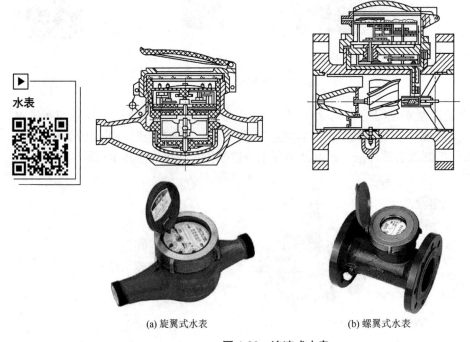

(a) 旋翼式水表　　　　　(b) 螺翼式水表

图1.29　流速式水表

（2）IC 卡智能水表（电控自动流量计）

IC 卡智能水表（图 1.30）是普通水表上附带读卡器，并通过其控制累计水量（金额）的水量（金额）计量器。该种水表在安装后，用户必须先交一定数量的水费，买好专用磁卡，将磁卡插入智能水表中，打开阀门后方可供水。IC 卡智能水表性能技术参数见表 1.5。

图 1.30　IC 卡智能水表

表 1.5　IC 卡智能水表性能技术参数

公称直径/mm	计量等级	过载流量/(m³/h)	常用流量/(m³/h)	分界流量/(m³/h)	最小流量/(m³/h)	水温/℃	最高水压/MPa
15	A	3	1.5	0.15	0.06	≤60	1.0

1.1.6　升压和贮水设备

建筑给水系统的升压和贮水设备包括水泵、吸水井、贮水池、水箱及气压给水装置等。

1. 水泵

水泵是将原动机的机械能或其他外部能量传递给流体的一种动力机械，是提升水压和输送水的重要设备。水泵的种类很多，有离心泵、轴流泵、混流泵、活塞泵、真空泵等。这里主要介绍在水暖工程中常用的离心泵。离心泵的优点有结构简单、体积小、效率高且流量和扬程在一定范围内可以调整等。

（1）离心泵的基本构造和工作原理

图 1.31 是一个单级离心泵的构造图。该单级离心泵主要由叶轮、叶片、吸水管、压水管、泵壳、泵轴和填料函等组成。

离心泵的工作原理是：泵在启动前必须先将泵壳与吸水管充满水，启动后，在电动机的带动下使叶轮高速旋转，在离心力的作用下，叶片间的水被甩出叶轮，再沿蜗形泵壳中的流道流入压水管。由于水经叶轮甩出后获得了动能，又经泵壳后转化为很高的压能，因此水流入压水管时具有很大的压力，就可压向管网。同时在叶轮中心处，水被甩出而形成真空，水池中的水便在大气压力的作用下，经吸水管不断地流入叶轮空间，由于叶轮的连续旋转，水泵就连续不断地吸水和压水。为了保证水泵正常工作，

离心泵

还必须装设一些管路附件，如压力表、闸阀、可曲挠接头等。当水泵从水池吸水时，还应装设底阀、真空表等。

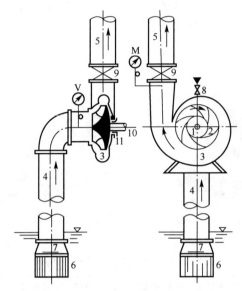

1—叶轮；2—叶片；3—泵壳；4—吸水管；5—压水管；6—拦污栅；7—底阀；8—灌水斗；9—阀门；10—泵轴；11—填料函；M—压力表；V—真空表。

图1.31 单级离心泵的构造图

（2）水泵的基本性能参数

水泵的基本性能通常由以下几个参数来表示。

① 流量。水泵在单位时间内输送的液体体积称为流量，用符号 Q 表示，单位为 m³/h 或 L/s。

② 扬程。单位质量的液体通过水泵后所获得的能量称为扬程，用符号 H 表示，单位为 m。

特别提示

流量和扬程表明了水泵的工作能力，是水泵的主要性能参数，也是选择水泵的主要依据。

③ 功率。水泵在单位时间内所做的功，也就是单位时间内通过水泵的液体所获得的能量，水泵的这个功率称为有效功率，用符号 N 表示，单位为 kW。电动机通过泵轴传递给水泵的功率称为轴功率，用符号 $N_{轴}$ 表示。轴功率大于有效功率，这是因为电动机传递给泵轴的功率除用于增加水的能量外，还有一部分功率损耗掉了，这些损耗包括水泵转动时产生的机械摩擦损失，以及水在水泵中流动时由于克服水流阻力而产生的水头损失等。

④ 效率。水泵的有效功率与轴功率的比值称为效率，用符号 η 表示，即

$$\eta = N/N_{轴} \times 100\%$$

(1-6)

> **特别提示**
> 效率 η 是评价水泵性能的一项重要指标。小型水泵效率为 70% 左右，大型水泵可达 90% 以上，但一台水泵在不同的流量、扬程下工作时，其效率也是不同的。

⑤ 转速。水泵叶轮的转速通常以每分钟转动的转数来表示，用符号 n 表示，单位为 r/min。水泵常用的转速为 2900r/min、1450r/min、960r/min。在选用电动机时，必须使电动机的转速与水泵转速相一致。

⑥ 吸程。吸程也称作允许吸上真空高度，是指水泵在标准状态下（即水温为 20℃，水面压力为一个标准大气压）运转时，进口处允许产生的真空度数值，一般等于生产厂家以清水做试验得到的发生汽蚀的吸水扬程减去 0.3m，用符号 H_s 表示，单位为 m。

> **特别提示**
> 吸程是确定水泵安装高度时使用的重要参数。

（3）水泵的隔振

水泵在运行时有很大的噪声，当对邻近建筑物或房间有影响时，应采取隔振措施。水泵的隔振主要有水泵机组隔振、管道隔振和支架隔振。水泵机组隔振可采用橡胶隔振垫、橡胶隔振器或弹簧阻尼隔振器。管道隔振是在水泵的进、出管处设置可曲挠接头。支架隔振可选用弹性支架、弹性托架和弹性吊架。水泵隔振安装结构如图 1.32 所示。

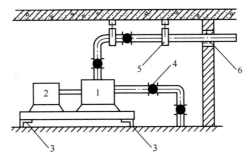

1—水泵；2—电机；3—隔振垫；4—可曲挠接头；5—弹性吊架；6—玻璃纤维。

图 1.32　水泵隔振安装结构

2. 吸水井

当室外给水管网能够满足建筑内所需水量，不需设置贮水池，但室外给水管网又不允许直接抽水时，即可设置满足水泵吸水要求的吸水井。吸水井的尺寸应满足吸水管的布置、安装和水泵正常工作的要求，吸水井的容积应大于最大一台水泵 3min 的出水量。

3. 贮水池

贮水池是建筑给水系统常用的调节和贮存水量的构筑物，一般采用钢筋混凝土、砖石等材料制作，形状多为圆形和矩形。贮水池布置在地下室或室外泵房附近，并应有严格的防渗漏、防冻和抗倾覆措施。贮水池设计应保证池内贮水经常流动，不得出现滞流和死角，以防水质变坏。贮水池一般应分为两格，并能独立工作，分别泄空，以便清洗和维修。当消防水池容积超过 500m³ 时，应分成两个，并在室外设供消防车取水用的吸水口。当生活或生产用水与消防用水合用水池时，应设有消防用水平时不被动用的措施。贮水池应设进水管、出水管、溢流管、泄水管、通气管和水位信号装置。

贮水池的有效容积（不含被梁、柱、墙等构件占用的容积）应根据调节水量、消防贮备水量和生产事故备用水量计算确定，当资料不足时，贮水池的调节水量可按最高日用水量的 10% ~ 20% 估算。

4. 水箱

按用途不同，水箱可分为高位水箱、减压水箱、冲洗水箱和断流水箱等多种类型，其形状多为矩形和圆形，制作材料有钢板、钢筋混凝土、玻璃钢等。这里只介绍给水系统中广泛采用的起到贮存用水、调节水量和稳定水压的高位水箱。图 1.33 所示为高位水箱实物图。

图 1.33　高位水箱实物图

（1）水箱附件

水箱应设进水管、出水管、溢流管、泄水管、通气管、水位信号装置，以及液位计、人孔、内外爬梯等附件，如图 1.34 所示。

① 进水管。进水管一般由侧壁接入，也可由顶部或底部接入，管径按水泵出水量或设计秒流量确定。当水箱利用管网压力进水时，应在进水管出口处设置浮球阀或液压水位控制阀，浮球阀一般不少于两个，浮球阀直径应与进水管管径一致，每个浮球阀前应装有检修阀门；当水箱利用水泵供水并采用水泵启闭自动控制装置时，可不设浮球阀或水位控制阀。侧壁进水管中心距水箱上缘应有 150 ~ 200mm 的距离。

② 出水管。出水管可由水箱底部或侧壁接出，其出水管口顶面（底部接出）或出水管内底（侧壁接出）应高出水箱内底 50mm，以防箱内污物进入配水系统，管径按水泵出水量或设计秒流量确定。出水管上应安装阻力较小的闸阀（不允许安装截止阀），为防止短流，水箱进、出水管宜分设在水箱两侧。

③ 溢流管。溢流管可从水箱底部或侧壁接出，用来控制水箱内最高水位。溢流管宜采用水平喇叭口集水，喇叭口顶面应高出水箱最高水位 50mm，管径宜比进水管管径大一号。溢流管上不允许设置阀门。

④ 泄水管。泄水管从水箱底接出，泄水管上应设置阀门，可与溢流管相连接，但不得与排水系统直接相连，管径不得小于 50mm。

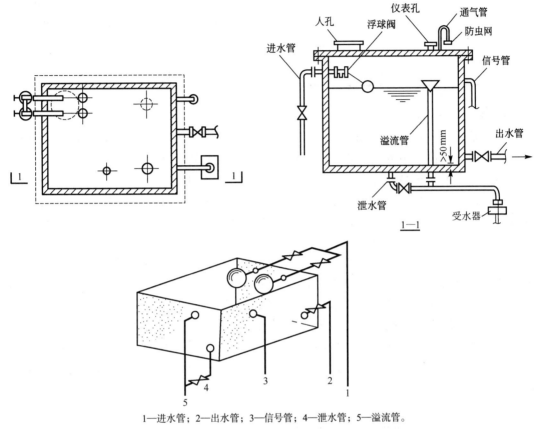

1—进水管；2—出水管；3—信号管；4—泄水管；5—溢流管。

图1.34 高位水箱配管及附件

⑤ 通气管。通气管设在饮用水箱的密封盖上，以使水箱内空气流通，管上不应设阀门，管口应朝下，管径一般宜为100～150mm，并设防止尘土、昆虫和蚊蝇进入的滤网。

⑥ 水位信号装置。水位信号装置是反映水位控制阀失灵的信号装置，可采用自动液位信号计，设在水箱内。若水箱内未装自动液位信号计，可在溢流管下10mm处设水位信号管，直通值班室的洗涤盆等处，其管径为15～20mm即可。若水箱液位与水泵连锁，则可在水箱侧壁或顶盖上安装液位继电器或信号器，采用自动水位报警装置。

（2）水箱的布置

水箱间的位置应便于管道布置，尽量缩短管线长度；水箱应有良好的通风、采光和防蚊蝇措施，室内最低气温不得低于5℃；水箱间的承重结构应为非燃烧材料；水箱间的净高不应低于2.2m。水箱底距地面宜有不小于800mm的净空高度，以便安装管道和进行检修。水箱布置间距要求见表1.6。

表1.6 水箱布置间距要求　　　　　　　　　　　　　　　　单位：m

形式	箱外壁至墙面距离		水箱之间的距离	箱顶至建筑最低点的距离
	有管道一侧	无管道一侧		
圆形	0.8	0.7	0.7	0.8
矩形	1.0	0.7	0.7	0.8

5. 气压给水装置

气压给水装置是利用密闭压力罐内的压缩空气，将罐中的水送到管网中的各配水点，其作用与高位水箱或水塔相同，可以调节和贮存水量，保持所需压力。

气压给水装置的优点是投资少、建设速度快、容易拆迁、灵活性大、不妨碍美观，与高位水箱和水塔相比，气压给水装置的水质不易被污染；其缺点是调节能力小、经常性费用高、耗用钢材较多，而且有效容积较小，供水压力变化幅度较大，不适于用水量大且要求水压稳定的用水对象。

气压给水装置一般由密封罐、水泵、空气压缩机和控制设备等组成。图1.35所示为一种最简单的变压式单罐气压给水装置，其工作原理是：密封罐内空气的起始压力高于给水系统所必需的设计压力，水在压缩空气的作用下，被送往配水点；随着罐内水量的减少，空气压力相应减小，当水位下降到最低值时，压力也减小到规定的下限值，在压力继电器的作用下，水泵自动启动，将水压入罐内；当罐内水位逐渐上升到最高上限值时，压力也达到了规定的上限值，压力继电器切断电路，水泵停止工作；如此循环往复。

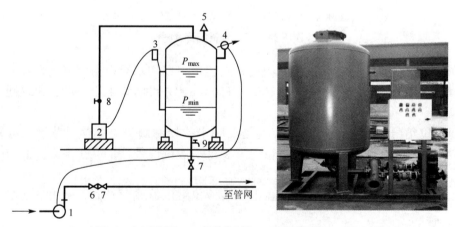

1—水泵；2—空气压缩机；3—液位继电器；4—压力继电器；5—安全阀；
6—止回阀；7—阀门；8—截止阀；9—放水阀。

图1.35 变压式单罐气压给水装置

一般密封罐中的水与空气接触，经过一段时间后，罐中的压缩空气量由于溶解于水并随之流入管网而逐渐减少，如不补充空气就会失去升压作用，因此设置了补气装置。当罐内空气减少，水位上升至设计最高水位时，水面与液位继电器触点接触，空气压缩机被启动，向罐内补气；当罐内气压逐渐增加,水面就随之下降,当与液位继电器的触点脱离时,空气压缩机就停止运转。此种补气方法补气可靠,但增加了设备费用,同时随着空气的补入,还会把空气压缩机中的润滑油带入水中而污染水质。为此,目前出现了常用的隔膜式气压给水装置,即在水罐中设置橡胶隔膜,将气、水分离,水质不易污染,气体也不会溶入水中,故不须设补气装置。隔膜材料的质量要求十分严格,为防止隔膜材料的老化,国内的做法是罐内橡胶袋采用夹布橡胶或软橡胶,一次或分次粘拼。橡胶应无毒、无味,要有良好的气密性。隔膜主要有帽形、囊形两类。囊形隔膜气密性好,调节容积大,且隔膜受力合理,不易损坏,优于帽形隔膜。图1.36所示为囊形隔膜式气压给水设备。

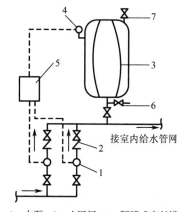

1—水泵;2—止回阀;3—隔膜式密封罐;
4—压力信号器;5—控制器;6—泄水阀;7—安全阀。

图1.36 囊形隔膜式气压给水设备

1.1.7 室内给水管道的布置与敷设

合理地布置室内给水管道和确定管道的敷设方式,可以保证供水的安全可靠,且节省工料,同时便于施工和日常维护管理。管网布置的总原则:缩短管线、减少阀门、安装维修方便、不影响美观。

1. 引入管和水表节点

（1）引入管

引入管自室外管网将水引入室内,引入管力求简短,铺设时常与外墙垂直。引入管的位置应结合室外给水管网的具体情况确定:用水点分布不均匀时,宜从建筑物用水量最大处和不允许断水处引入;用水点分布均匀时,从建筑中间引入。在选择引入管的位置时,应考虑便于水表安装与维修,同时要注意与其他地下管线保持一定的距离。一般的建筑物设一根引入管,单向供水。当不允许间断供水或消火栓个数大于10个时,应设两根及以上引入管,且从建筑不同侧引入;当引入管从同侧引入时,其间距应大于10m,在室内连成环状或贯通枝状供水。

引入管的埋设深度主要根据城市给水管网及当地的气候、水文地质条件和地面的荷载而定。在寒冷地区,引入管应埋在冰冻线以下0.15m处。生活给水引入管与污水排出管管外壁的水平距离不宜小于1.0m,引入管应有不小于0.3%的坡度坡向室外给水管网。

引入管穿越承重墙的基础时,应注意保护管道。如果基础埋深较小,管道可以从基础底部穿过,如图1.37（a）所示;如果基础埋深较大,则将引入管穿过承重墙的基础墙体,如图1.37（b）所示,此时应预留洞口,管顶上部净空高度一般不小于0.15m。

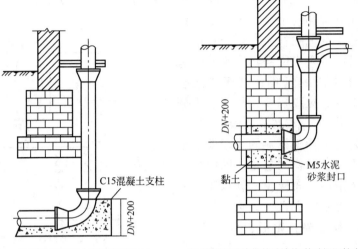

(a) 从基础底部穿过(基础埋深较小)　　(b) 穿过承重墙的基础墙体(基础埋深较大)

图 1.37　引入管进入建筑物

（2）水表节点

必须单独计量用水量的建筑物，应在引入管上装设水表。为检修水表方便，在水表前后应设阀门，水表后可设止回阀和泄水阀（泄水阀主要用于检修室内管路时，将系统内的水放空与检验水表灵敏度）。水表节点分为设旁通管的水表节点和不设旁通管的水表节点两种，如图 1.38 所示。对于不允许断水的用户一般采用设旁通管的水表节点；对于那些允许在短时间内停水的用户，可以采用不设旁通管的水表节点。水表节点在我国南方地区常设在室外水表井中，井距建筑物外墙 2m 以上；在寒冷地区常设置在室内的供暖房内。

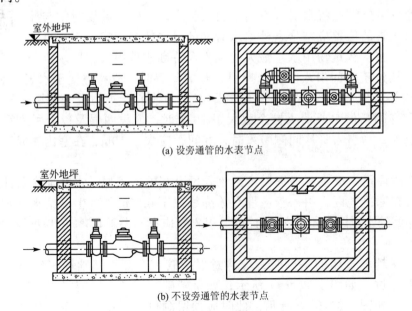

(a) 设旁通管的水表节点

(b) 不设旁通管的水表节点

图 1.38　水表节点

2. 室内给水管道的布置

室内给水管道的布置与建筑性质、外形、结构状况、卫生器具布置及采用的给水方式有关，一般要布置成枝状，单向供水。对于不允许中断供水的建筑物，在室内应连成环状，双向供水，如消防给水系统。室内给水管道布置应遵循以下几点原则。

① 力求长度最短，尽可能呈直线走，平行于墙、梁、柱，照顾美观，并考虑施工检修方便。

② 给水干管应尽可能靠近用水量最大或不允许中断供水的用水处。

③ 埋地给水管道应避免布置在可能被重物压坏或设备振动处，管道不得穿过设备基础。

④ 工厂车间内的管道不得妨碍生产操作，不得布置在遇水能引起爆炸、燃烧或损坏原料、产品、设备的地方。

⑤ 给水管道不得穿过伸缩缝、沉降缝，必须通过时，应采取相应措施。保护措施有软性接头法、丝扣弯头法和活动支架法等。

⑥ 给水管道可与其他管道同沟或共架敷设，但应考虑合适的上下顺序，给水管应布置在排水管、冷冻管的上面，热水管、蒸汽管的下面。

⑦ 给水管道不宜与输送易燃易爆或有害气体及液体的管道同沟敷设。

⑧ 给水管道横管应有 0.2%～0.5% 的坡度坡向泄水装置。

⑨ 给水立管穿过楼层需加套管，在土建施工时要预留孔洞。

3. 室内给水管道的敷设

根据建筑对卫生、美观方面的要求不同，室内给水管道的敷设可分为明装和暗装两种。

（1）明装

管道的明装是指管道在室内沿墙、梁、柱、天花板下、地板旁暴露敷设。管道明装造价低，便于安装维修；但是存在不美观，管道表面易凝结水、积灰，妨碍环境卫生等方面的缺点。明装一般用于对卫生、美观没有特殊要求的建筑。

（2）暗装

管道的暗装是指管道敷设在地下室或吊顶中，或在管井、管槽、管沟中隐蔽敷设。管道的暗装卫生条件好、美观，但造价高，施工、维护均不便。对于建设标准高的建筑，如高层建筑、宾馆，要求室内洁净无尘的车间，如精密仪器、电子元件等的生产场所应进行暗装敷设。室内给水管道可以与其他管道一同架设，但应当考虑安全、施工、维护等要求。

（3）敷设要求

① 给水管道在穿过建筑物内墙及楼板时，一般均应预留孔洞或设置金属或塑料套管，安装在楼板内的套管，其顶部应高出装饰地面 20mm；安装在卫生间及厨房内的套管，其顶部应高出装饰地面 50mm，底部应与楼板底面相平；安装在墙壁内的套管，其两端应与饰面相平。暗装管道在墙中敷设时，也应预留墙槽。待管道安装好后，应用水泥砂浆堵塞孔洞、墙槽，以防孔洞、墙槽影响结构强度。横管穿过预留洞时，管顶上部净空不能小于建筑物的沉降量，以保护管道不致因建筑沉降而损坏，一般不小于 0.1m。

给水管道敷设的具体要求见表1.7。

表1.7 给水管道敷设的具体要求　　　　　　　　　　单位：mm

管道名称	管径	明装管道		暗管墙槽尺寸 宽×深
		预留尺寸长（高）×宽	管外皮距墙面距离	
立管	≤25	100×100	25～35	130×130
	32～50	150×150	30～50	150×130
	75～100	200×200	50	200×200
两根立管	≤32	150×100	—	200×130
横支管	≤25	100×100	—	60×60
	32～40	150×130	—	150×100
引入管	≤100	300×300	—	—

② 管道在空间敷设时，必须采取固定措施，以保证施工方便和安全供水。固定水平管道常用的支、吊、托架如图1.39所示。给水立管管卡的安装：当层高不大于5m时，一般每层安装1个管卡，管卡距地面高度1.5～1.8m；当层高大于5m时，则每层须安装2个管卡，且管卡应均匀安装。钢管水平安装管道支架最大间距见表1.8。

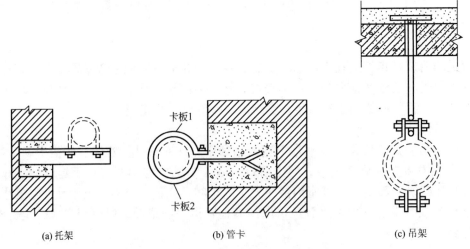

(a) 托架　　　(b) 管卡　　　(c) 吊架

图1.39 固定水平管道常用的支、吊、托架

表1.8 钢管水平安装管道支架最大间距

公称直径 DN/mm		15	20	25	32	40	50	70	80	100	125	150
支架的最大间距/m	保温管	2	2.5	2.5	2.5	3	3	4	4	4.5	6	7
	非保温管	2.5	3	3.25	4	4.5	5	6	6	6.5	7	8

4. 室内给水管道的防护

（1）防腐

明装和暗装的金属管道都要采取防腐措施，以延长管道的使用寿命。通常的防腐做法是管道除锈后，在外壁刷涂防腐涂料。明装的管道刷外防锈底漆一道，面漆两道；暗装和埋地管道均应采用有足够的耐压强度，与金属有良好的黏结性，以及防水性、绝缘性和化学稳定性能好的材料做管道防腐层。如环氧煤沥青防腐层即在管道外壁刷底漆后，再刷环氧煤沥青面漆，然后外包玻璃布。管道外壁所做的防腐层数，可根据防腐要求确定。铸铁管因自身具有较好的防腐性能，可只刷沥青漆。

（2）保温防冻与防结露

设在环境温度低于0℃的设备和管道，如寒冷地区的屋顶水箱，冬季不供暖的室内和阁楼中的管道，以及敷设在受室外冷空气影响的门厅、过道等处的管道，均应采取保温防冻措施。常用的保温防冻做法是：管道除锈后，包扎矿渣棉、石棉硅藻土、玻璃棉、膨胀硅石或用泡沫水泥瓦等做保温层，外包玻璃布、涂漆等作为保护层。

给水管道明装在湿热气候条件下或在空气湿度较高的房间，如厨房、洗涤间或某些车间等，由于管道内的水温较低，空气中的水分会凝结成水附着在管道表面，严重时还会产生滴水（即管道结露）现象，不但会加速管道腐蚀，还会影响建筑的使用，如使墙面受潮、粉刷层脱落，影响墙体质量和建筑美观。防结露措施与保温防冻做法相同。

（3）防漏

管道布置不当或管材质量和施工质量低劣，均能导致管道漏水。管道漏水不仅浪费水，影响给水系统正常供水，而且会损坏建筑物。特别是在湿陷性黄土地区，管道漏水将会造成土壤湿陷，严重影响建筑基础的稳固性，是绝对不允许的。防漏的主要措施是避免将管道布置在易受外力损坏的位置，或采取必要的保护措施，避免其直接承受外力，同时要健全管理制度，加强管材质量和施工质量的监督检查。在湿陷性黄土地区，可将埋地管道敷设在防水性能良好的检漏管沟内，一旦管道漏水，水可沿检漏管沟排至检漏井内，便于及时发现和检修。管径小的管道，也可敷设在检漏套管内。

（4）防噪声

当管道中水流速度过大时，启闭水嘴、阀门易出现水锤现象，引起管道、附件的振动，不但可能损坏管道附件造成漏水，还会产生噪声。为防止噪声污染，应控制管道的水流速度，在系统中尽量减少使用电磁阀或速闭型水栓。住宅建筑进户管的阀门后（沿水流方向）宜装设可曲挠橡胶接头进行隔振，并可在管道支架、吊架内衬垫减振材料，以减少噪声的扩散，如图1.40所示。

5. 室内给水管道的安装

室内给水管道的安装包括生活给水管道、消防给水管道及生活热水管道的施工。

（1）室内给水管道安装的技术要求

①管道穿越建筑物基础、墙、楼板的孔洞和暗装时管道的墙槽，应配合土建预留。

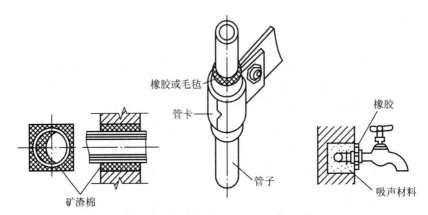

图 1.40　各种管道器材的防噪声措施

②管道穿过墙壁和楼板，应设置金属或塑料套管。穿过楼板的套管与管道之间的缝隙应用阻燃密实材料和防水油膏填实，且端面光滑。穿墙套管与管道之间的缝隙宜用阻燃密实材料填实，且端面光滑。管道的接口不得设在套管内。

③管道支、吊、托架的安装，应符合下列规定。

a. 位置正确，埋设应平整牢固。

b. 固定支架与管道接触紧密，固定应牢靠。

c. 滑动支架应灵活，滑托与滑槽两侧间应留有 3～5mm 的间隙，纵向移动量应符合设计要求。

d. 固定在建筑结构上的管道支、吊架不得影响结构的安全。

④室外直埋管要考虑冰冻线深度和地面荷载情况，室内直埋管应避免穿越柱基，埋深不应小于 500mm。管道及其支墩严禁铺设在冻土和未经处理的松土上。

⑤隐蔽管道和给水、消防系统的水压试验及管道冲洗，应按规定执行。

⑥生活给水管、消防管，应根据需要及设计要求进行保温处理，以防结露。

⑦除敷设于地下室的给水管道外，给水引入管（总管）入户处均设竖井，并盖活动盖板以便于维修，而且应设置总阀（或装水表组），以利于启闭与调节。

⑧管道安装用螺纹连接时，采用螺纹连接管段均应检查原有螺纹的完整情况，并应切去 2～3 个螺纹，重新套丝，以保证连接的严密。

（2）室内给水管道的安装程序

室内给水管道的安装一般按引入管（总管）→给水干管→立管→横支管→支管的顺序施工。

①引入管的安装。引入管穿越建筑物基础时，应按要求施工，并妥善封填预留的基础孔洞。当有防水要求时，给水引入管应采用防水套管，常用刚性防水套管如图 1.41 所示。引入管底部宜用三通连接，三通底部装泄水阀或管堵，以利于管道系统试验及冲洗时排水。引入管在室外的埋深应大于当地的冰冻深度。

②给水干管的安装。给水干管为下分式系统的，可置于地下室楼板下、地沟内或沿一层地面拖地安装；给水干管为上分式系统的，可明装于顶层楼板下，也可暗装于屋顶内、吊顶内或技术层内。所有暗装的给水干管均应在压力试验合格后，方可进行隐蔽。

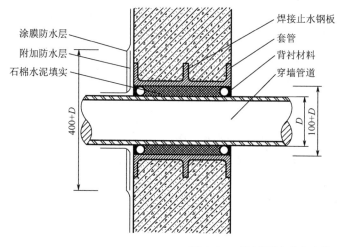

图 1.41 常用刚性防水套管

给水干管的安装程序如下。

a. 给水干管的调直与刷油。

b. 给水干管的定位放线及支架安装。

依据施工图所要求的给水干管走向、位置、标高和坡度，检查预留孔洞。如未预留孔洞，应打通给水干管需穿越的隔墙洞，挂通线弹出给水干管安装的坡度线。在此管中心坡度线下方，画出支架安装打洞位置方块线，即可安装支架。

c. 给水干管的上架与连接。

对焊接的给水干管，直线部分可整根给水干管上架，弯曲部分应在地面上焊好弯管后上架。给水干管如采用焊接，对口应不错口并留有对口间隙（1.5mm），点焊后调直管道最后焊死。

③ 立管的安装。立管的安装可分为明装和暗装，暗装即安装于管道竖井内或墙槽内。

立管预制以楼层管段长度为单元。每安装一层立管，均应使其就位于立管安装中心线上，并用立管管卡予以固定。立管管卡的安装高度宜为1.5m。当给水立管与排水立管并行时，应置于排水立管的外侧；当给水立管与热水立管（蒸汽立管）并行时，应置于热水立管的右侧。当从地下室、地沟干管上接出给水立管时，应采用2～3个弯头引向地面上（或墙槽内）。当立管穿越各层楼板时，应加钢套管。

④ 横支管的安装。横支管的安装应具有不小于0.2%的坡度。

⑤ 给水支管的安装。给水支管的安装有明装和暗装：明装是将预制好的支管从立管甩口依次逐段进行安装，根据管道长度适当加好临时固定卡，核定不同卫生器具的预留口高度、位置，找平找正后栽支管卡件，去掉临时固定卡，上好临时丝堵；暗装是确定支管高度后画线定位，剔出管槽，将预制好的支管敷在槽内，找平找正定位后用勾钉固定。卫生器具的预留口要做在明处，加好丝堵。

（3）室内给水管道的特殊处理

① 给水管道穿过变形缝的处理。管道穿过变形缝时，需做特殊处理。常用方法有三种：一是软接头法，即用橡胶软接头、金属软接头或伸缩软接头连接穿过变形缝的管

道，通过软接头的柔软性来补偿建筑物的沉降或伸缩，这种做法一般适用于冷水管道或温度低于20℃的温水管道；二是丝扣弯头法，这种方法一般用在建筑物的沉降缝处，在建筑物沉降过程中，两边的沉降差由丝扣弯头的旋转来补偿；三是活动支架法，这种方法一般也是用在建筑物的沉降缝处，把沉降缝两侧的支架做成使管道能垂直位移而不能水平位移的活动支架，并要保证过墙洞留出沉降量，如图1.42所示。

② 给水管道的防噪声处理。给水管道的噪声主要来自由水泵运行、水流速度较大、阀门或水嘴启闭引起的水击等。减弱和消除这些噪声的措施除在设计方面采用合理流速、水泵减振等方法外，从安装角度考虑，主要是利用吸声材料隔离给水管道与其依托的建筑实体的硬接触，如暗装管道和穿墙套管填充矿渣棉、管道托架及立管管卡和管道之间衬垫橡胶或毛毡、水嘴采用软管连接等。

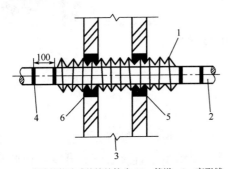

1—橡胶软接头或伸缩软接头；2—管道；3—变形缝；
4—法兰或丝扣连接；5—套管；6—柔性不燃材料。

(a) 软接头法

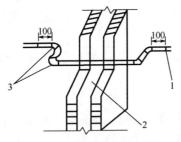

1—固定支架；2—沉降缝；3—丝扣弯头。

(b) 丝扣弯头法

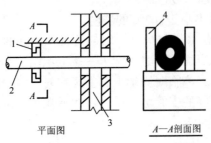
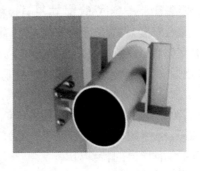

1—活动支架；2—管道；3—沉降缝；4—挡板。

(c) 活动支架法

图1.42 给水管道穿过变形缝的做法

6. 室内给水工程的验收

室内给水工程的验收包括室内给水管道的试压、冲洗及消毒。

（1）室内给水管道的试压

水压试验是在给水管道系统施工完毕后，对其管道、配件的材质、强度和接口的严密性进行检验，是确保管道系统使用功能的关键措施，也是管道安装质量检验评定中的保证项目之一。室内给水管道系统水压试验适用范围：室内生活用水、消防用水和生活（生产）与消防合用的管道系统，工作压力不大于 0.6MPa 的管道工程。

水压试验操作程序如下。

① 向给水管道系统注水：水压试验是以水（可用自来水，也可用未被污染、无杂质、无腐蚀性的清水）为介质。向给水管道系统注水时，水压试验的充水点和加压装置，一般应选在系统或管段的较低处，以利于低处进水、高处排气。当注水压力不足时，可采取增压措施。注水时需将给水管道系统最高处用水点的阀门打开，将最低处的排水阀关闭，连接好进水管、压力表和加压泵等，待管道系统内的空气全部排净见水后，再将阀门关闭，此时表明给水管道系统注水已满（可反复关闭数次进行验证）。

② 向管道系统加压：给水管道系统注满水后，启动加压泵使系统内水压逐渐升高，先升至工作压力，停泵观察。当各部位无破裂、无渗漏时，再将压力升至试验压力，其试验压力不应小于 0.6MPa。生活饮用水和生产、消防合用的管道，试验压力应为工作压力的 1.5 倍，但不得超过 1.0MPa。管道试压标准是在试验压力下，10min 内，压力降不大于 0.05MPa，表明管道系统强度试验合格。然后将试验压力缓慢降至工作压力，再做较长时间观察，若全系统的各部位仍无渗漏，则管道系统的严密性为合格。只有强度试验和严密性试验均合格，水压试验才算合格。在气温低于 0℃ 的情况下进行水压试验时，应采用严格的防冻措施，并用 50℃ 左右的热水进行试验，或在水中掺入 20%～30% 的盐，以冷盐水试验。冬季进行水压试验时，应准备充分，动作迅速，以不超过 2h 结束试验为好。最后将工作压力逐渐降为零。至此，管道系统试压全过程才算结束。

③ 泄水：给水管道系统试压合格后，应及时将系统低处的存水泄掉，防止积水，尤其避免在冬季因积水冻结而破坏管道。

④ 填写给水管道系统试压记录：填写时，应如实填写试压实际情况，试压记录是管道工程的重要技术资料，应存入工程技术档案内，随工程的完工，转交给建设单位留存。

（2）室内给水管道的冲洗

先冲洗给水管道系统底部干管，后冲洗各环路支管。

冲洗时，应把已安装的水表拆下，并加以短管代替。由给水入户管控制阀前接临时供水口向系统供水。关闭其他支管的控制阀门，只开启干管末端支管（一根或几根）最底层的阀门，由底层放水并引至排水系统内，观察出水口处水质的变化。底层干管冲洗后再依次冲洗各分支（一支或几支）环路，直至全系统管路冲洗完毕为止。冲洗后如实填写冲洗记录，存入工程技术档案内。

冲洗时应符合下述几项技术要求。

① 冲洗时水压应大于系统供水的工作压力。

② 出水口管径截面不得小于被冲洗管径截面的 3/5（即出水口管径应比被冲洗管径小 1 号）。出水口管径截面大，出水流速低，出水的冲洗力弱，达不到冲洗效果；出口

管径截面小，出水流速高，又不好控制和观察。

③ 出水口处的排水流速 $v \geqslant 1.5\text{m/s}$。

④ 控制冲洗水管管径与流速的关系。

（3）室内给水管道的消毒

对于室内饮用水给水管道，应先进行管路的冲洗，再进行管路的消毒，最后用饮用水冲洗。进行消毒处理时，先将漂白粉放入桶内加以溶解，再以每升水中含 20～30mg 游离氯的水灌满管道，浸泡 24h 以上，最后用饮用水冲洗，并经有关部门取样检验，直至合格为止。

1.1.8 居住小区给水工程

1. 居住小区的给水方式

一般居住小区的水源应首选城市自来水。居住小区给水系统主要由水源、管道系统、二次加压泵房和贮水池等组成。居住小区的给水方式有以下类型。

（1）城市给水管网直接给水方式

城市给水管网直接给水方式即城市给水管网→居住小区给水管网→建筑物。这一给水方式适用于城市给水管网的水压能满足建筑物直接给水的要求，或城市给水管网的水压能在夜间将水压入建筑物屋顶水箱，利用建筑物的屋顶水箱调节日间室外管网水压不足的情况。

（2）居住小区集中加压给水方式

居住小区集中加压给水方式即城市给水管网→居住小区升压→建筑物。当城市给水管网水量、水压不能满足居住小区给水要求时，整个居住小区由一个集中设置的加压泵房供水，当居住小区内各建筑物的高度相近时，应根据最不利点所需水压确定供水压力；当居住小区内各建筑物的高度相差较大时，可考虑分压供水。该给水方式的优点是加压泵站集中设置，维护管理方便，节省投资。其缺点是不能充分利用城市给水管网压力，增加了能源消耗，如采用分压供水就会增加管网造价。

（3）居住小区内各建筑物分散加压给水方式

居住小区内各建筑物分散加压给水方式即城市给水管网→居住小区给水管网→建筑物升压（部分为城市给水管网→居住小区给水管网→建筑物）。当城市给水管网水量、水压不能满足居住小区内的建筑物要求时，居住小区内的各建筑物可分别设置加压水泵房，每个水泵房只负责一栋楼或几栋楼的给水，通常下面几层由市政给水管网直接供水，上面几层由水泵加压后供水。该给水方式使用较为普遍。该给水方式的优点是可以充分利用城市给水管网的压力，节约能源。其缺点是水泵房分散布置，维护管理较麻烦，投资较大，有水泵振动及噪声干扰。

（4）集中加压与分散加压相结合给水方式

对建筑物高度相差较大的居住小区，城市给水管网水压不能满足居住小区给水要求，集中加压站的供水压力只能满足高度相近的建筑物对水压的要求，而另一部分较高的建筑物，则需另外进行加压，这时即可采用集中加压与分散加压相结合给水方式。这种给水方式的优、缺点介于居住小区集中加压给水方式与居住小区内各建筑物分散加给水方式之间。

2. 居住小区给水管道的布置与敷设及管材

（1）居住小区给水管道布置与敷设的原则

① 居住小区的给水管网宜布置成环状或与城镇给水管道连成环状管网，居住小区支管和接户管可布置成枝状。居住小区干管宜沿用水量较大的地段布置，以最短距离向大用户供水。居住小区支管一般不宜布置在底层住户的庭院内。给水管应尽量敷设在人行道和绿地下，以便于检修和减少对道路交通的影响。

② 居住小区管线应进行综合布置，根据其用途、性能等合理安排，避免产生不良影响。如污水管应尽量远离生活给水管，减少生活用水被污染的可能性；金属管不宜靠近电力电缆，以免加速金属管的腐蚀。

③ 管道与建筑物、构筑物的平面最小净距见表1.9。

表1.9　管道与建筑物、构筑物的平面最小净距　　　　　　　　　　　单位：m

名称	给水管		污水管	雨水管	排水沟
	$d>200mm$	$d\leq200mm$			
建筑物	3.0～5.0	3.0～5.0	3.0	3.0	1.0
铁路中心线	4.0	4.0	4.0	4.0	4.0
城市型道路边缘	1.5	1.0	1.5	1.5	1.0
郊区型道路边沟边缘	1.0	1.0	1.0	1.0	1.0
围墙	2.5	1.5	1.5	1.5	1.0
照明及通信电杆	1.0	1.0	1.0	1.0	1.5
高压电线杆支座	3.0	3.0	3.0	3.0	3.0

④ 居住小区地下管线间的最小净距应符合表1.10的规定。

表1.10　居住小区地下管线间的最小净距　　　　　　　　　　　单位：m

种类	给水管		污水管		雨水管	
	水平	垂直	水平	垂直	水平	垂直
给水管	0.5～1.0	0.1～0.15	0.8～1.5	0.1～0.15	0.8～1.5	0.1～0.15
污水管	0.8～1.5	0.1～0.15	0.8～1.5	0.1～0.15	0.8～1.5	0.1～0.15
雨水管	0.8～1.5	0.1～0.15	0.8～1.5	0.1～0.15	0.8～1.5	0.1～0.15
低压煤气管	0.5～1.0	0.1～0.15	1.0	0.1～0.15	1.0	0.1～0.15
直埋式热水管	1.0	0.1～0.15	1.0	0.1～0.15	1.0	0.1～0.15
热力管沟	0.5～1.0	—	1.0	—	1.0	—
电力电缆	1.0	直埋0.5 穿管0.25	1.0	直埋0.5 穿管0.25	1.0	直埋0.5 穿管0.25
通信电缆	1.0	直埋0.5 穿管0.15	1.0	直埋0.5 穿管0.15	1.0	直埋0.5 穿管0.15
通信及照明电缆	0.5	—	1.0	—	1.0	—

⑤给水管道的埋深应大于冻土深度，在道路路面下的给水管覆土厚度应大于0.7m，给水管应埋于排水管的上侧。

（2）居住小区给水管道的布置与敷设

居住小区给水管道有干管、支管和接户管，其布置顺序为干管→支管→接户管。

干管布置在居住小区道路下，以最短距离向用水大户供水。干管宜布置成环状或与城市管网连成环状管网，与市政给水管的连接干管不宜少于2条，当其中1条发生故障时，其余连接干管应能通过不小于70%的设计流量。

支管布置在居住物群的道路下，与居住小区干管连接，一般为枝状。

接户管布置在建筑物周围人行道或绿地下，与居住小区支管连接，向建筑物内供水。

居住小区室外给水管道外壁距建筑物外墙的净距不宜小于1m，且不得影响建筑物的基础。

室外给水管道最小覆土深度不得小于土壤冰冻线以下0.15m，车行道下的管线覆土深度不宜小于0.7m。为便于居住小区管网的调节和检修，应在居住小区给水管道从城市给水管道的引入管段上设置阀门。以下管道需安装阀门。

① 居住小区室外环状管网的节点处，应按分隔要求设置阀门。

② 管段过长时，宜设置分段阀门。

③ 从居住小区给水干管上接出的支管起端应设置阀门，配水点在3个及3个以上的配水支管上应设置阀门。

④ 室外给水管道上的阀门，宜设置阀门井或阀门套筒。

（3）居住小区给水管管材

居住小区给水系统中采用的管材、配件，应符合现行产品标准要求；生活饮用水给水系统所涉及的材料必须达到饮用水卫生标准；管道的工作压力不得大于产品标准允许的工作压力。居住小区给水管道的管材，应具有耐腐蚀性，且能承受相应的荷载能力。当$DN>75mm$时，可采用有内衬的给水铸铁管、给水塑料管和复合管；当$DN\leqslant 75mm$时，可采用给水塑料管、复合管或经可靠防腐处理的钢管、热镀锌钢管。由于给水铸铁管具有韧性和高防腐蚀性，且其连接方式也由普通给水铸铁管的油麻石棉水泥承插连接改进为橡胶圈承插连接，从而大大加快了施工速度，减少了漏水的可能性，因此在居住小区给水工程中的应用也越来越普遍。

室外给水管道埋地敷设

3. 居住小区给水工程施工

室外给水管道的敷设形式分为埋地和架空两种，其中常用的为埋地敷设。

（1）室外给水管道埋地敷设施工程序

① 管沟的放线与开挖：设置中心桩→设置龙门板→开挖沟槽→处理沟底。

a. 设置中心桩。根据施工图测出管道的中心线，在其起点、终点、分支点、变坡点、转弯点的中心钉上木桩。

b. 设置龙门板。在各中心桩处测出其标高并设置龙门板，龙门板以水平尺找平，且标出开挖深度，以备开挖中检查。板顶面钉三颗钉，中间一颗为管沟中心线，其余两颗为边线,在两边线钉上各拉一细绳,沿绳撒上石灰即为管沟开挖的边线。

c.开挖沟槽。沟槽通常分为直槽、梯形槽、混合槽三种,沟槽采用机械或人工开挖,挖出的土放于沟边一侧,距沟边 0.5m 以上。

d.处理沟底。沟底要平,坡度、坡向应符合设计要求;土壤应坚实,松土应夯实,砾石沟底应挖出 200mm 用好土回填且夯实。

② 铺管:检查管材→清理承插口→运管及排放→铺管与对口。

铺管之前要根据施工图检查管沟的坐标、沟底标高等,确定无误后方可铺管。

a.检查管材。管材应符合设计要求,无裂纹、砂眼等缺陷。检查地点宜在管材堆放场。

b.清理承插口。承插式给水铸铁管出厂前内外表面涂刷的沥青漆会影响接口的质量,应将承口内侧和插口外侧的沥青漆除掉。

c.运管及排放。将检查合格并清理完承插口的管材,用汽车(大口径给水铸铁管尚需 3t 汽车起重机)运至施工现场,一根接一根排放于沟边,并将承口向着来水方向。

d.铺管与对口。用吊车或采用人工的方法将放在沟边的管子逐根放入沟底;使插口插入承口内,通常不插到底,留 3～5mm 的间隙;然后用三块楔铁调整承插口的环形间隙,使之均匀。

管道铺完后应找平、找正。为防止捻口时管道位移,在其始端、分支、拐弯处应以道木顶住,每节管的中部铺 400mm 左右厚的土,如图 1.43 所示。

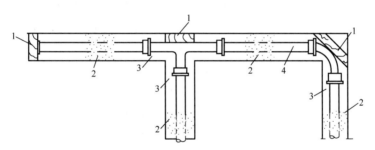

1—道木;2—培土;3—管沟;4—给水铸铁管。

图 1.43　道木及培土位置图

③ 捻口:捻麻→捻石棉水泥。

a.捻麻。将白麻扭成辫子,直径约为承插口环形间隙的 1.5 倍,然后以捻凿将扭成辫子的白麻逐圈塞入接口并打实,打实后占承口深的 1/3 为宜。

b.捻石棉水泥。首先配料,然后拌料,拌完料后立即捻口,方法是先将拌料填满接口,再以捻凿捣实,然后用 3kg 榔头敲击捻凿。如此,将拌料逐层填满接口并捻实,捻好后应凹入承口内 1～2mm。

图 1.44 所示为石棉水泥捻口示意图。

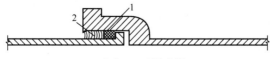

1—白麻;2—石棉水泥。

图 1.44　石棉水泥捻口示意图

④ 养护接口。

养护接口就是使石棉水泥接口在一段时间内保持湿润、温暖，以达到水泥的强度等级。养护接口的方法：通常是在接口上涂泥、盖草袋定期浇水。养护接口的次数及时长：春、秋季每天2次以上，夏季每天4次以上，冬季不浇水，养护时间越长越好，通常7d即可。

⑤ 安装阀门井及阀门：安装阀门井→安装阀门。

室外埋地给水管道上的阀门均应设在阀门井内。阀门井有混凝土制（预制）和砖砌制两种。井盖有混凝土制、钢制、铸铁制三种。阀门井和井盖的形式分为圆形和矩形两种，其中多采用圆形阀门井及井盖。

a. 安装阀门井。通常井底为现浇混凝土，安装混凝土制的井圈（或砌筑井壁）时要垂直，井底和井口标高以及截面尺寸要符合设计要求。

b. 安装阀门。阀门通常为法兰式闸阀，阀门前后采用承盘或插盘铸铁给水短管。安装时阀门手轮垂直向上，两法兰之间加3～4mm厚的胶皮垫，以十字对称法拧紧螺帽，螺帽外余1～5扣（一般余2扣），且螺帽位于法兰的同一侧。

⑥ 安装室外消火栓。

室外消火栓的安装形式分为地上式和地下式两种，前者装于地上，后者装于地下消火栓井内。图1.45所示为室外地下消火栓示意图。通常消火栓的给水管进水口为$DN100$，出水口有$DN100$和$DN65$两种。

⑦ 管道试压。

管道接口养护期满即可进行水压试验。水压试验时，室外气温通常应在3℃以上。

⑧ 管道防腐。

给水铸铁管出厂前其表面已涂刷沥青漆，一般不再刷漆。但在清理接口和吊、运管件时损伤的部位应补刷沥青漆。若采用钢制三通、弯头等管件，一般应做正常防腐。

⑨ 回填土。

室外埋地给水管道试压、防腐后可进行回填。在回填土前应进行全面检查，确认无误后方可回填。

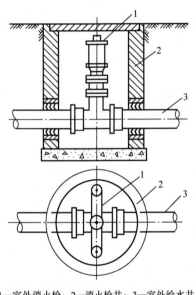

1—室外消火栓；2—消火栓井；3—室外给水井。

图1.45 室外地下消火栓示意图

分层回填并夯实，每层宜为100～200mm；最后一层应高出周围地面30～50mm。

（2）室外给水管道架空敷设

架空敷设的室外给水管道，常采用承插式给水铸铁管。室外给水管道架空敷设的主要施工程序：安装管架（墩）→铺设管道→试压→防腐。其安装时的方法步骤和要求与室外给水管道埋地敷设的方法步骤和要求基本相同。

4. 居住小区给水工程验收

（1）试压条件

试压条件应符合以下要求。

①试压介质：水、空气（冬季或缺水时用）。

②分段试压与最后试压：在回填管沟前，应先分段进行试压。回填完管沟并完成管段各项工作后，即可进行最后试压。管道全线长度大于1000m应分段进行；管道全长小于或等于1000m可一次试压。试验压力标准为工作压力加0.5MPa，但不超过1MPa。

③焊接接口的地下钢管的各管段，允许在沟边做预先试压。

④埋于地下的管道经检查管基合格后，管身上部的回填土应回填不小于500mm厚以后方可进行试压（管道接口处除外）。

（2）试压操作程序

①试压之前，按标准工艺量尺、下料、制作、安装堵板和管道末端支撑。将管道的始末端设置堵板，在堵板、弯头和三通等处以道木顶住。并从水源开始，敷设和连接好试压给水管，安装给水管上的阀门和试压水泵。在管道的高点设排气阀，低点设放水阀。管道较长时，在其始末端各设一块压力表；管道较短时，只在试压水泵附近设一块压力表。将试压水泵（一般使用手压泵）与被试压管道连接上，并安装好临时给水管道，如图1.46所示。

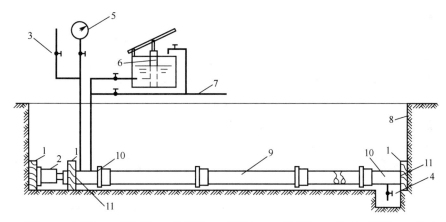

1—道木；2—千斤顶；3—排气阀；4—放水阀；5—压力表；6—手压泵；7—临时上水管道；8—沟壁；
9—被试压管道；10—钢短管；11—钢堵板。

图1.46 给水铸铁管道水压试验图

②向被试压管道内充水至满，先不升压，养护24h。非焊接或螺纹连接管道，接口后需在养护期内达到强度以后方可进行充水。充水后应把管内空气全部排尽。

③空气排尽后，将检查阀门关闭好，以手压泵向被试压管道内压水，注意升压要缓慢。当升压至0.5MPa时暂停，做初步检查。无问题后，徐徐升压至试验压力，并恒压10min，再查看压力是否有下降，若无下降或压力降不超过0.05MPa，管道、接口、阀门等无漏裂，则将压力下降至工作压力，再进行外观全面检查，接口不漏为合格，否则为不合格。若有渗漏，应标记好渗漏的位置，然后将压力降为零，并制定补修措施，经补修后再重新试验，直至合格。

试压时要注意安全，管道水压试验具有危险性，因此要划定危险区，严禁闲人进入该区。操作人员应远离堵板、三通及弯头等处，以防因管沟浅或沟壁后座墙支撑力不够，在试压过程中压力将堵板冲出打伤人。

④ 试压完毕后,打开放水阀,将被试压管道内的水全部放净,以防冻坏管道。管道试压合格后,马上办理验收手续,填写验收报告,组织回填。

> **知识链接**

中水系统

中水系统是由给水系统和排水系统派生出来的,其水质介于给水和排水之间。居住小区中水系统是指居住小区内排放的各种污废水经集流、水质处理、配送等技术措施,回用于居住小区,用于冲洗便器、冲洗汽车、绿化和浇洒道路等杂用水的供水系统。

1. 中水系统的分类

中水系统按照其服务的范围不同,可分为建筑中水系统、居住小区中水系统和城镇中水系统。

(1) 建筑中水系统

建筑中水系统是指单幢建筑(或几幢相邻建筑)所形成的中水供应系统。根据其系统的设置情况不同可分为以下两种形式。

① 具有完善排水设施的建筑中水系统:指建筑物内的排水系统采用分流制排水系统,建筑物内的生活污水单独排入居住小区排水管网或化粪池,以杂排水或优质杂排水(不含粪便污水)作为中水的水源,这种杂排水经过收集汇流后,通过设置在建筑物地下室内或邻近建筑物室外的中水处理设施的处理,又输送到该建筑物内或周围,用以冲洗厕所、清洗拖布、绿化、冲洗汽车、水景布水等。建筑物内的供水采用生活饮用水给水系统和中水给水系统的双管分质给水系统。

② 排水设施不完善的建筑中水系统:指建筑物内的排水系统采用合流制排水系统,建筑物内的生活污水排入污水局部处理构筑物,如沉砂池、沉淀池、隔油井或化粪池等,以通过污水局部处理构筑物简单处理过的水作为建筑物中水的水源,然后通过设置在建筑物地下室内或邻近建筑物室外的中水处理设施的处理,采用双管分质供水的方式将中水输送到建筑物内,作为杂用水之用。

(2) 居住小区中水系统

居住小区中水系统是指在居住小区、院校和机关大院等建筑区内建立的中水系统。设置居住小区中水系统的建筑区的排水系统大多采用分流制排水系统,居住小区建筑物内的排水方式应根据居住小区内排水设施的完善程度来确定,但应使居住小区给水排水系统与建筑物内的给水排水系统相配套。居住小区中水系统以居住小区内各建筑物排放的优质杂排水或杂排水作为水源,经过中水处理设施的处理后,通过居住小区配水管网分配到各个建筑物内使用。居住小区中水系统可采用全部完全分流系统、部分完全分流系统、半完全分流系统和无分流管系的简化系统等形式。

(3) 城镇中水系统

城镇中水系统是以城镇二级污水处理厂(站)的出水和雨水作为中水的水源,再经过城镇中水处理设施的处理,达到中水水质标准后,作为城镇杂用水使用。设置中水系统的城镇供水采用双管分质、分流的供水系统,但城镇排水和建筑物内的排水系统不要求必须采用分流制。

2. 中水系统的组成

中水系统一般由中水原水系统、中水处理系统和中水管道系统三部分组成。

（1）中水原水系统

中水原水系统是指收集、输送中水原水到中水处理设施的管道系统和附属构筑物，分为污废水分流制和合流制两类系统。如建筑中水系统多采用分流制中的优质杂排水或杂排水作为中水原水。

（2）中水处理系统

中水处理工艺按组成段可分为预处理、主处理和后处理三个阶段。

① 预处理阶段主要是用来截留中水原水中较大的漂浮物、悬浮物和杂物，分离油脂，调节水量和pH等，其处理设施主要有格栅、滤网、沉砂池、隔油井、化粪池等。

② 主处理阶段主要是用来去除原水中的有机物、无机物等，其主要处理设施包括沉淀池、混凝池、气浮池和生物处理设施等。

③ 后处理阶段主要是对中水水质要求较高的用水进行的深度处理，常用的处理方法或工艺有膜滤、活性炭吸附和消毒等，其主要处理设施包括过滤池、吸附池、消毒设施等。

（3）中水管道系统

中水管道系统是指将中水处理系统处理后的中水输送到各中水用水点的管网系统，包括中水输配水管道系统、中水贮水池（箱）、高位水箱、中水加压泵站或气压给水设备等。中水管道系统应单独设置，管网系统的类型、给水方式、系统组成、管道敷设形式和水力计算的方法均与给水系统基本相同，只是在供水范围、水质、使用等方面有些限定和特殊要求。中水管道必须具有耐腐蚀性，一般宜采用塑料给水管、塑料和金属复合管或其他给水管材，不得采用非镀锌钢管。中水贮存池（箱）宜采用耐腐蚀、易清垢的材料制作，钢板池（箱）的内外壁及其附配件均应采取防腐蚀处理。中水管道上不得装设取水龙头，当装有取水接口时，必须采取严格的防止误饮、误用的措施。中水用水点宜采用使中水不与人直接接触的密闭器具，冲洗汽车、绿化和浇洒道路等的用水处宜采用有防护功能的壁式或地下式给水栓。

项目 1.2　建筑消防给水系统

1.2.1　建筑消防认知

建筑业快速发展，各种住宅小区、高层建筑群大量出现。由于城市人口多，建筑物密集，如果没有合理、安全的消防设施，一旦发生火灾，损失将难以估计。我国制定的《建筑设计防火规范（2018年版）》（GB 50016—2014）和《自动喷水灭火系统设计规范》（GB 50084—2017）等规范对需要设置消防系统的建筑物做了若干规定，以防止火灾的发生和减少火灾的危害。

建筑消防系统根据使用灭火剂的种类和灭火方式可分为消火栓灭火系统、自动喷水灭火系统和其他使用非水灭火剂的固定灭火系统，如二氧化碳灭火系统、干粉灭火系统及其他气体灭火系统等。

水是不燃液体，在与燃烧物接触后会通过物理、化学反应从燃烧物中摄取热量，对燃烧物起到冷却作用。同时水在被加热和汽化的过程中所产生的大量水蒸气，能够阻止空气进入燃烧区，并能稀释燃烧区内氧气的含量从而减弱燃烧强度。另外，经水枪喷射出来的压力水流具有很大的动能和冲击力，可以冲散燃烧物，使燃烧强度显著降低。

在水、泡沫、酸碱、卤代烷、二氧化碳和干粉等灭火剂中，水具有使用方便、灭火效果好、来源广泛、价格便宜、器材简单等优点，是目前建筑消防的主要灭火剂。这里重点介绍多层民用建筑中以水作为灭火剂的消火栓给水系统和自动喷水灭火系统。

1. 建筑高度分界线

建筑高度为建筑物室外地面到其檐口或屋面面层的高度，屋顶上的瞭望塔、水箱间、电梯机房、排烟机房和楼梯出口小间等不计入建筑高度和层数内，住宅建筑的地下室、半地下室的顶板面高出室外地面不超过1.5m者也不计入层数内。

根据建筑高度和层数的不同，民用建筑可分为以下几类。

① 多层民用建筑：9层及9层以下的居住建筑（包括设置商业服务网点的居住建筑，居住建筑包括住宅、公寓、宿舍等）；建筑高度小于或等于24m的公共建筑；建筑高度超过24m的单层公共建筑。

② 高层民用建筑：10层及10层以上的居住建筑（包括设置商业服务网点的居住建筑）；建筑高度超过24m且层数为2层及2层以上的公共建筑。

③ 超高层建筑：建筑高度100m以上的建筑。

2. 建筑消防给水系统的分类

建筑消防给水系统可按以下不同方法分类。

① 按我国目前消防登高设备的工作高度和消防车的供水能力分，有低层建筑消防给水系统和高层建筑消防给水系统。

多层民用建筑的消防给水系统，属于低层建筑消防给水系统。高层民用建筑高度超过24m的工业建筑的消防给水系统，属于高层建筑消防给水系统。对于高层建筑而言，因我国目前登高消防车的工作高度约为24m，消防云梯一般为30～48m，普通消防车通过水泵接合器向室内消防给水系统输水的供水高度约为50m，因此发生火灾时建筑的高层部分已无法依靠室外消防设施协助救火，所以高层建筑消防给水系统要立足于自救，即立足于用室内消防设施来扑救火灾。

② 按消防给水系统的救火方式分，有消火栓给水系统和自动喷水灭火系统。

消火栓给水系统由水枪喷水灭火，系统简单，工程造价低，是我国目前各类建筑普遍采用的消防给水系统。自动喷水灭火系统由喷头喷水灭火，系统自动喷水并发出报警信号，灭火、控火成功率高，是当今世界上广泛采用的固定灭火设施，但因工程造价高，所以目前我国主要用于建筑内消防要求高、火灾危险性大的场所。

③ 按消防给水压力分,有高压消防给水系统、临时高压消防给水系统和低压消防给水系统。

高压消防给水系统是指管网内经常保持足够的压力和消防用水量,火场上不需要使用消防车或其他移动式水泵等消防设备加压,直接由消火栓接出水带就可满足水枪出水灭火要求的给水系统。由于当建筑高度不超过24m时,消防车可采用沿楼梯铺设水带单干线或从窗口竖直铺设水带双干线直接供水扑灭室内火灾,因此对于建筑高度不超过24m的建筑,室外高压给水管道的压力应保证生产、生活、消防用水量。临时高压消防给水系统是指在给水管道内平时水压不高,其水压和流量不能满足最不利点的灭火需要,在水泵站(房)内设有消防水泵,当接到火警时,启动消防水泵使管网内的压力达到高压消防给水系统水压要求的给水系统。采用屋顶消防水池、消防水泵和稳压设施等组成的给水系统以及气压给水装置,采用变频调速水泵恒压供水的生活(生产)和消防合用给水系统均为临时高压消防给水系统。低压消防给水系统是指管网内平时水压较低,灭火时所需水压和流量要由消防车或其他移动式水泵加压提供的给水系统。一般建筑内的生产、生活和消防合用给水系统多采用这种系统。消防车从低压消防给水系统的消火栓取水有两种方式:一种是将消防车泵的吸水管直接接在消火栓上吸水;另一种是将消火栓接上水带往消防车水罐内注水,消防车泵再从水罐内吸水加压,供应火场用水。后一种取水方式,从水力条件来看最为不利,但消防队取水时习惯采用这种方式,也有些情况下消防车不能接近消火栓,而需要采用这种方式供水。为及时扑灭火灾,在消防给水设计时应满足两种取水方式的水压要求。

④ 按消防给水系统的供水范围分,有独立消防给水系统和区域集中消防给水系统。

独立消防给水系统是在一栋建筑内消防给水系统自成体系、独立工作的系统;区域集中消防给水系统是两栋及两栋以上的建筑共用的消防给水系统。

3. 建筑消防给水系统的设置场所

(1) 室内消火栓给水系统的设置

下列建筑或场所应设置室内消火栓给水系统。

① 建筑占地面积大于300m² 的厂房和仓库。

② 高层公共建筑和建筑高度大于21m的住宅建筑。(注:建筑高度小于或等于27m的住宅建筑,设置室内消火栓给水系统有困难时,可只设置干式消防竖管和不带消火栓箱的 $DN65$ 的室内消火栓。)

③ 体积大于5000m³ 的车站(码头、机场)的候车(船、机)建筑、展览建筑、商店建筑、旅馆建筑、医疗建筑、老年人照料设施和图书馆建筑等单层、多层建筑。

④ 特等、甲等剧场,超过800个座位的其他等级的剧场和电影院等,以及超过1200个座位的礼堂、体育馆等单层、多层建筑。

⑤ 建筑高度大于15m或体积大于10000m³ 的办公建筑、教学建筑和其他单层、多层民用建筑。

(2) 自动喷水灭火系统的设置

下列场所应设置自动喷水灭火系统。

① 大于或等于50000纱锭棉纺厂的开包、清花车间;大于或等于5000锭麻纺厂的分级、梳麻车间;火柴厂的烤梗、筛选部位。占地面积大于1500m² 的木器厂房。占地

面积大于1500m²或总建筑面积大于3000m²的单层、多层制鞋、制衣、玩具及电子等类似生产的厂房。泡沫塑料厂的预发、成型、切片、压花部位。高层乙、丙类厂房。建筑面积大于500m²的地下或半地下丙类厂房。

② 每座占地面积大于1000m²的棉、毛、丝、麻、化纤、毛皮及其制品的仓库（单层占地面积不大于2000m²的棉花库房，可不设置自动喷水灭火系统）。每座占地面积大于600m²的火柴仓库。邮政建筑内建筑面积大于500m²的空邮袋库。总建筑面积大于500m²的可燃物品地下仓库。可燃、难燃物品的高架仓库和高层仓库。设计温度高于0℃的高架冷库，设计温度高于0℃且每个防火分区建筑面积大于1500m²的非高架冷库。每座占地面积大于1500m²或总建筑面积大于3000m²的其他单层或多层丙类物品仓库。

③ 特等、甲等剧场，超过1500个座位的其他等级的剧院；超过2000个座位的会堂或礼堂；超过3000个座位的体育馆；超过5000人的体育场的室内人员休息室与器材间等。

④ 任一楼层建筑面积大于1500m²或总建筑面积大于3000m²的展览建筑、商店建筑、旅馆建筑以及医院中同样建筑规模的病房楼、门诊楼和手术部。建筑面积大于500m²的地下商店。

⑤ 设置有送回风道（管）的集中空气调节系统且总建筑面积大于3000m²的办公建筑等。

⑥ 设置在地下、半地下或地上四层及四层以上或设置在建筑的首层、二层和三层且任一层建筑面积大于300m²的地上歌舞、娱乐、放映、游艺场所（游泳场所除外）。

⑦ 藏书量超过50万册的图书馆。

⑧ 总建筑面积大于500m²的地下或半地下商店。

⑨ 大、中型幼儿园，老年人照料设施。

（3）水幕灭火系统的设置

下列部位宜设置水幕灭火系统。

① 特等、甲等剧场，超过1500个座位的其他等级的剧院，超过2000个座位的会堂或礼堂和高层民用建筑内超过800个座位的剧场或礼堂的舞台口及上述场所内与舞台相连的侧台、后台的洞口。

② 应设防火墙等防火分隔物而无法设置的局部开口部位。

③ 需要冷却保护的防火卷帘或防火幕的上部。

4. 建筑消防给水系统的分工与联系

建筑消防给水系统可分为室外消防给水系统和室内消防给水系统，它们之间有明确的消防范围，承担不同的消防任务，又有紧密的衔接性、配合性和协同工作的关系。室外消防给水系统的任务是供给消防水池和消防车消防用水。室内消防给水系统的任务主要是扑灭建筑物的初期火灾，后期火灾可依靠消防车扑救。

5. 消防水源

（1）天然水源

当建筑物靠近江、河、湖泊、泉水等天然水源时，可利用这些天然水源作为消防水源，但应采取必要的技术措施使消防车能靠近天然水源，最低水位也能正常吸水，为消防车取水和往返提供方便条件。天然水源应满足的基本要求：①必须保证常年有足够的水量，保证率按 25 年一遇确定；②应设置可靠的取水设施，保证任何季节、任何水位都能取到消防用水，如采取修建消防码头、自流井、消防车道回车场等措施，还需防冻、防洪；③在城市改、扩建时，若提供消防用水的天然水源及其取水设施被填埋，应采取相应的措施，如铺设消防给水管道、修建消防水池等。

（2）市政消防管网

城镇、居住区、企业单位的室外消防给水，一般均采用低压消防给水系统，即市政消防管网中最不利点的供水压力为大于或等于 0.1MPa。市政给水管网在满足建筑物内最大生活用水量的同时，还要确保建筑物所需的消防用水量（包括室内、室外消防用水量）。

（3）消防水池

储有消防用水的水池均称为消防水池。生活用水、生产用水也往往需要储备。因此，除独立设置的消防水池外，还可以和储备其他用水的设备合建。当采用合建时，应有确保消防用水不作他用的技术措施。

具有下述情况之一者应设消防水池：市政给水管道为树状或只有一条进水管，且室内、室外消防用水量之和大于 25L/s；当生产、生活用水量达到最大时，市政给水管道、进水管或天然水源不能满足室内、室外消防用水量。

特别提示

消防用水可由天然水源、市政给水管网或消防水池供给，为了确保供水安全可靠，高层建筑室外消防给水系统的水源不宜少于两个。

6. 消防用水量的确定

室内消火栓给水系统水力计算的主要任务是，根据规范规定的消防用水量及要求、使用的水枪数量和水压，确定管网的管径，系统所需的水压，水池、水箱的容积，水泵的型号，等等。各种建筑物消火栓用水量、使用的水枪数量见表 1.11。

表 1.11 各种建筑物消火栓用水量、使用的水枪数量

建筑物名称	高度 h/m、层数、体积 V/m³ 或座位数 n/个		消火栓用水量/(L/s)	同时使用水枪数量/支	每根竖管最小流量/(L/s)
厂房	$h \leqslant 24$	$V \leqslant 10000$	5	2	5
		$V > 10000$	10	2	10
	$24 < h \leqslant 50$		25	5	15
	$h > 50$		30	6	15
仓库	$h \leqslant 24$	$V \leqslant 5000$	5	1	5
		$V > 5000$	10	2	10
	$24 < h \leqslant 50$		30	6	15
	$h > 50$		40	8	15

续表

建筑物名称	高度 h/m、层数、体积 V/m³ 或座位数 n/个	消火栓用水量/(L/s)	同时使用水枪数量/支	每根竖管最小流量/(L/s)
科研楼、试验楼	$h \leqslant 24$，$V \leqslant 10000$	10	2	10
	$h \leqslant 24$，$V > 10000$	15	3	10
车站、码头、机场的候车（船、机）楼和展览建筑等	$5000 < V \leqslant 25000$	10	2	10
	$25000 < V \leqslant 50000$	15	3	10
	$V > 50000$	20	4	15
剧院、电影院、会堂、礼堂、体育馆等	$800 < n \leqslant 1200$	10	2	10
	$1200 < n \leqslant 5000$	15	3	10
	$5000 < n \leqslant 10000$	20	4	15
	$n > 10000$	30	6	15
商店、旅馆等	$5000 < V \leqslant 10000$	10	2	10
	$10000 < V \leqslant 25000$	15	3	10
	$V > 25000$	20	4	15
病房楼、门诊楼等	$5000 < V \leqslant 10000$	5	2	5
	$10000 < V \leqslant 25000$	10	2	10
	$V > 25000$	15	3	10
办公楼、教学楼等其他民用建筑	层数≥5 层或 $V > 10000$	15	3	10
国家级文物保护单位的重点砖木或木结构的古建筑	$V \leqslant 10000$	20	4	10
	$V > 10000$	25	5	15
住宅	层数≥8	5	2	5

注：1. 丁、戊类厂房（仓库）室内消火栓的用水量可按本表减少 10L/s，同时使用水枪数量可按本表减少 2 支。
2. 消防软管卷盘或轻便消防水龙及多层住宅楼梯间中的干式消防竖管上设置的消火栓，其消防用水量可不计入室内消防用水量。

1.2.2 室内消火栓给水系统

室内消火栓给水系统是把室外给水系统提供的水量，经过加压（外网压力不满足需要时），输送到用于扑灭建筑物内的火灾而设置的固定灭火设备，是建筑物中最基本的灭火设施。

1. 室内消火栓给水系统的组成

室内消火栓给水系统主要由室内消火栓、水枪、水带、消防卷盘（消防水喉设备）、消防管道（进户管、干管、立管）、水源等组成，还可设有消防水泵、水泵接合器、消防水箱、增压设施、减压设施、消防水池等，如图1.47所示。

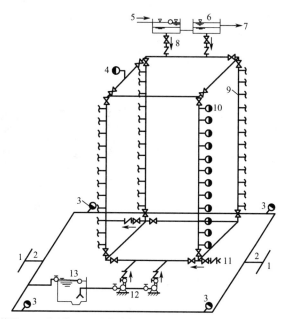

1—室外给水管网；2—引入管；3—室外消火栓；4—屋顶消火栓；5—给水泵；6—消防水箱；
7—生活用水；8—单向阀；9—消防管网；10—室内消火栓；11—水泵接合器；12—消防水泵；13—消防池。

图1.47 室内消火栓给水系统的组成

（1）室内消火栓

室内消火栓分为单阀和双阀两种。单阀消火栓又分为单出口、双出口两种，如图1.48（a）、（b）所示。双阀消火栓为双出口，如图1.48（c）所示。在低层建筑中单阀单出口消火栓采用较多，消火栓栓口直径有$DN50$、$DN65$两种，对应的水枪的最小流量分别为2.5L/s和5L/s。双出口消火栓栓口直径为$DN65$，对应的每支水枪的最小流量不小于5L/s。高层建筑的消火栓栓口直径一般选择$DN65$。消火栓进口端与管道相连接，出口端与水带相连接。

（2）水枪与快速接头

水枪与快速接头如图1.48（d）所示。室内一般采用直流式水枪，喷嘴口径有13mm、16mm、19mm三种。喷嘴口径13mm水枪配$DN50$接头；喷嘴口径16mm水枪配$DN50$或$DN65$两种接头；喷嘴口径19mm水枪配$DN65$接头。

（3）水带

水带如图1.48（e）所示。水带有麻质和化纤两种，有衬胶与不衬胶之分，其中衬胶水带的阻力小。水带口径有50mm、65mm两种，长度有15m、20m、25m三种，选择时应根据水力计算确定。

（4）消防卷盘（消防水喉设备）

消防卷盘如图1.48（f）所示。消防卷盘由$DN25$的小口径消火栓、内径不小于19mm的橡胶胶带和口径不小于6mm的消防卷盘喷嘴组成（橡胶胶带缠绕在卷盘上）。

消火栓设备

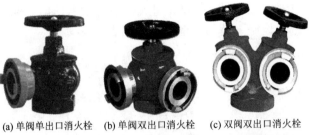

(a) 单阀单出口消火栓　(b) 单阀双出口消火栓　(c) 双阀双出口消火栓

(d) 水枪与快速接头　　　(e) 水带　　　　　(f) 消防卷盘

图1.48　消火栓设备

在高层建筑中，由于水压及消防水量大，对于没有经过专业训练的人员，使用 DN65 口径的消火栓较为困难，因此可使用消防卷盘进行有效的自救灭火。

> **特别提示**
>
> 消火栓、水枪、水带设于消火栓箱内，常用消火栓箱的规格为 800mm× 600mm×200mm，一般用钢板、铝合金等制作，如图1.49所示。消防卷盘设备可与 DN65 消火栓共同放置在一个消火栓箱内，也可设单独的消火栓箱。

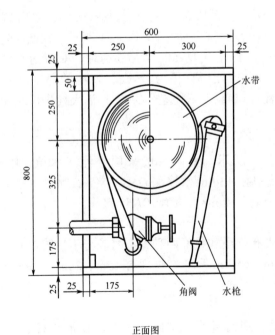
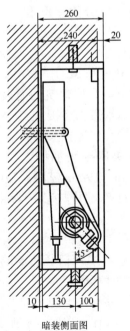

正面图　　　　　　　　　暗装侧面图

图1.49　消火栓箱

（5）消防水泵

消防水泵可以和其他水泵同泵房设置，且应设置在建筑底层。消防水泵房与消防控制室之间应有通信联系设备。消防水泵房出水管应有两条或两条以上与室内管网相连接。每台消防水泵应设有独立的吸水管，分区供水的室内消防给水系统，各区的进水管不应少于两条。在消防水泵的出水管上应装设试验与检查用的出水阀门。

（6）水泵接合器

当建筑物发生火灾，室内消防水泵不能启动或流量不足时，消防车可由室外消火栓、消防水池或天然水源取水，通过水泵接合器向室内消防给水管网供水。水泵接合器是消防车或移动式水泵向室内消防管网供水的连接口。水泵接合器的接口直径有 $DN65$ 和 $DN80$ 两种，分墙壁式、地上式、地下式三种，如图 1.50 所示。

水泵接合器

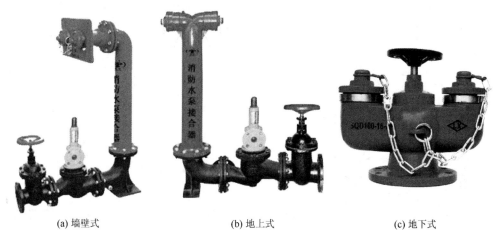

(a) 墙壁式　　　　　　(b) 地上式　　　　　　(c) 地下式

图 1.50　水泵接合器

（7）消防水箱

消防水箱设置高度应满足最不利点消火栓对水压、水量的要求，不能满足时应采取增压措施。重要建筑和高度超过 50m 的高层建筑，宜设置两个并联消防水箱。消防水箱应与生活或生产水箱分开设置，当合用时应保证消防水箱的储水量和水经常流动。

（8）减压设施

室内消火栓处的静水压力不应超过 0.8MPa，如超过应采取分区给水系统或在消防管网上设置减压阀。若消火栓栓口处的出水压力超过 0.5MPa，则应在消火栓栓口前设减压节流孔板。

（9）消防水池

当生活与生产用水量达到最大时，若市政给水管道、进水管或天然水源不能满足室内外消防用水量，市政给水管网为枝状或只有一条进水管，且室内外消防用水量之和大于 25L/s 时，应设消防水池。消防水池的容量应满足在火灾延续时间内室内外消防用水总量的要求。

2. 室内消火栓给水系统的给水方式

室内消火栓给水系统的给水方式，由室外给水管网所能提供的水压、水量及室内消火栓给水系统所需水压和水量的要求来确定。

（1）无加压泵和水箱的室内消火栓给水系统

无加压泵和水箱的室内消火栓给水系统如图1.51所示。当建筑物高度不大，而室外给水管网的压力和流量在任何时候均能够满足室内最不利点消火栓所需的设计流量和压力时，宜采用此种方式。

（2）设有水箱的室内消火栓给水系统

设有水箱的室内消火栓给水系统如图1.52所示。在室外给水管网中水压变化较大的城市和居住区，当生活、生产用水量达到最大时，室外管网不能保证室内最不利点消火栓的压力和流量，而当生活、生产用水量较小时，室内管网的压力又能较高出现，昼夜内间断地满足室内需求。在这种情况下，宜采用此种给水系统。在室外管网水压较大时，室外管网向消防水箱充水，由水箱储存一定水量，以备消防使用。

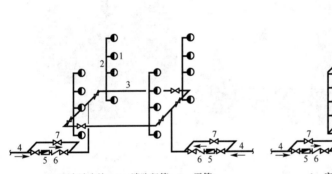

1—室内消火栓；2—消防竖管；3—干管；
4—进户管；5—水表；6—止回阀；7—阀门。

图1.51 无加压泵和水箱的室内消火栓给水系统

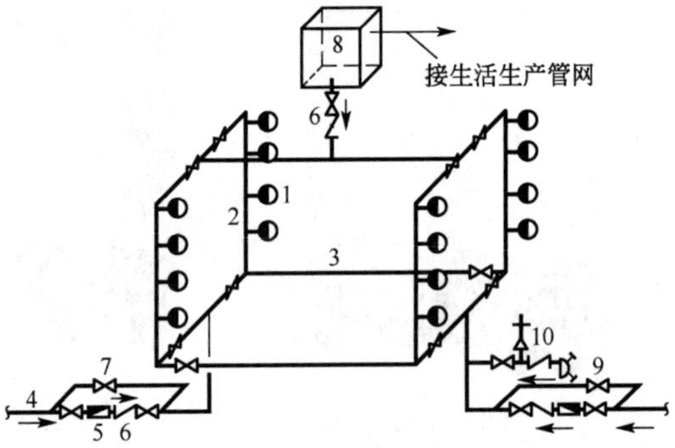

1—室内消火栓；2—消防竖管；3—干管；
4—进户管；5—水表；6—止回阀；7—阀门；
8—消防水箱；9—水泵接合器；10—安全阀。

图1.52 设有水箱的室内消火栓给水系统

消防水箱的容积按室内10min消防用水量确定。当生活、生产与消防合用水箱时，应具有保证消防用水不作他用的技术措施，以保证消防储水量。水箱的设置高度应能保证室内最不利点消火栓所需的水压、水量。

（3）设有消防水泵和水箱的室内消火栓给水系统

设有消防水泵和水箱的室内消火栓给水系统如图1.53所示。当室外给水管网的水压、水量经常不能满足室内消火栓给水系统的水压、水量要求时，宜采用此种给水系统。当消防用水与生活、生产用水共用室内给水系统时，其消防水泵应保证供应生活、生产、消防用水的最大秒流量，并应满足室内最不利点消火栓的水压、水量要求。消防水箱应保证储存10min的消防用水量。水箱的设置高度应能保证室内最不利点消火栓所需的水压、水量。

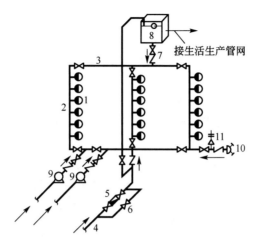

1—室内消火栓；2—消防竖管；3—干管；4—进户管；5—水表；6—旁通管及阀门；
7—止回阀；8—消防水箱；9—消防水泵；10—水泵接合器；11—安全阀。

图 1.53　设有消防水泵和水箱的室内消火栓给水系统

3. 室内消火栓给水系统的布置要求

（1）室内消防给水管道要求

① 室内消火栓超过 10 个且室外消防用水量大于 15L/s 时，其消防给水管道应连成环状，且至少应有两条进水管与室外管网或消防水泵连接。当其中一条进水管发生事故时，其余的进水管应仍能供应全部消防用水量。

② 高层厂房（仓库）应设置独立的消防给水系统。室内消防竖管应连成环状。

③ 室内消防竖管直径不应小于 $DN100$。

④ 室内消火栓给水管网与自动喷水灭火系统的管网应分开设置；当合用消防水泵时，供水管路应在报警阀前分开设置。

⑤ 高层厂房（仓库）、设置室内消火栓且层数超过 4 层的厂房（仓库）、设置室内消火栓且层数超过 5 层的公共建筑，其室内消火栓给水系统应设置水泵接合器。水泵接合器应设置在室外便于消防车使用的地点，与室外消火栓或消防水池取水口的距离宜为 15.0～40.0m。水泵接合器的数量应按室内消防用水量计算确定。每个水泵接合器的流量宜按 10～15L/s 计算。

⑥ 室内消防给水管道应采用阀门分成若干独立段。对于单层厂房（仓库）和公共建筑，检修时停止使用的消火栓不应超过 5 个。对于多层民用建筑和其他厂房（仓库），室内消防给水管道上阀门的布置应保证检修管道时关闭的竖管不超过 1 根，但设置的竖管超过 3 根时，可关闭 2 根。阀门应保持常开，并应有明显的启闭标志或信号。

⑦ 消防用水与其他水合用的室内管道，当其他用水达到最大小时流量时，管道应仍能保证供应全部消防用水量。

⑧ 允许直接吸水的市政给水管网，当生产、生活用水量达到最大且仍能满足室内外消防用水量时，消防水泵宜直接从市政给水管网吸水。

⑨ 严寒和寒冷地区非采暖的厂房（仓库）及其他建筑的室内消火栓给水系统，可采用干式系统，但在进水管上应设置快速启闭装置，管道最高处应设置自动排气阀。

（2）水枪的充实水柱长度

水枪的充实水柱是指靠近水枪出口的一段密集不分散的射流。由水枪喷嘴起到射流90%的水柱水量穿过直径380mm圆孔处的一段射流长度，称为水枪的充实水柱长度。这段水柱具有扑灭火灾的能力，为直流水枪灭火时的有效射程，如图1.54所示。为使消防水枪射出的水流能射及火源和防止火焰热辐射烤伤消防队员，水枪的充实水柱应具有一定的长度，各类建筑要求水枪充实水柱长度见表1.12。

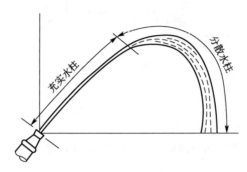

图1.54　直流水枪密集射流

表1.12　各类建筑要求水枪充实水柱长度　　　　　　　　　　　　　　　单位：m

建筑物类别		长度	建筑物类别		长度
多层建筑	一般建筑	≥7	高层建筑	民用建筑高度≥100	≥10
	甲、乙类厂房，大于6层民用建筑，大于4层厂房（库房）	≥10		民用建筑高度<100	≥13
				高层工业建筑	≥13
	高架库房	≥13		停车库、修车库	≥10

（3）室内消火栓布置的规定

① 除无可燃物的设备层外，应设置室内消火栓的建筑物，其各层均应设置消火栓。当设两根消防竖管确有困难时，可设一根消防竖管，但必须采用双阀型消火栓。消防电梯间前室内应设置消火栓。

② 室内消火栓应设置在位置明显且易于操作的部位。栓口离地面或操作基面高度宜为1.1m，其出水方向宜向下或与设置消火栓的墙面成90°；栓口与消火栓箱内边缘的距离不应影响水带的连接。

③ 冷库内的室内消火栓应设置在常温穿堂或楼梯间内。

④ 室内消火栓的间距应由计算确定。高层厂房（仓库）、高架仓库和甲、乙类厂房中室内消火栓的间距不应大于30.0m；其他单层和多层建筑中室内消火栓的间距不应大于50.0m。

⑤ 同一建筑物内应采用统一规格的消火栓、水枪和水带。每条水带的长度不应大于25.0m。

⑥ 室内消火栓的布置应保证每一个防火分区同层有2支水枪的充实水柱同时到达

任何部位。建筑高度小于或等于24.0m且体积小于或等于5000m³的多层仓库，可采用一支水枪，应保证充实水柱到达室内任何部位。

⑦ 高位消防水箱静压不能满足最不利点消火栓水压要求的高层厂房（仓库）和其他建筑，应在每个室内消火栓处设置直接启动消防水泵的按钮，并应有保护设施。

⑧ 室内消火栓栓口处的出水压力大于0.5MPa时，应设置减压设施；静水压力大于1.0MPa时，应采用分区给水系统。

⑨ 设有室内消火栓的建筑，如为平屋顶时，宜在平屋顶上设置试验和检查用的室内消火栓。

4. 对消防给水设备的要求

（1）对消防水泵的要求

① 消防水泵房应有不少于2条的出水管直接与消防给水管网连接。当其中一条出水管关闭时，其余的出水管应仍能通过全部用水量。

② 出水管上应设置试验和检查用的压力表和$DN65$的放水阀门。当存在超压可能时，出水管上应设置防超压设施。

③ 一组消防水泵的吸水管不应少于2条。当其中一条关闭时，其余的吸水管应仍能通过全部用水量。

④ 消防水泵应采用自灌式吸水，并应在吸水管上设置检修阀门。

⑤ 当消防水泵直接从环状市政给水管网吸水时，消防水泵的扬程应按市政给水管网的最低压力计算，并以市政给水管网的最高水压校核。

⑥ 消防水泵应设置备用泵，其工作能力不应小于最大一台消防工作泵。当工厂、仓库、堆场和储罐的室外消防用水量小于或等于25L/s或建筑的室内消防用水量小于或等于10L/s时，可不设置备用泵。

⑦ 消防水泵与动力机械应直接连接，消防水泵应保证在火警后30s内启动。

（2）对消防水箱的要求

① 消防水箱的设置，应根据室外管网的水压和水量及室内用水要求来确定。

② 设置高压消防给水系统并能保证最不利点消火栓和自动喷水灭火系统等的水量和水压的建筑物，或设置干式消防竖管的建筑物，可不设消防水箱。

③ 设置临时消防高压给水系统的建筑物，应设消防水箱或气压水罐、水塔，并符合下列要求。

a. 重力自流的消防水箱应设置在建筑的最高部位。

b. 消防水箱应储存10min的消防用水量。当室内消防用水量小于或等于25L/s，经计算消防水箱所需消防储水量大于12m³时，仍可采用12m³；当室内消防用水量大于25L/s，经计算消防水箱所需消防储水量大于18m³时，仍可采用18m³。

c. 消防用水与其他用水合用的水箱，应采取消防用水不作他用的技术措施。

d. 发生火灾后，由消防水泵供给的消防用水不应进入消防水箱。为维持管网内的消防水压，可在与水箱相连的消防用水管道上设置单向阀。发生火灾后，消防水箱的补水应由生产或生活给水管道供应，严禁消防水箱采用消防水泵补水，以防火灾时消防用水进入水箱。

e. 消防水箱可分区设置。

（3）对减压设施的要求

在低层室内消火栓给水系统中，消火栓栓口处静水压力不能超过 1.0MPa，否则应采用分区给水系统。消火栓栓口处出水水压超过 0.5MPa 时应考虑减压。

1.2.3 高层建筑室内消火栓给水系统

高层建筑消防用水量与建筑物的类别、高度、使用性质、火灾危险性和扑救难度有关。我国《建筑设计防火规范（2018 年版）》（GB 50016—2014）中对民用建筑的分类见表 1.13。

表 1.13 民用建筑的分类

名称	高层民用建筑		单、多层民用建筑
	一类	二类	
住宅建筑	建筑高度大于 54m 的住宅建筑（包括设置商业服务网点的住宅建筑）	建筑高度大于 27m，但不大于 54m 的住宅建筑（包括设置商业服务网点的住宅建筑）	建筑高度不大于 27m 的住宅建筑（包括设置商业服务网点的住宅建筑）
公共建筑	1. 建筑高度大于 50m 的公共建筑； 2. 建筑高度 24m 以上部分任一楼层建筑面积大于 1000m² 的商店、展览、电信、邮政、财贸金融建筑和其他多种功能组合的建筑； 3. 医疗建筑、重要公共建筑、独立建造的老年人照料设施； 4. 省级及以上的广播电视和防灾指挥调度建筑、网局级和省级电力调度建筑； 5. 藏书超过 100 万册的图书馆、书库	除一类高层公共建筑外的其他高层公共建筑	1. 建筑高度大于 24m 的单层公共建筑； 2. 建筑高度不大于 24m 的其他公共建筑

注：1. 表中未列入的建筑，其类别应根据本表类比确定。
2. 除本规范另有规定外，宿舍、公寓等非住宅类建筑的防火要求应符合本规范有关公共建筑的规定。
3. 除本规范另有规定外，裙房的防火要求应符合本规范有关高层民用建筑的规定。

1. 高层建筑室内消火栓给水系统的形式

（1）按管网的服务范围分类

① 独立的室内消火栓给水系统：每幢高层建筑设置一个室内消火栓给水系统。这种系统安全性高，但管理比较分散，投资也较大。在地震区要求较高的建筑物及重要建筑物宜采用独立的室内消火栓给水系统。

② 区域集中的室内消火栓给水系统：数幢或数十幢高层建筑共用一个泵房的消防给水系统。这种系统便于集中管理。在有合理规划的高层建筑区，可采用区域集中的高压或临时高压消火栓给水系统。

（2）按建筑高度分类

① 不分区供水的室内消火栓给水系统（图 1.55）。建筑高度在 50m 以内或建筑内

最低消火栓处静水压力不超过 1.0MPa 时，整个建筑物组成一个消防给水系统。火灾时，消防队使用消防车，从室外消火栓或消防水池取水，通过水泵接合器向室内管网供水，协助室内扑灭火灾。

② 分区供水的室内消火栓给水系统（图 1.56）。建筑高度超过 50m 的高层建筑或消火栓处静水压力大于 1.0MPa 时，难以得到一般消防车的供水支援，为加强供水安全和保证火场灭火用水，室内消火栓给水系统宜采用分区给水系统。分区供水的室内消火栓给水系统的分区方式有并联分区和串联分区两种。

a. 并联分区。该分区方式的特点是水泵集中布置，便于管理，适用于建筑高度不超过 100m 的情况。

b. 串联分区。该分区方式的特点是系统内设中转水箱（池），中转水箱（池）的蓄水由生活给水补给，消防时生活给水补给流量不能满足消防要求，随水箱水位降低，形成的信号使下一区的消防水泵自动开泵补给。

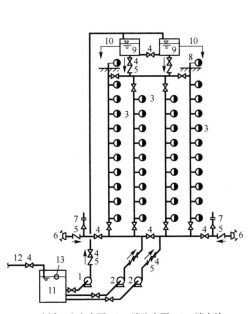

1—生活、生产水泵；2—消防水泵；3—消水栓；
4—阀门；5—止回阀；6—水泵接合器；
7—安全阀；8—屋顶消火栓；9—高位水箱；
10—至生活、生产管网；11—消防水池；
12—来自城市管网；13—浮球阀。

图 1.55 不分区供水的室内消火栓给水系统

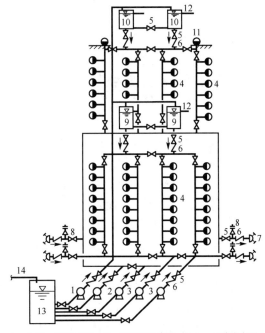

1—生活、生产水泵；2—二区消防水泵；3——区消防水泵；
4—消火栓；5—阀门；6—止回阀；7—水泵接合器；
8—安全阀；9——区水箱；10—二区水箱；
11—屋顶消火栓；12—至生活、生产管网；
13—消防水池；14—来自城市管网。

图 1.56 分区供水的室内消火栓给水系统

2. 高层建筑室内消火栓给水系统的布置及要求

（1）高层建筑室内消防给水管道的布置及要求

① 高层建筑室内消防给水系统，应是独立的室内高压（或临时高压）消防给水系统或区域集中的室内高压（或临时高压）消防给水系统，室内消防给水系统不能和其他给

水系统合并。

②消防管道宜采用非镀锌钢管。

③室内消防给水管道应布置成环状，室内环状管网有水平环状管网、垂直环状管网和立体环状管网几种，可根据建筑物体型、消防给水管道和消火栓布置确定，但必须保证供水干管和每个消防竖管都能做到双向供水。

④室内管道的引入管不少于2条，当其中一条发生故障时，其余引入管仍能保障消防用水量和水压，以提高管网供水的可靠性。

⑤室内消火栓给水管网与自动喷水灭火系统应分开设置，增加其可靠性。若分开设置有困难，可合用消防水泵，但在自动喷水灭火系统的报警阀前（沿水流方向）两者必须分开设置，避免互相影响。

⑥室内消防给水管道应该用阀门将室内环状管网分成若干独立段。阀门的布置，应保证检修管道时关闭停用的竖管不超过一根。当竖管超过4根时，检修管道时可关闭不相邻的2根竖管。阀门处应有明显的启闭标志，平时阀门应处于正常开启状态。

⑦消防竖管的布置，应保证同层相邻2个消火栓水枪的充实水柱同时到达室内任何部位。消防竖管的直径应按其流量计算确定，但不应小于100mm，以保证消防车通过水泵接合器向室内管网顺利供水。对于建筑高度不超过18层，每层不超过8户且面积不超过650m^2的普通塔式住宅，如设2根竖管有困难，可设一根，但必须采用双阀双出口的消火栓。

⑧泵站内设有2台或2台以上的消防水泵与室内消防管网连接时，应采用单独直接连接法，不宜共用一根总的出水管与室内消防管网相连接。

（2）高层建筑室内消火栓的设置

①高层建筑及其裙房的各层（除无可燃物的设备层外）均应设室内消火栓，室内消火栓应设在明显、易于取用的地方，且有明显的红色标志。

②室内消火栓的出水方向宜向下或与设置消火栓的墙面成90°，出水高度离地1.1m。

③室内消火栓的间距应由计算确定，且高层建筑不应大于30m，与高层建筑直接相连的裙房不应大于50m，以保证由相邻2个消火栓引出的2支水枪的充实水柱同时到达被保护的任何部位，以尽快出水灭火。

④高层民用建筑室内消火栓水枪的充实水柱长度应通过水力计算确定，建筑高度不超过100m的高层建筑不应小于10m；建筑高度超过100m高层建筑，水枪的充实水柱长度不应小于13m。

⑤主体建筑和与其相连的附属建筑应采用同一型号、规格的消火栓和配套的水带及水枪。高层建筑室内消火栓栓口直径应为65mm，配备的水带长度不应超过25m，水枪喷嘴口径不应小于19mm，其目的是使水带、水枪与消防队常用的规格一致。

⑥室内消火栓栓口的静水压力不应大于1.0MPa，当大于1.0MPa时，应采用分区给水系统。当室内消火栓栓口的出水压力大于0.5MPa时，室内消火栓处应设减压装置。

⑦临时高压消防给水系统，每个室内消火栓处应设启动消防水泵的按钮，并有保护设施。

⑧ 消防电梯间前室应设有室内消火栓，屋顶应设检验用室内消火栓，在北方寒冷地区，屋顶室内消火栓应有防冻和泄水装置。

⑨ 高级旅馆、重要办公楼、一类建筑的商业楼、展览楼、综合楼和建筑高度超过100m的其他高层建筑应增设消防卷盘，以便于一般工作人员扑灭初期火灾。

（3）高层建筑水泵接合器的设置

① 室内消火栓给水系统和自动喷水灭火系统均应设置水泵接合器。

② 水泵接合器的数量应按室内消防用水量计算确定，每个水泵接合器的流量为10～15L/s，采用竖向分区给水方式的高层建筑，在消防车供水压力范围内的分区，每个分区应分别设置水泵接合器。采用单管串联给水方式时，可仅在下区设水泵接合器。

③ 水泵接合器的设置应便于消防车的消防水泵使用，应设在室外不妨碍交通的地方，与建筑物外墙一般应有不小于5m的距离；离水源（室外消火栓或消防水池）不宜过远，一般为15～40m；水泵接合器的间距不宜小于20m，有困难时也可缩小间距，但应考虑停放消防车的位置和消防车转弯半径的需要。

④ 水泵接合器应与室内环状管网相连接，外形不应与消火栓相同，以免误用而影响火灾的及时扑救。

⑤ 水泵接合器在温暖地区宜采用地上式，在寒冷地区宜采用地下式，并应有明显的标志。墙壁式水泵接合器安装在建筑物的墙角或外墙处，不占地面位置，且使用方便。采用墙壁式水泵接合器时，其上方应有遮挡落物的装置。

（4）高层建筑消防水箱的设置

① 采用临时高压消防给水系统时，应设高位消防水箱；采用高压消防给水系统时，可不设高位消防水箱。其消防储水量为：一类公共建筑不应小于18m³，二类公共建筑和一类居住建筑不应小于12m³，二类住宅建筑不应小于6m³，其储水量已包括室内消火栓给水系统和自动喷水灭火系统两个系统的必备用水量。

② 高位消防水箱的设置高度应保证最不利点消火栓的静水压力。当建筑高度不超过100m时，高层建筑最不利点消火栓的静水压力不应低于0.07MPa（检查用消火栓除外）。当建筑高度超过100m时，其最不利点消火栓的静水压力不应低于0.15MPa。如不能保证，应设增压设施，其增压设施应符合下列条件：增压水泵的出水量，对室内消火栓给水系统不应大于5L/s，对自动喷水灭火系统不应大于1L/s，气压水罐的调节水量宜为450L。在屋顶设小水泵增压或设气压给水设备增压，小水泵只需满足顶部一层或数层火灾初期10min的消防水量和水压。

③ 高位消防水箱出水管应设止回阀。

④ 消防水箱宜与其他用水的水箱合用，但应有防止消防贮水长期不用而水质变坏和确保消防水量不作他用的技术措施。

⑤ 除串联消防给水系统外，发生火灾时由消防水泵供给的消防用水不应进入高位消防水箱。

（5）高层建筑消防水泵与消防水泵房的设置

高层建筑消防水泵与消防水泵房的设置，如图1.57所示。

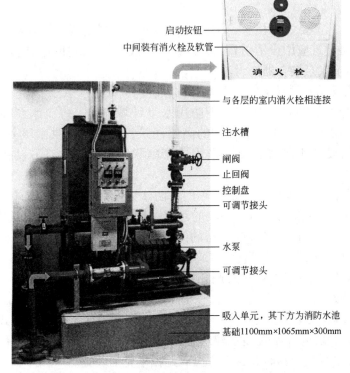

图 1.57　高层建筑消防水泵与消防水泵房的设置

消防水泵安装实例

① 独立建造的消防水泵房耐火等级不应低于二级。

② 附设在建筑物内的消防水泵房，不应设置在地下三层及以下，或室内地面与室外出入口地坪高差大于 10m 的地下楼层。

③ 附设在建筑物内的消防水泵房，应采用耐火极限不低于 2.0h 的隔墙和 1.5h 的楼板与其他部位隔开。

④ 消防水泵房做到定期维护保养。

⑤ 消防水泵房当设在首层时，出口宜直通室外；当设在楼层和地下室时，宜直通安全出口，以便于火灾时消防队员安全接近，且开向疏散通道的门应采用甲级防火门。消防水泵房内的架空管道，不应阻碍通道和跨越电气设备，当必须跨越时，应采取保证通道畅通和保护电气设备的措施。

⑥ 高层建筑消防给水系统应采取防超压措施。

⑦ 室内消防水泵应按消防时所需的水枪实际出水流量进行设计，其扬程应能保证室内消火栓给水系统所需的总压力。室外消防水泵按室内外消防水量之和设计。

1.2.4　自动喷水灭火系统

自动喷水灭火系统是一种在发生火灾时，能自动打开喷头喷水灭火并同时发出火警信号的消防灭火设施。据资料统计，自动喷水灭火系统扑灭初期火灾的效率在 97% 以上，因此一些国家的公共建筑都要求设置自动喷水灭火系统。鉴于我国的经济发展状况，目前要求在人员密集、不易疏散、外部增援灭火与救生较困难或火灾危险性较大的场所设置自动喷水灭火系统。

1. 自动喷水灭火系统的分类

自动喷水灭火系统根据组成构件、工作原理及用途可以分成若干种形式。按喷头平时的开闭情况，自动喷水灭火系统分为闭式和开式两大类。

2. 闭式自动喷水灭火系统

闭式自动喷水灭火系统的类型较多，基本类型包括湿式自动喷水灭火系统、干式自动喷水灭火系统、预作用自动喷水灭火系统等。

（1）湿式自动喷水灭火系统

湿式自动喷水灭火系统为喷头常闭的灭火系统，由闭式喷头、湿式报警阀、报警装置、管网及供水设施等组成，如图1.58所示。由于该系统在准工作状态时报警阀的前后管道内始终充满有压水，故称湿式自动喷水灭火系统。

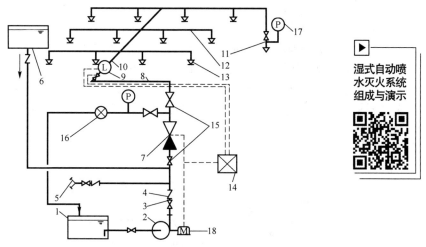

1—水池；2—水泵；3—闸阀；4—止回阀；5—水泵接合器；6—消防水箱；7—湿式报警阀；
8—配水干管；9—水流指示器；10—配水管；11—末端试水装置；12—配水支管；13—闭式喷头；
14—报警控制器；15—控制阀；16—流量计；17—压力表；18—驱动电机。

图1.58 湿式自动喷水灭火系统

其工作原理为：火灾发生的初期，建筑物的温度不断上升，当温度上升到使闭式喷头温感元件爆破或熔化脱落时，喷头即自动喷水灭火。此时，管网中的水由静止变为流动，水流指示器被感应送出电信号，在报警控制器上指示某一区域已在喷水。持续喷水会造成湿式报警阀的上部水压低于下部水压，当其压力差值达到一定值时，原来处于关闭状态的湿式报警阀就会自动开启。消防水通过湿式报警阀，流向干管和配水管供水灭火，同时一部分水流沿着湿式报警阀的环形槽进入延迟器、压力开关及水力警铃等设施发出火警信号。此外，根据水流指示器和压力开关的信号或消防水箱的水位信号，控制箱内的控制器能自动启动消防水泵向管网加压供水，以达到持续自动供水的目的。

该系统结构简单、使用方便、性能可靠、便于施工、容易管理、灭火速度快、控火效率高、比较经济、适用范围广，占整个自动喷水灭火系统的75%以上，适合安装在常年室温4～70℃能用水灭火的建筑物、构筑物内。鉴于上述特点,应优先考虑选用湿式自动喷水灭火系统。

湿式自动喷水灭火系统用于扑救初期火灾。系统有限的喷水强度和喷水面积,不能控制进入猛烈燃烧阶段的火灾。系统控火灭火的有效性,取决于闭式喷头的开放时间和投入的灭火能力。系统的灭火能力体现在两个方面,即抑制燃烧的喷水强度和覆盖起火范围的喷水面积。所以,系统的设计,首先应保证闭式喷头响应火灾的灵敏性,使之在初期火灾阶段能被热烟气流启动,在此基础上应保证闭式喷头开启后能立即持续喷水和在喷水范围内保持足够的喷水强度。此类系统的一大弱点是喷水容易受障碍物的阻挡而不能顺利到达起火部位,因此必须确定系统的最大喷水范围,即作用面积。

(2)干式自动喷水灭火系统

干式自动喷水灭火系统为喷头常闭的灭火系统,由闭式喷头、管道系统、干式报警阀、报警装置、充气设备、排气设备和供水设施等组成,如图1.59所示。

该系统与湿式自动喷水灭火系统类似,只是控制信号阀的结构和作用原理不同,配水管网与供水管间设置干式控制信号阀将它们隔开,而配水管网中平时充满有压气体用于系统的启动。火灾时,闭式喷头首先喷出气体,致使管网中压力降低,供水管道中的压力水打开控制信号阀而进入配水管网,接着从喷头喷出灭火。

其特点是报警阀后的管道无水,不怕冻、不怕环境温度高,能减少水渍造成的严重损失。干式自动喷水灭火系统与湿式自动喷水灭火系统相比较,多增设一套充气设备、一次性投资高、平时管理较复杂、灭火速度较慢。该系统适用于温度低于4℃或高于70℃的场所。

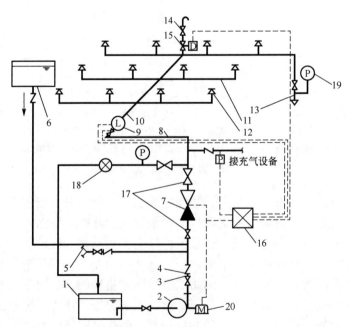

1—水池;2—水泵;3—闸阀;4—止回阀;5—水泵接合器;6—消防水箱;7—干式报警阀;8—配水干管;
9—水流指示器;10—配水管;11—配水支管;12—闭式喷头;13—末端试水装置;14—快速排气阀;
15—电动阀;16—报警控制器;17—控制器;18—流量计;19—压力表;20—驱动电机。

图1.59 干式自动喷水灭火系统

（3）预作用自动喷水灭火系统

预作用自动喷水灭火系统是将火灾探测报警技术和自动喷水灭火系统结合起来，对保护对象起双重保护作用的自动喷水灭火装置，如图 1.60 所示。预作用自动喷水灭火系统为喷头常闭的灭火系统，管网中平时不充水，只有发生火灾时，火灾探测器报警后，自动控制系统控制阀门排气、冲水，由干式自动喷水灭火系统变为湿式自动喷水灭火系统，当着火点温度达到开启喷头温度时，才开始喷水灭火。该系统弥补了上述两种系统的缺点，通常被安装于那些既需要用水灭火，但又不允许发生非火灾原因而喷水的地方，如贮藏珍本的图书馆、档案室、博物馆、贵重物品贮藏室、计算机机房等。由于管路内平时充满低压压缩空气，具有干式自动喷水灭火系统的特点，因此能够满足寒冷场所安装自动喷水灭火系统的需要，如地下车库、仓库、温度低于冰点的大型冷冻库等地方。

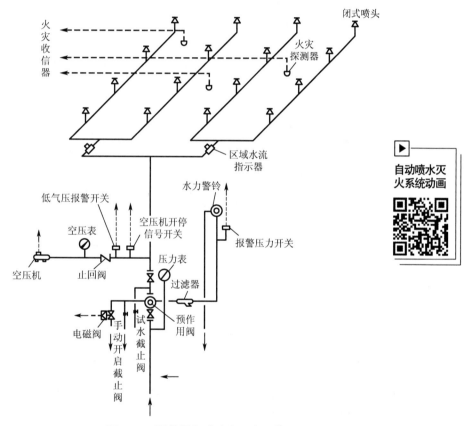

图 1.60 预作用自动喷水灭火系统

3. 开式自动喷水灭火系统

开式自动喷水灭火系统的开式喷头，由感烟、感温、感光等火灾探测器接到火灾信号后，通过自动控制雨淋阀而自动喷水灭火。其喷水是在整个保护区域内同时进行的，不仅可以扑灭着火处的火源，而且可以同时自动向整个被保护的面积上喷水，防止火灾的蔓延和扩大。开式自动喷水灭火系统一般由火灾探测自动控制传动系统、自动控制雨淋阀系统和带开式喷头的自动喷水灭火系统三部分组成。

开式自动喷水灭火系统包括雨淋灭火系统、水幕灭火系统和水喷雾灭火系统几种类型。雨淋灭火系统用于扑灭大面积火灾。水幕灭火系统用于阻火、隔火、冷却、防火、隔绝物和局部灭火。水喷雾灭火系统用于扑救电气设备或可燃液体发生的火灾。

（1）雨淋灭火系统

雨淋灭火系统为喷头常开的灭火系统，也是自动喷水系统的一种，如图 1.61 所示。

雨淋灭火系统在发生火灾时，由火灾探测自动控制传动系统感知火灾，控制雨淋阀开启，接通水源和雨淋管网，喷头出水灭火。该系统的优点是出水量大、灭火控制面积大、灭火及时等。

采用闭式喷头的自动喷水灭火系统，在灭火时只有火焰直接影响到的喷头才会被开启喷水，喷头开放的速度往往慢于火势扩张的速度，因此往往不能控制火情。而雨淋灭火系统克服了以上缺点，适用于大面积喷水快速灭火的特殊场所。火灾时由火灾探测自动控制传动系统中两路不同的探测信号自动开启雨淋阀，由该雨淋阀控制的系统管道上的所有开式喷头同时喷水，达到灭火的目的。

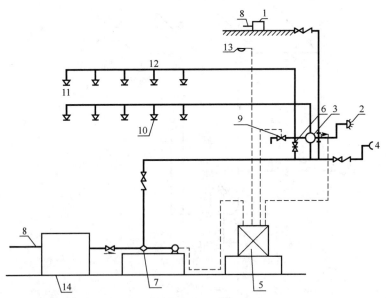

1—高位水箱；2—水力警铃；3—雨淋阀；4—水泵接合器；5—控制箱；6—手动阀；7—水泵；8—进水管；
9—电磁阀；10—开式喷头；11—闭式喷头；12—传动管；13—火灾探测器；14—水池。

图 1.61　雨淋灭火系统

（2）水幕灭火系统

水幕灭火系统（简称水幕系统）的喷头沿线状布置，发生火灾时主要起阻火、冷却、隔离作用。该系统主要由水幕喷头、水幕系统控制设备、火灾探测报警装置、供水设备、水幕系统管网等组成，如图 1.62 所示。该系统适用于需防火隔离的开口部位，如舞台与观众之间的隔离水帘、消防防火卷帘的冷却等。

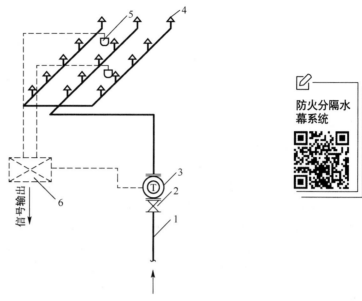

1—供水管；2—总闸阀；3—控制阀；4—水幕喷头；5—火灾探测器；6—火灾报警控制器。

图 1.62　水幕系统

① 水幕喷头。

水幕喷头为开式喷头，按其构造和用途不同可分为幕帘式、窗口式和檐口式三种。

② 水幕系统控制设备。

水幕系统的控制阀可采用自动控制，也可采用手动控制（如手动球阀或手动蝶阀），但在无人看管的场所应采用自动控制。当采用自动控制阀时，还应设手动控制阀，以备自动控制失灵时，可用手动控制开启水幕。手动控制阀应尽量采用快开阀门，并应设在人员便于接近的地方。自动控制阀（如雨淋阀）是水幕系统等开式自动喷水灭火系统自动开启的重要组件。在水幕控制范围内，所布置的感烟或感温等火灾探测器，与水幕系统电动控制阀连锁而自动开启。火灾探测器将火灾信号传递到电控箱使水泵启动并打开电动控制阀，同时电铃报警。如果发生火灾，当火灾探测器尚未动作时，可按电钮启动水泵和电动控制阀。如果电动控制阀出现故障，可打开手动控制阀。

③ 水幕系统管网。

为了保证喷水均匀，水幕系统管道应对称布置。配水支管上安装的喷头数不应超过 6 个，一组水幕系统不应超过 72 个。水幕系统管道在控制阀之后可布置成枝状，也可布置成环状。支管最小管径不得小于 25mm。

④ 水幕系统设计要求。

a. 水幕喷头的布置，应保证在规定的喷水强度原则下均匀分布，而不应出现空白点。喷头布置间距与其流量和喷水强度有关，一般不宜大于 2.5m。

b. 当水幕作为保护功能使用时，喷头呈单排布置，并喷向被保护对象。

c. 在同一配水支管上应布置相同口径的喷头。

d. 水幕系统应按同一组中所有喷头全部开放计算。当建筑物中设有多组水幕系统时，应按具体情况确定同时使用的组数。

e. 为了确保水幕的阻火作用，水幕管网最不利点喷头压力一般不应小于 0.05MPa。

f. 水幕系统火灾延续时间按 1h 计算。

g. 在同一系统中，处于下面的管道必要时应采取减压措施。

h. 控制阀后配水管网中流速不应大于 2.5m/s，控制阀前输水管道流速不宜大于 5m/s。

（3）水喷雾灭火系统

水喷雾灭火系统是用水雾喷头取代雨淋灭火系统中的开式喷头。该系统是用水雾喷头把水粉碎成细小的水雾之后喷射到正在燃烧的物质表面，通过表面冷却、窒息以及乳化、稀释的同时作用实现灭火。由于水喷雾具有多种灭火机理，该系统具有适用范围广的优点，同时由于水喷雾具有不会造成液体飞溅、电气绝缘性好的特点，在扑灭可燃液体火灾、电气火灾等方面也得到广泛应用，如飞机发动机试验台、各类电气设备、石油加工贮存场所等，还可以提高扑灭固体火灾的灭火效率。

> **知识链接**

其他固定灭火系统

由于建筑使用功能不同，其内部的可燃物质性质各异，仅仅使用水作为消防手段是远远不够的，有时不能达到扑灭火灾的目的，甚至还会带来更大的损失。因此应根据可燃物的物理性质、化学性质，采用不同的灭火方法和手段，才能达到预期的目的。建筑内常用的其他固定灭火系统有以下几种。

1. 二氧化碳灭火系统

二氧化碳作为灭火剂已应用多年，是一种较好的气体灭火剂。二氧化碳在常温、常压下是一种无色、无味、不导电的气体，对设备无腐蚀性。二氧化碳是一种稳定性能较高的惰性化合物，在常温、常压下它不会与一般的物质发生化学反应，但在高温下可以与强还原剂发生反应。二氧化碳能溶于水，部分生成弱碳酸，形成化学平衡，因此含水的二氧化碳常常稍带酸味。

二氧化碳的主要灭火作用是窒息作用，此外，对火焰还有一定的冷却和抑制作用。二氧化碳灭火系统一般为管网灭火系统。管网灭火系统由储存容器和容器阀、连接软管和止回阀、集流管、输送灭火剂的管道及管道附件、喷嘴、泄压装置、应急操作机构、储存启动气源的小钢瓶和电磁瓶头阀、气源管路、固定支架（对于组合分配系统还应有选择阀）及探测、报警、控制器等组成，是一种固定装置。宜用二氧化碳扑救的火灾：①固体表面火灾及棉毛、织物、纸张等部分固体深位火灾；②液体火灾或石蜡、沥青等可熔化的固体火灾；③灭火前可切断气源的气体火灾；④电气设备火灾。不宜用二氧化碳扑救的火灾：①硝化纤维、火药等含氧化剂的化学制品火灾；②钾、钠、镁、钛、锆等活泼金属火灾；③氢化钾、氢化钠等金属氢化物火灾。

2. 卤代烷灭火系统

卤代烷灭火剂具有清洁、高效、稳定、低毒等优点,是一种非常好的气体灭火剂,但由于其对大气臭氧层有较大的破坏作用,目前正在积极寻找替代物。卤代烷1211(二氟一氯一溴甲烷)和1301(三氟一溴甲烷)灭火剂是其中最常用的两种。在常温常压下,卤代烷1211灭火剂是一种无色的略带芳香味的气体,卤代烷1301灭火剂是一种无色、无味的气体,属易液化气体型灭火剂。卤代烷1211灭火剂和卤代烷1301灭火剂的化学性能比较稳定,但在一定条件下,可以发生某些化学反应,对金属有腐蚀作用。因此,卤代烷灭火剂储存容器及管道要采取防腐措施。卤代烷灭火剂对人体有毒性危害,使用时应引起重视。相对而言,卤代烷1301灭火剂的毒性最小,当体积浓度不超过7%时,允许人暴露于灭火场所,在这一浓度下绝大多数火灾可以扑灭。卤代烷灭火是化学灭火,通过抑制链式反应(即断链)实现灭火,具有灭火速度快、灭火剂用量省的特点。宜用卤代烷灭火剂扑救的火灾:①甲、乙、丙类液体火灾,如烃类(包括汽油、煤油、柴油等油品)、醇类、酮类、酯类、苯及其他有机溶剂等;②可燃气体火灾,如甲烷、乙烷、丙烷、城市煤气等各种气体;③电气设备火灾,如发电机、变压器、旋转电气设备及电子设备等;④可燃固体物质的表面火灾,如纸张、木材、织物等的表面火灾。不宜用卤代烷灭火剂扑救的火灾:①在灭火过程的化学反应中本身就能供氧的化学品(氧化剂),如硝酸纤维素、炸药等;②活泼的金属;③金属氢化物;④易热解的有机过氧化物和肼类;⑤可燃固体物质的阴燃火灾。

3. 干粉灭火系统

干粉灭火系统是一种不需要水泵、内燃机等动力源,而借助于惰性气体压力的驱动,并由这些气体携带干粉灭火剂形成气粉两相混合流,通过管道输送经喷嘴喷出实施灭火的固定式或半固定式灭火系统。对于干粉灭火系统的设置,我国尚没有强制性规范。但由于该系统具有灭火速度快、不导电、对环境条件要求不严等特点,在某些场合,如宾馆、饭店的厨房,敞口的易燃液体容器,不宜用水扑救的室外变压器等处,设置干粉灭火系统较合适。另外,与其他灭火系统相比,干粉灭火系统较经济,因此当条件许可时,可设置干粉灭火系统。

4. 泡沫灭火系统

泡沫灭火系统是针对液体火灾的扑救而开发的灭火系统,火灾时可自动开启或手动操作,通过泡沫比例混合器、泡沫产生装置等一系列设施,将泡沫覆盖到燃烧液面实施灭火。它是甲、乙、丙类液体储罐或生产装置区等场所的主要灭火设施。

4. 自动喷水灭火系统的主要组件

自动喷水灭火系统的主要组件有管道、喷头、报警阀、水流报警装置、火灾探测器及控制和检验装置。

(1)管道

自动喷水灭火系统的管网由供水管、配水立管、配水干管、配水管及配水支管等组成,如图1.63所示。管道布置形式应根据喷头布置的位置和数量来确定。

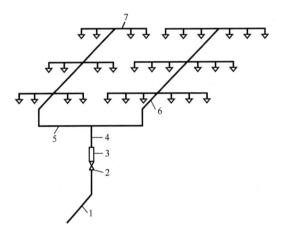

1—供水管；2—总闸阀；3—报警阀；4—配水立管；5—配水干管；6—配水管；7—配水支管。

图1.63 自动喷水灭火系统的管网组成

特别提示

自动喷水灭火系统管道布置应符合以下要求。

① 自动喷水灭火系统报警阀后的管道上不应设置其他用水设施，并应采用镀锌钢管或镀锌无缝钢管。干式自动喷水灭火系统、预作用自动喷水灭火系统的供气管道，采用钢管时，管径不宜小于15mm；采用铜管时，管径不宜小于10mm。

② 每根配水支管或配水管的直径不应小于25mm。

③ 为了避免配水支管过长造成水头损失增加，每侧每根配水支管设置的喷头数应符合下列要求，如图1.64所示。

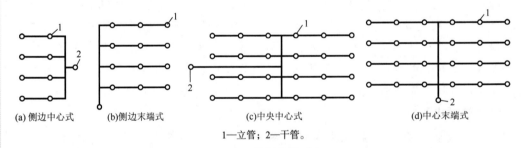

(a)侧边中心式　(b)侧边末端式　(c)中央中心式　(d)中心末端式

1—立管；2—干管。

图1.64 管网布置形式

a. 轻危险级、中危险级建筑物、构筑物均不应多于8个。

b. 当同一配水支管的吊顶上下布置喷头时，其上下侧的喷头数各不多于8个。

c. 严重危险级的建筑物不应多于6个。

④ 自动喷水灭火系统应设泄水装置，且在管网末端设有充水的排气装置。水平安装的管道宜有坡度，并应坡向泄水阀，充水管道的坡度不宜小于0.2%，准工作状态不充水管道的坡度不宜小于0.4%。

⑤ 自动喷水灭火系统管网内的工作压力不应大于1.2MPa。

⑥ 干式自动喷水灭火系统的配水管道充水时间不宜大于1min，预作用自动喷水灭火系统与雨淋灭火系统的配水管道充水时间不宜大于2min。

（2）喷头

喷头按其结构分为闭式喷头和开式喷头两种。

①闭式喷头。

闭式喷头是自动喷水灭火系统的关键部件，起着探测火灾、启动系统和喷水灭火的重要作用。根据系统的应用，喷头可分为标准闭式喷头和特种喷头。

a.标准闭式喷头。标准闭式喷头是带热敏感元件及其密封组件的自动喷头。该热敏感元件可在预定温度范围下动作，使热敏感元件及其密封组件脱离喷头主体，并按规定的形状和水量在规定的保护面积内喷水灭火。此种喷头，按热敏感元件分为玻璃球喷头和易熔元件喷头两种类型；按安装形式、布水形状又分为普通型、下垂型、直立型、边墙型、吊顶型等多种。常用闭式喷头的性能和适用场所见表1.14，常用闭式喷头如图1.65所示。

表1.14 常用闭式喷头的性能和适用场所

喷头类别	适用场所	溅水盘朝向	喷水重分配
玻璃球	宾馆等美观要求高或具有腐蚀性的场所；环境温度高于10℃	—	—
易熔元件	外观要求不高或腐蚀性不大的工厂、仓库或民用建筑	—	—
普通型	可直立或下垂安装，适用于可燃吊顶的房间	向上或向下	40%～60%向地面喷洒
直立型	在管路下经常有移动物体的场所或尘埃较多的场所	向上安装	向下喷水量占60%～80%
下垂型	管路要求隐蔽的各种保护场所	向下安装	全部水量洒向地面
边墙型	安装空间狭窄、走廊或通道状建筑，以及需靠墙壁安装的场所	向上或水平	85%喷向前方，15%喷在后面
吊顶型	装饰型喷头，可安装于旅馆、客房、餐厅、办公厅室等建筑	向下安装	—

标准闭式喷头应用范围广，能有效地灭火、控火，但也有其局限性：其适用场所的最大净空高度限制在8m以内；喷头喷水的覆盖面积较小，喷出的水滴较小，穿透力较弱，在可燃物较多的仓库灭火、控火有一定难度；喷头的响应时间较长，滞后于火灾探测器。

b.特种喷头。特种喷头有快速响应喷头和快速响应早期抑制喷头两种，如图1.66所示。

快速响应喷头。其原理是热敏感元件表面积较大，使具有一定质量的热敏感元件的吸热速度加快。因此，在同样条件下，快速响应喷头的热敏感元件吸热较快，其启动时间相对其他喷头较短。快速响应喷头应作为高级住宅或超过100m的超高层住宅喷水灭火的必选喷头，尤其适用于公共娱乐场所，中庭环廊，医院、疗养院的病房及治疗区域，老年人、少儿、残疾人的集体活动场所，超出水泵接合器供水高度的楼层，地下商业及仓储用房，等等。

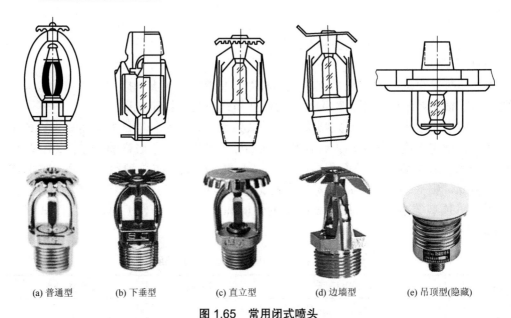

(a) 普通型　　(b) 下垂型　　(c) 直立型　　(d) 边墙型　　(e) 吊顶型(隐藏)

图 1.65　常用闭式喷头

闭式喷头

(a) 快速响应喷头　　　　(b) 快速响应早期抑制喷头

图 1.66　特种喷头

快速响应早期抑制喷头。快速响应早期抑制喷头是用于保护高堆垛与货架仓库的大流量特种洒水喷头。这种喷头水滴直径大，穿透力强，能够穿过火舌到达可燃物品的表面，其适用场所的最大净空高度达到 12m，远远超过标准闭式喷头的能力。

② 开式喷头。

开式喷头就是无释放机构的洒水喷头，如图 1.67 所示。闭式喷头去掉热敏感元件及密封组件就是开式喷头。开式喷头主要用于雨淋灭火系统，它按安装形式可分为直立型和下垂型两种，按结构可分为单臂式和双臂式两种。

图 1.67　开式喷头

（3）报警阀

报警阀是自动喷水灭火系统的关键组件之一，它在系统中起着启动系统、确保灭火用水畅通、发出报警信号的关键作用。报警阀的类型包括湿式报警阀、干式报警阀、干湿式报警阀、雨淋阀和预作用阀。

① 湿式报警阀。这种阀主要用于湿式自动喷水灭火系统中，通常安装在立管上。其作用是：接通或切断水源；输送报警信号启动水力警铃报警；防止水倒流回供水源。湿式报警阀是湿式自动喷水灭火系统的一个重要组成部件，如图1.68所示。

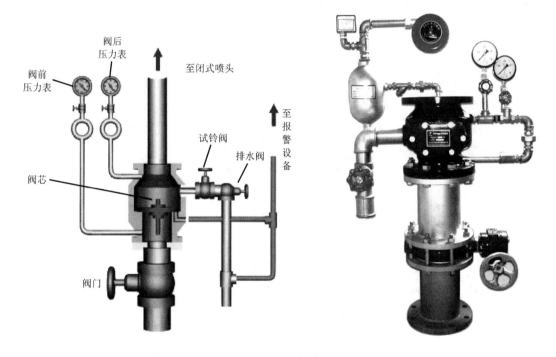

图1.68　湿式报警阀

② 干式报警阀。这种阀主要用于干式自动喷水灭火系统中，通常安装在立管上。干式报警阀后面的系统管道内充的是加压空气或氮气，且气压一般为水压的1/4。

③ 干湿式报警阀。这种阀主要用于干湿交替式喷水灭火系统，是既适合湿式自动喷水灭火系统，又适合干式自动喷水灭火系统的双重作用阀门。它是由湿式报警阀与干式报警阀依次连接而成的。通常在温暖季节用湿式报警阀，在寒冷季节则用干式报警阀。

④ 雨淋阀。这种阀主要用于雨淋灭火系统、水幕灭火系统和水喷雾灭火系统。

⑤ 预作用阀。这种阀主要用于预作用自动喷水灭火系统。

（4）水流报警装置

水流报警装置包括水力警铃、延迟器、压力开关和水流指示器。

① 水力警铃［图1.69（a）］。这种阀主要用于湿式自动喷水灭火系统，安装在湿式报警阀附近。当湿式报警阀打开水源后，水流将冲动叶轮，旋转铃锤，打铃报警。

② 延迟器 [图 1.69（b）]。这种阀主要用于湿式自动喷水灭火系统，安装在湿式报警阀、水力警铃和压力开关（水力继电器）之间的管网上，用以防止湿式报警阀因水压不稳所引起的误动作而造成误报。

③ 压力开关 [图 1.69（c）]。这种阀安装在延迟器后水力警铃入口前的管道上，在水力警铃报警的同时，由于水力警铃管水压升高自动接通电触点，完成电动警铃报警，向消防控制室传送电信号或启动消防水泵。稳压泵的控制应采用压力开关，并应能调节启闭压力；雨淋灭火系统和水幕系统的水力报警装置宜采用压力开关。

④ 水流指示器 [图 1.69（d）]。其工作原理：发生火灾时，喷头开启喷水，当有水流过装有水流指示器的管道时，流动的水推动浆片，使电接通，输出电动报警信号到消防控制中心，报知建筑物某部位的喷头已开始喷水，消防控制中心接到此信号确认是火灾发生便同时开启消防水泵。每个防火分区或每个楼层均应设置水流指示器。

(a) 水力警铃　　(b) 延迟器　　(c) 压力开关　　(d) 水流指示器

图 1.69　水流报警装置

（5）火灾探测器

火灾探测器根据其探测火灾特征参数的不同，可以分为感烟火灾探测器、感温火灾探测器、感光火灾探测器、可燃气体探测器、复合火灾探测器等几种基本类型，如图 1.70 所示。

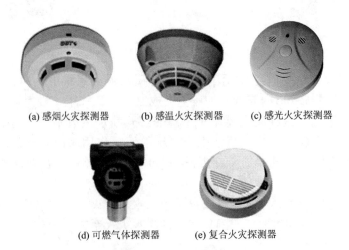

(a) 感烟火灾探测器　　(b) 感温火灾探测器　　(c) 感光火灾探测器

(d) 可燃气体探测器　　(e) 复合火灾探测器

图 1.70　火灾探测器

① 感温火灾探测器：响应异常温度、温升速率和温差变化等参数的火灾探测器。

② 感烟火灾探测器：响应悬浮在大气中的燃烧和（或）热解产生的固体或液体微粒

的火灾探测器。

③感光火灾探测器：响应火焰发出的特定波段电磁辐射的火灾探测器，又称火焰探测器。

④可燃气体探测器：响应燃烧或热解产生的气体的火灾探测器。

⑤复合火灾探测器：将多种探测原理集中于一身的火灾探测器。

火灾探测器通常布置在房间或走道的天花板下面，其数量应根据计算确定。

（6）控制和检验装置

①控制阀。控制阀一般选用闸阀，平时应全开，应用环形软锁将手轮锁死在开启位置，并应有开关方向标记，安装位置在报警阀前。

②末端监测装置。为了检验系统的可靠性，测试系统能否在开放一只喷头的最不利条件下可靠报警并正常启动，要求在每个报警阀的供水最不利点处设置末端监测装置。末端监测装置由排水阀门、压力表、排气阀组成，如图1.71所示。测试的内容包括水流指示器、报警阀、压力开关、水力警铃的动作是否正常，配水管道是否畅通，以及最不利点处的喷头工作压力等。打开排水阀门相当于一个喷头喷水，即可观察到水流指示器和报警阀是否正常工作。压力表可测量系统水压是否符合规定要求。排气阀用来排除管道中的气体，通常安装在系统管网末端，管径为25mm。

图1.71　末端监测装置

项目1.3　建筑排水系统

1.3.1　建筑排水系统的分类、体制及组成

建筑排水系统是指对建筑物内的污废水进行收集、输送、排出以及局部处理的系统。

1. 建筑排水系统的分类

（1）按所接纳污废水类型不同分类

①生活排水系统。生活排水系统用于排除居住建筑、公共建筑以及工厂生活间的污废水。根据排水的性质，生活排水系统又可分为排除冲厕所污水的生活污水排水系统和排除盥洗、沐浴、洗涤废水的生活废水排水系统。

②工业废水排水系统。工业废水排水系统用于排除生产过程中所产生的污废水。

根据污染的程度不同，工业废水可分为生产污水和生产废水。生产污水是指生产过程中被化学物质（氰、铬、酸、碱、铅、汞等）和有机物污染较重的水，生产污水必须经过相关处理达到排放标准后才能排放；生产废水是指生产过程中受污染较轻或被机械杂质（悬浮物及胶体）污染的水。

③ 屋面雨水排水系统。屋面雨水排水系统是指收集并排除降落到建筑屋面的雨、雪水的排水系统。雨、雪水一般较清洁，可以直接排入水体。

（2）按排水立管和通气立管的设置情况分类

① 单立管排水系统。单立管排水系统又分为无通气立管的单立管排水系统、有通气立管的单立管排水系统和特制配件的单立管排水系统。

a. 无通气立管的单立管排水系统的立管顶部不与大气连通。该系统适用于立管短、卫生器具少、排水量少、立管顶端不便伸出屋面的情况。

b. 有通气立管的单立管排水系统的排水立管向上延伸，穿出屋顶与大气连通。该系统适用于一般多层建筑。

c. 特制配件的单立管排水系统在横支管与立管连接处设置特制配件代替一般的三通，在立管底部与横干管或排出管连接处设置特制配件代替一般弯头。该系统适用于各类多层、高层建筑。

② 双立管排水系统。双立管排水系统由一根排水立管和一根通气立管组成。该系统适用于污废水合流的各类多层、高层建筑。

③ 三立管排水系统。三立管排水系统由一根生活污水立管、一根生活废水立管共用一根通气立管组成，属外通气系统。该系统适用于生活污水和生活废水需分别排出室外的各类多层、高层建筑。

知识链接

排水水质指标

由于室内排水是使用后受污染的水，水中会含有不同的污染物，且污染物的种类繁多，为了能够简单反映水质受污染的程度，常用排水水质指标表示。

1. 悬浮物

悬浮物是指不溶于水的颗粒物，其粒径在 1μm 以上，可以用普通滤纸将它与水分离，被滤纸截留的残渣，在 103～105℃ 温度下烘干至恒重的固体物质称为悬浮物，常用 SS 来表示。

2. 有机物

由于有机物种类繁多、组成复杂，用直接测定各种有机物的方法来表示有机物的多少有一定困难，因此，我们常用氧化有机物所消耗氧的数量——耗氧量来间接表示有机物的数量。

（1）生物化学耗氧量（BOD）

BOD 是一个反映水中可生物降解的含碳有机物含量的指标。一般将 20℃ 下经过 5d，有机物在好氧微生物作用下分解前后水中溶解氧的差值称为"5 天生物耗氧量"，即 BOD_5，单位为 mg/L。

（2）化学耗氧量（COD）

COD是在高温、有催化剂及酸性条件下，用强氧化剂（K_2MnO_4）氧化有机物所消耗的氧量，单位为mg/L。由于BOD只能氧化可生物降解的有机物，而COD对难生物降解的有机物也可以氧化，因此，COD一般高于BOD。

3. pH

酸度和碱度是污水的重要污染指标，用pH来表示。

4. 色度

水的色度有碍于感观，同时有些色度是有毒有害物质造成的，应引起充分的重视。

5. 有毒物质

有毒物质对人体和污水处理中的生物都有一定的毒害作用，如氰化物、砷化物、酚，以及重金属汞、镉、铬、铅等。

2. 建筑排水系统的排水体制

建筑排水系统的排水体制是指建筑排水系统收集、输送、处理和处置污废水的方式，分为合流制和分流制两种。合流制是指采用一种方式对待所有污废水的体制，它只有一个排水系统，称倒流系统。分流制是指采用不同方式对待不同性质的污废水的体制，它一般有两个排水系统（雨水系统和污水系统）。选择排水体制时主要考虑的因素有污废水性质、污废水污染程度、室外排水体制及污废水综合利用的可能性和处理要求等。

知识链接

污水排放标准

建筑排水的出路有两条：一是排入水体，即江、河、湖、海中；二是排入城镇下水道中。如果直接排入水体，会破坏水体，产生各种不利影响，如水体富营养化等；如果直接排入城镇下水道，会影响污水厂的工艺流程及处理效果。党的二十大报告提出，深入推进环境污染防治。坚持精准治污、科学治污、依法治污。这就要求我们要进一步完善生态环境保护法律法规体系，严格执法监管，强化对污水排放的监管，要求各种污水的排放，都必须达到国家规定的相关排放标准。排入城镇下水道的污水水质指标，其最高允许浓度必须符合表1.15的水质标准。

表1.15 污水排入城镇下水道水质标准

序号	控制项目名称	单位	A级	B级	C级	序号	控制项目名称	单位	A级	B级	C级
1	pH		6.5~9.5	6.5~9.5	6.5~9.5	5	色度	倍	64	64	64
2	COD	mg/L	500	500	300	6	易沉固体	mL/(L·15min)	10	10	10
3	BOD_5	mg/L	350	350	150	7	悬浮物	mg/L	400	400	250
4	水温	℃	40	40	40	8	溶解性总固体	mg/L	1500	2000	2000

续表

序号	控制项目名称	单位	A级	B级	C级	序号	控制项目名称	单位	A级	B级	C级
9	动植物油	mg/L	100	100	100	28	总铍	mg/L	0.005	0.005	0.005
10	石油类	mg/L	15	15	10	29	AOX（以Cl计）	mg/L	8	8	5
11	氨氮（以N计）	mg/L	45	45	25	30	总硒	mg/L	0.5	0.5	0.5
12	总氮（以N计）	mg/L	70	70	45	31	总铜	mg/L	2	2	2
13	总磷（以P计）	mg/L	8	8	5	32	三氯甲烷	mg/L	1	1	0.6
14	LAS	mg/L	20	20	10	33	总锰	mg/L	2	5	5
15	总氰化物	mg/L	0.5	0.5	0.5	34	四氯化碳	mg/L	0.5	0.5	0.06
16	总余氯（以Cl_2计）	mg/L	8	8	8	35	三氯乙烯	mg/L	1	1	0.6
17	硫化物	mg/L	1	1	1	36	四氯乙烯	mg/L	0.5	0.5	0.2
18	氟化物	mg/L	20	20	20	37	苯胺类	mg/L	5	5	2
19	氯化物	mg/L	500	800	800	38	硝基苯类	mg/L	5	5	3
20	硫酸盐	mg/L	400	600	600	39	有机磷农药（以P计）	mg/L	0.5	0.5	0.5
21	总汞	mg/L	0.005	0.005	0.005	40	总锌	mg/L	5	5	5
22	总镉	mg/L	0.05	0.05	0.05	41	总铁	mg/L	5	10	10
23	总铬	mg/L	1.5	1.5	1.5	42	挥发酚	mg/L	1	1	0.5
24	六价铬	mg/L	0.5	0.5	0.5	43	苯系物	mg/L	2.5	2.5	1
25	总砷	mg/L	0.3	0.3	0.3	44	总银	mg/L	0.5	0.5	0.5
26	总铅	mg/L	0.5	0.5	0.5	45	甲醛	mg/L	5	5	2
27	总镍	mg/L	1	1	1	46	五氯酚	mg/L	5	5	5

注：1. 采用再生处理时，排入城镇下水道的污水水质应符合A级的规定。
2. 采用二级处理时，排入城镇下水道的污水水质应符合B级的规定。
3. 采用一级处理时，排入城镇下水道的污水水质应符合C级的规定。
4. LAS为阴离子表面活性剂。
5. AOX为可吸附有机卤化物。

3. 建筑排水系统的组成

建筑排水系统如图 1.72 所示。其主要任务是将生活污水、工业废水及降落在屋面上的雨、雪水用最经济合理的方式迅速通畅地排至室外。完整的排水系统由以下部分组成。

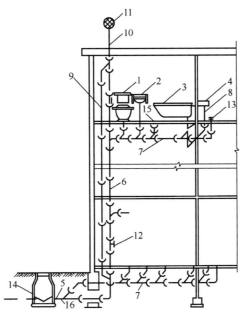

1—坐便器冲洗水箱；2—洗脸盆；3—浴盆；4—厨房洗盆；5—排出管；6—排水立管；7—排水横支管；8—器具排水支管；9—专用通气管；10—伸顶通气管；11—通风帽；12—检查口；13—清扫口；14—检查井；15—地漏；16—排水干管。

图 1.72 建筑排水系统

（1）污废水收集器具

污废水收集器具往往就是用水器具，是排水系统的起点，用于收集和排出污废水，包括各种卫生器具、生产设备上的受水器和收集屋面雨水的雨水斗等。

（2）水封装置

水封装置是设置在污废水收集器具的排水口下方，与排水横支管相连的一种存水装置，又称存水弯。其作用是阻挡排水管道中的臭气和其他有害气体、虫类等通过排水管进入室内污染室内环境。

存水弯一般有 S 形和 P 形两种。水封高度不能太高，也不能太低，若水封高度太高，污水中固体杂质容易沉积，太低则存水弯容易被破坏，因此水封高度一般为 50～100mm。水封底部应设清通口，以利于清通。存水弯安装图如图 1.73 所示。

（3）排水管道

排水管道由器具排水支管、排水横支管、排水立管、排水干管和排出管等组成。

① 器具排水支管：连接污废水收集器具与排水横支管的短管。

② 排水横支管：汇集各器具排水支管的来水，水平方向输送污废水的管道。排水横支管应有一定坡度坡向立管。

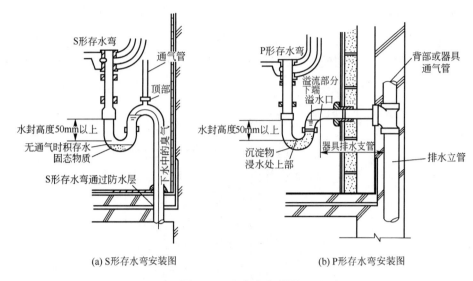

(a) S形存水弯安装图　　　　　(b) P形存水弯安装图

图1.73　存水弯安装图

③排水立管：收集各器具排水支管、排水横支管的来水的管道。为保证污废水的水流畅通，排水立管的管径不应小于任何一根接入的横支管的管径。

④排水干管：收集排水立管的污废水，水平方向输送污废水的管道。排水干管应有一定的坡度。

⑤排出管：水平方向穿过建筑外墙或外墙基础，连接室内排水立管与室外污水检查井之间的管段，也称出户管。排出管的管径不得小于所连接排水立管的管径，排出管也应有一定的坡度。

（4）通气管系统

绝大多数排水管道内部流动的是重力流，即管道系统中的污废水是依靠重力作用排出室外的，因此排水管道系统必须和大气相通。

①通气管系统的作用。通气管既能向排水管内补充空气，使水流畅通，减少排水管内的气压变化幅度，防止卫生器具水封被破坏，又能将管道中散发的有毒、有害气体和臭气排到大气中去，同时还可以保持管道内的新鲜空气流通，减轻废气对管道的锈蚀。

图1.74　通气帽

②通气管系统的形式。对于楼层不多、卫生器具不多的建筑物，其通气管是将排水立管的上端伸出屋顶一定高度，该通气管称为伸顶通气管。为防止异物落入立管，通气管顶端应装设网罩或伞形通气帽（图1.74）。对于层数较多或卫生器具较多的建筑物，必须设置专用通气管。

（5）清通设备

为了排水管道疏通方便，管道上需设清通设备。在室内排水系统中，清通设备一般有清扫口、检查口、检查井等。

① 清扫口。清扫口是一种装在排水横支管上，用于清扫排水横支管的附件。清扫口设置在楼板或地坪上，且与地面相平，也可用带清扫口的弯头配件或在排水管起点设置堵头代替清扫口。清扫口构造如图1.75所示。

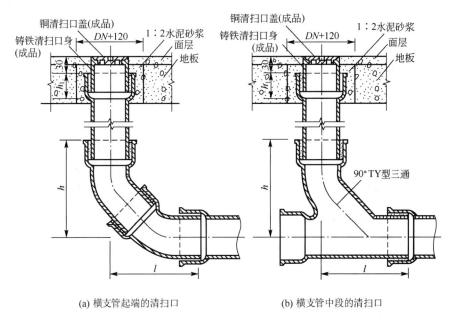

图1.75 清扫口构造

清扫口的设置应符合以下要求。

a. 在排水横支管直线管段上的一定距离处，应设清扫口。

b. 当排水横支管连接卫生器具数量较多时，在排水横支管起端应设置清扫口。如系统采用铸铁管，当排水横支管上连接有2个及2个以上大便器或3个及3个以上卫生器具时，排水横支管顶端应升至上层地面设置清扫口；如系统采用UPVC管，当一根排水横支管上连接有4个或4个以上大便器时，排水横支管上宜设置清扫口。

c. 在水流偏转角大于45°的排水横支管上应设置清扫口。

d. 在管径小于100mm的排水管道上，设置清扫口的尺寸应与管径相同；在管径等于或大于100mm的排水管道上设置的清扫口，其尺寸应采用100mm。

e. 清扫口不能高出地面，且必须与地面相平。污水横支管起端的清扫口与墙面的距离不得小于0.2m。当采用管堵代替清扫口时，为了便于清通和拆装，与墙面的净距不得小于0.4m。

② 检查口（图1.76）。检查口设在排水立管及较长的水平管段上，是一个带盖板的开口短管，清通时将盖板打开。

在生活排水管道上，应按下列规定设置检查口。

a. 铸铁排水立管上检查口之间的距离不宜大于10m；塑料排水立管宜每六层设置一个检查口。

b. 在建筑物最底层和设有卫生器具的二层以上建筑物的最高层，应设置检查口。

c. 当排水立管有水平拐弯或乙字管时，在该层立管拐弯处和乙字管的上部应设检查口。

d. 立管上设置的检查口，应在地（楼）面以上 1.0m 位置，并应高于该层卫生器具上边缘 0.15m。

e. 地下室立管上设置检查口时，检查口应设置在立管底部之上。

f. 立管上的检查口应面向便于检查清扫的方位。

g. 干管上的检查口应垂直向上。

③检查井（图 1.77）。埋地管道上应设检查井，以便清通。

图 1.76　检查口

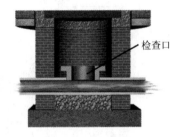
图 1.77　检查井

检查井的设置应符合以下要求。

a. 生活污水排水管道，在建筑物内不宜设检查井。

b. 对于不散发有害气体或大量蒸汽的工业废水的排水管道，可在建筑物内排水管上的管道转弯或连接支管处、管道管径及坡度改变处，以及生产污水超过 20m、生产废水超过 30m 的直线管段上设置检查井。

c. 检查井直径不得小于 0.7m。

d. 检查井中心至建筑物外墙的距离不宜小于 3.0m。

（6）地漏

地漏（图 1.78）是一种内有水封，用来排除地面水的特殊排水装置，一般由铸铁或塑料制成。

图 1.78　地漏

地漏有 50mm、75mm、100mm 三种规格，卫生间及盥洗室一般设置直径为 50mm 的地漏。地漏一般设置在地面的最低处，地面做成 0.5%～1% 的坡度坡向地漏，地漏箅子面一般低于地面标高 5～10mm。

（7）污废水抽升设备

建筑物的地下室、人防建筑工程等地下建筑物内的污废水不能以重力流排入室外检查井时，应利用集水池、污水泵等污废水抽升设备把污废水集流、提升后排放。

集水池的净容积应按居住小区或建筑物地下室内污水量大小、污水泵启闭方式和现场场地条件等因素确定。集水池的有效水深一般取 1～1.5m，保护高度取 0.3～0.5m。

污水泵应优先选用潜水污水泵和液下污水泵。

（8）局部处理构筑物

当建筑内部污水未经处理不允许直接排入城镇下水道或水体时，须设污水局部处理构筑物。如处理民用建筑生活污水的化粪池，去除含油污水的隔油池，降低锅炉、加热设备排放的高温污水的降温池，以及以消毒为主要目的的医院污水处理设施等。化粪池结构如图 1.79 所示。

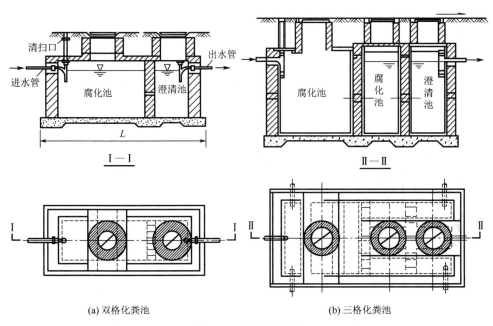

图 1.79 化粪池结构

1.3.2 建筑排水系统的排水管材及卫生器具

1. 排水管材

对敷设在建筑物内部的排水管道，要求有足够的强度、抗污水侵蚀性能好、不漏水等。

（1）排水铸铁管

排水铸铁管具有耐腐蚀性能良好、使用寿命长、价格便宜等优点。排水铸铁管每根管的长度一般为 1.0～2.0m。与给水铸铁管相比，排水铸铁管管壁较薄，不能承受较大的压力，主要用于一般的生活污水、雨水和工业废水的排水管道，要求强度较高或排除压力水的地方常用给水铸铁管代替。

排水铸铁管的连接方式有承插连接和法兰连接两种，其中承插连接又

有刚性接口和柔性接口两种。排水铸铁管承插直管的规格见表1.16。

表1.16 排水铸铁管承插直管的规格

管内径/mm	壁厚/mm	长度/m	质量/kg	管内径/mm	壁厚/mm	长度/m	质量/kg
50	5	1.5	10.3	125	6	1.5	29.4
75	5	1.5	14.9	150	6	1.5	34.9
100	5	1.5	12.6	200	7	1.5	53.7

① 刚性接口排水铸铁管及管件。

刚性接口排水铸铁管采用承插连接,承插连接管件如图1.80所示。刚性接口有铅接口、石棉水泥接口、沥青水泥砂浆接口、膨胀性填料接口、水泥砂浆接口等。实践证明,刚性接口排水铸铁管管道的寿命可与建筑物使用寿命相同。

② 柔性接口排水铸铁管及管件。

随着房屋建筑层数和高度的增加,刚性接口已经不能适应高层建筑的排水铸铁管在风荷载、地震等作用下的位移,为使管道具有良好的曲挠性和伸缩性,以适应建筑楼层间变位导致的轴向位移和横向曲挠变形,防止管道裂缝、折断,高层建筑内部排水铸铁管应采用柔性接口。柔性接口排水铸铁管具有强度高、抗震性能好、噪声低、防火性能好、寿命长、膨胀系数小、安装施工方便、美观、耐磨、耐高温等优点,缺点是造价高。对于建筑高度超过100 m的高层建筑、防火等级要求高的建筑物、要求环境安静的场所、环境温度可能出现0 ℃以下的场所,以及连续排水温度大于40 ℃或瞬间排水温度大于80 ℃的排水管道,应采用柔性接口排水铸铁管。

如图1.81所示,排水铸铁管柔性抗震接头的连接方法有两种:一种是法兰压盖螺栓连接,它是采用承口、插口、法兰压盖、橡胶密封圈、紧固螺栓、定位螺栓等连接,橡胶密封圈在螺栓和压盖的作用下呈

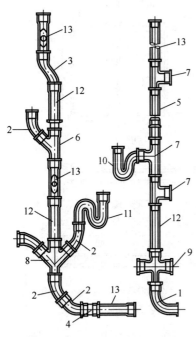

1—90°弯头;2—45°弯头;3—乙字管;
4—双承管;5—大小头;6—斜三通;
7—正三通;8—斜四通;9—正四通;
10—P形存水弯;11—S形存水弯;
12—直管;13—检查口。

图1.80 承插连接管件

压缩状态,且与管壁紧贴,起到密封作用,承口端呈内八字,使橡胶密封圈嵌入,增强了阻水效果,同时由于橡胶密封圈具有弹性,插口可在承口内伸缩和弯折,接口仍可保持不渗不漏,定位螺栓则在安装时起定位作用;另一种是不锈钢带卡紧螺栓连接,它是采用不锈钢带、橡胶密封圈、卡紧螺栓连接,安装时只需将橡胶密封圈套在两根连接管的端部,用不锈钢带卡紧,螺栓锁住即可。这种连接方法具有安装和更换管道方便、接头轻巧、美观等优点。

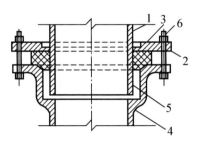 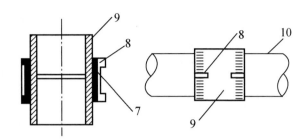

(a) 法兰压盖螺栓连接　　　　　　(b) 不锈钢带卡紧螺栓连接

1—直管、管件直部；2—法兰压盖；3—橡胶密封圈；4—承口端头；5—插口端头；
6—定位螺栓；7—橡胶密封圈；8—卡紧螺栓；9—不锈钢带；10—排水铸铁管。

图 1.81　排水铸铁管柔性抗震接头的连接方法

排水铸铁管柔性抗震接头的连接方法

（2）排水塑料管

塑料管具有质轻、耐腐蚀、水流阻力小、外表美观、施工安装方便、价格低廉等优点。近年来，塑料管在国内建筑排水工程中得到普遍认可和应用。排水塑料管最常用的是硬聚氯乙烯（UPVC）管。

① UPVC 管的特点。

UPVC 管是以聚氯乙烯树脂为主要原料，加入必要的助剂，经注塑成型的，它具有质轻、不结垢、耐腐蚀、抗老化、强度高、耐火性能好、施工方便、造价低、可制成各种颜色、节能等优点，在正常的使用情况下寿命可达 50 年以上，但排水噪声大。目前在一般民用建筑和工业建筑的内排水系统中已广泛使用。

② UPVC 管的规格。

排水 UPVC 管的规格见表 1.17。

表 1.17　排水 UPVC 管的规格　　　　　　　　　　　　单位：mm

公称外径 D	平均外径极限偏差	直管				粘接承口		
		壁厚 e		长度 L		承口内径 de		承口深度最小长度
		基本尺寸	极限偏差	基本尺寸	极限偏差	最小	最大	
40	+0.30	20	+0.40	4000 或 6000	±10	40.1	40.4	25
50	+0.30	20	+0.40			50.1	50.4	25
75	+0.30	23	+0.40			75.1	75.5	40
90	+0.30	32	+0.60			90.1	90.5	46
110	+0.40	32	+0.60			110.2	110.6	48
125	+0.40	32	+0.60			125.2	125.6	51
160	+0.50	40	+0.60			160.2	160.7	58

③ UPVC 管的管件。

排水塑料管的连接方法有粘接、橡胶圈连接、螺纹连接等。排水管件是用来改变排水管道的直径、方向，连接交汇管道，并便于检查和清通管道的配件。常用的排水 UPVC 管管件如图 1.82 所示。

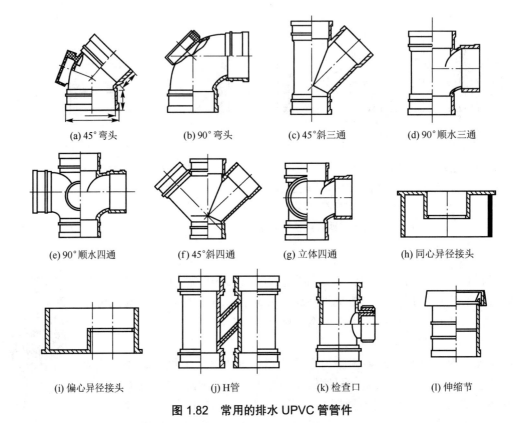

图 1.82 常用的排水 UPVC 管管件

④ 伸缩节设置要求。

排水 UPVC 管使用时，要求瞬时排水水温不超过 80℃，连续排水水温不超过 40℃。为消除 UPVC 管受温度变化影响而产生的伸缩，通常采用设置伸缩节的方法。一般立管应每层设一个伸缩节。

2. 卫生器具

卫生器具是用来满足日常生活的各种卫生要求，收集和排除生活及生产中产生的污废水的设备，是建筑给水排水系统的重要组成部分。对卫生器具的一般要求是耐腐蚀、耐老化、耐摩擦、耐冷热、强度好、表面光滑、易清洗、便于安装和维修、节水低噪、水封效果好。

为防止粗大污物进入管道发生堵塞，除大便器外，所有卫生器具均应在放水口处设截留杂物的栏栅。卫生器具与排水管道连接处应设存水弯，但坐式大便器和地漏因自带水封而例外。

卫生器具按用途可分为便溺用卫生器具、盥洗用卫生器具、沐浴用卫生器具和洗涤用卫生器具四类。

（1）便溺用卫生器具

便溺用卫生器具是用来收集和排出粪便污水的卫生器具。便溺用卫生器具包括大便器、小便器和冲洗设备三部分。

① 大便器。

常用的大便器有坐式大便器、蹲式大便器和大便槽三类。

a. 坐式大便器的冲洗设备一般为低位水箱或延时自闭式冲洗阀，如图 1.83 所示。坐式大便器多装设在住宅、宾馆或其他高级建筑内。

蹲式大便器

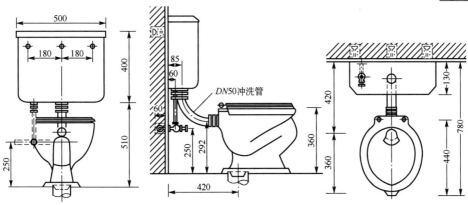

图 1.83　低位水箱坐式大便器安装图

b. 蹲式大便器有自带存水弯、不带存水弯，以及自带冲洗阀、不带冲洗阀、水箱冲洗等多种形式。使用蹲式大便器时可避免某些因与人体直接接触引起的疾病传染，所以多用于集体宿舍、学校、办公楼等公共场所中。蹲式大便器多采用高位水箱或延时自闭式冲洗阀进行冲洗，延时自闭式冲洗阀可采用脚踏式、手动式、红外线数控式等多种开启方式，可根据不同场合选取。图 1.84 所示为蹲式大便器安装图。

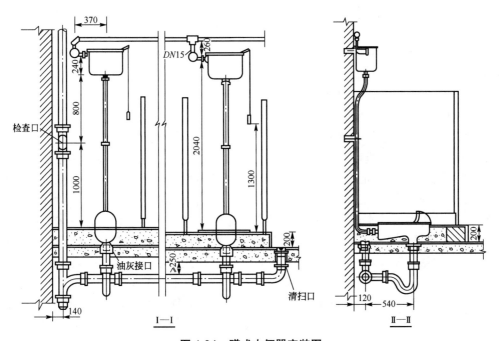

图 1.84　蹲式大便器安装图

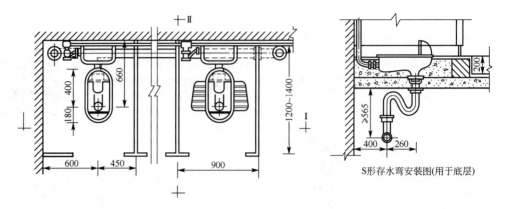

图 1.84　蹲式大便器安装图（续）

c. 大便槽一般用于建筑标准不高的公共建筑或公共厕所内，其优点是设备简单、造价低。从卫生角度评价，大便槽受污面积大、有恶臭，且耗水量大、不够经济。大便槽可采用集中冲洗水箱或红外线数控冲洗装置冲洗。大便槽槽宽 200～250mm，底宽 150mm，起端深 350～400mm，底坡大于 1.5%，末端有存水门坎，水深 10～15mm，存水弯和管径一般为 150mm。

② 小便器。

小便器设在机关、学校、旅馆等公共建筑的男厕所内，是用于收集和排除小便的便溺用卫生器具，多为陶瓷制品。小便器有立式、挂式和小便槽三类。其中，立式小便器用于标准高的建筑中，多为成组设置；挂式小便器悬挂在墙壁上，多采用手动启闭冲洗阀冲洗。图 1.85 所示为立式和挂式小便器安装图。小便槽具有建造简单、经济、占地面积小、可供多人同时使用等特点，常用于工业企业、公共建筑和集体宿舍的男厕所中。小便槽可用普通阀门控制的多孔管冲洗，但应尽量采用自动冲洗水箱控制的多孔管冲洗。冲洗管设在距地面 1.1m 高度的地方，管径为 15mm 或 20mm，管壁有直径 2mm、间距 30mm 的一排小孔，小孔喷水方向朝墙与墙面成 45° 夹角；小便槽长度一般不大于 6m。小便槽末端设带格栅的排水口或地漏。

③ 冲洗设备。

冲洗设备有冲洗水箱和冲洗阀两种。

a. 冲洗水箱按安装高度分高位水箱和低位水箱：高位水箱用于蹲式大便器和大、小便槽，公共厕所宜用自动式冲洗水箱，住宅和旅馆多用手动式冲洗水箱；低位水箱用于坐式大便器，一般为手动式冲洗水箱。冲洗水箱所需出流水头小，进水管管径小，并有足够一次冲洗所需的储水容量，补水时间不受限制，浮球阀出水口与冲洗水箱的最高水面之间有空气隔断，以防止回流污染。其缺点是冲洗时噪声大，进水浮球阀容易漏水。

b. 冲洗阀直接安装在大、小便器的冲洗管上，多用于公共建筑、工业企业生活间及火车上的厕所内，使用者可以用手、脚或光控开启冲洗阀。延时自闭式冲洗阀由使用者控制冲洗时间（5～10s）和冲洗水量（1～2L），具有体积小、占用空间少、外观洁净美观、使用方便、节约水量、流出水头较小，以及冲洗设备与大、小便器之间有空气隔断的特点。

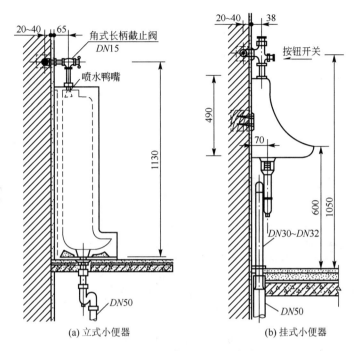

图 1.85 立式和挂式小便器安装图

（2）盥洗用卫生器具

盥洗用卫生器具是供人们洗漱、化妆的洗浴用卫生器具，包括洗脸盆、盥洗槽等。

① 洗脸盆。

洗脸盆一般用于洗脸、洗手和洗头，常设置在盥洗室、浴室、卫生间和理发店内。洗脸盆有长方形、椭圆形、马蹄形及三角形等形式，安装方式有挂式、台式和立柱式三种。图 1.86 所示为挂式洗脸盆安装图。

近年来，为了有效地利用空间，住宅使用洗脸化妆台的多了起来，如台式洗脸盆和橱柜合为一体的洗脸化妆台与化妆柜等的组合型、带洗脸盆的面板与化妆柜等的组合型等。

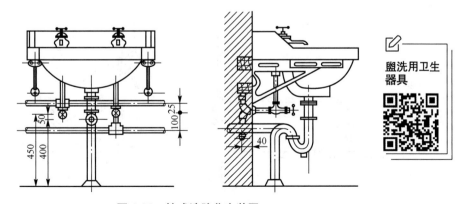

图 1.86 挂式洗脸盆安装图

② 盥洗槽。

盥洗槽是设在集体宿舍、车站候车室、工厂生活间等公共卫生间内，可供多人同时洗手、洗脸的卫生器具，如图1.87所示。盥洗槽多为长方形布置，有单面、双面两种，一般为钢筋混凝土现场浇筑，水磨石或瓷砖贴面，也有不锈钢、搪瓷、玻璃钢等制品。盥洗槽槽宽为500～600mm，槽沿距地800mm，水龙头距地1m，间距700mm，排水口4m一个。

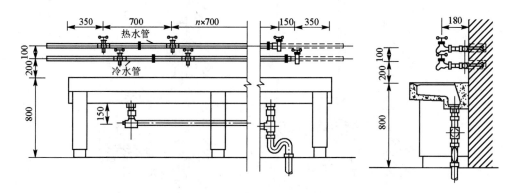

图1.87 盥洗槽安装图

（3）沐浴用卫生器具

沐浴用卫生器具是指供人们清洗身体用的洗浴卫生器具。常用的沐浴用卫生器具有浴盆、淋浴器等。

① 浴盆。

浴盆设在住宅、宾馆、医院等建筑的卫生间内及公共浴室内，它常用搪瓷、陶瓷、玻璃钢等材料制成，外形呈长方形、方形、椭圆形等。浴盆配有冷、热水龙头或混合龙头，有的还有固定的莲蓬头或软管莲蓬头。图1.88所示为浴盆安装图。

随着人们生活水平的提高，开发研制出的浴盆不仅可以盛热水，而且带有诸多的附加功能，如对浴缸水进行净化、杀菌、24h恒温、水在浴盆内循环喷流按摩等多种类型。

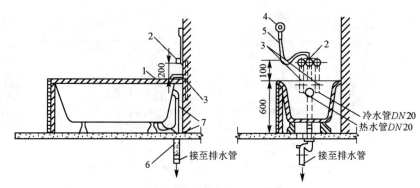

1—浴盆；2—混合阀门；3—给水管；4—莲蓬头；5—蛇皮管；6—存水弯；7—排水管。

图1.88 浴盆安装图

② 淋浴器。

淋浴器具有占地面积小、设备费用低、耗水量小、清洁卫生、可避免疾病传染的优点，因此，多用于工厂、学校、机关、部队等的公共浴室。浴室的墙壁和地面需用易于清洗和不透水材料，如水磨石或水泥建造，高级浴室可贴瓷砖装饰。一般成组安装时，间距900～1000mm，浴室地面坡度为0.5%～1%。图1.89所示为淋浴器安装图。

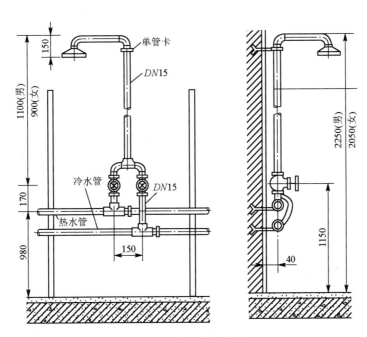

图1.89　淋浴器安装图

（4）洗涤用卫生器具

洗涤用卫生器具是用来洗涤食物、衣物、器皿等物品的卫生器具。常用的洗涤用卫生器具有洗涤盆、污水盆（池）等。

洗涤用卫生器具

① 洗涤盆。

洗涤盆是装设在厨房或公共食堂内，供洗涤碗碟、蔬菜、食物之用的卫生器具。图1.90所示为洗涤盆安装图。根据材质的不同，洗涤盆可分为水泥洗涤盆、水磨石洗涤盆、陶瓷洗涤盆、不锈钢洗涤盆，其中陶瓷洗涤盆和不锈钢洗涤盆应用最为普遍。

洗涤盆有长方形、正方形和椭圆形等形状。洗涤盆可设置冷、热水龙头或混合龙头，排水设在盆底的一侧，为在盆内存水，通常备有橡皮塞头。

② 污水盆（池）。

污水盆（池）是设置在公共的厕所、盥洗室内，供洗涤清扫用具、倾倒污废水用的卫生器具。污水盆多为陶瓷、不锈钢或玻璃钢制品，污水池多以水磨石现场建造。按设置高度来分，污水盆（池）有落地式和挂墙式两类，如图1.91所示。

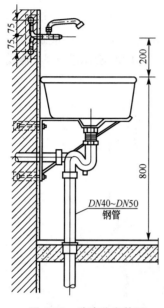
图 1.90 洗涤盆安装图

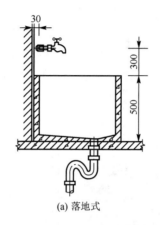
(a) 落地式

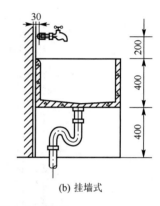
(b) 挂墙式

图 1.91 污水盆安装图

1.3.3 屋面雨水排水系统

降落在屋面的雨和雪，特别是暴雨，在短时间内会形成积水，需要设置屋面雨水排水系统，有组织有系统地将屋面雨水及时排除，否则会造成四处溢流或屋面漏水，影响人们的生活和生产活动。建筑屋面雨水排水系统按建筑物内部是否有雨水管道分为雨水外排水系统、雨水内排水系统和混合式排水系统。在实际设计时，应根据建筑物的类型、建筑结构形式、屋面面积大小、当地气候条件及生产生活的要求，经过技术经济比较来选择排水系统。一般情况下，应尽量采用雨水外排水系统或混合式排水系统。

1. 雨水外排水系统

雨水外排水系统是指屋面不设雨水斗，建筑物内部没有雨水管道的雨水排放方式。按屋面有无天沟，雨水外排水系统又可分为檐沟外排水系统和天沟外排水系统。

雨水外排水系统

（1）檐沟外排水系统

檐沟外排水系统适用于普通住宅、一般公共建筑、小型单跨厂房。檐沟外排水系统由檐沟和雨落管组成，如图1.92所示。降落到屋面的雨水沿屋面集流到檐沟，然后流入沿外墙设置的雨落管并排至地面或雨水口。根据经验，雨落管管径有75mm、100mm两种，民用建筑雨落管间距为12～16m，工业建筑雨落管间距为18～24m。

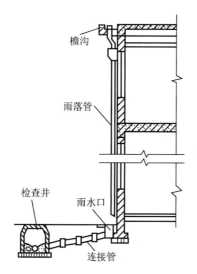

图1.92 檐沟外排水系统

（2）天沟外排水系统

天沟外排水系统是指降落到屋面的雨水沿坡向天沟的屋面汇集到天沟，从天沟流至建筑物两端（山墙、女儿墙）的雨水斗，经立管排至地面或雨水井的排水系统。天沟外排水系统主要由天沟、雨水斗和排水立管组成，如图1.93所示。天沟的排水断面形式根据屋面情况而定，多为矩形和梯形。天沟应以建筑物的伸缩缝或沉降缝为屋面的分水线，在分水线两侧分别设置天沟。天沟的长度应根据暴雨强度、建筑物跨度、天沟断面形式等确定，一般不超过50m；天沟的坡度不得小于0.3%，并伸出山墙0.4m；为防止天沟末端积水太深，在天沟的顶端应设置溢流口，溢流口比天沟上檐低50～100mm，这样即使出现超过设计暴雨强度的雨量，也可以安全排水。天沟布置示意图如图1.94所示。天沟外排水一般适用于长度不超过100m的多跨工业厂房。

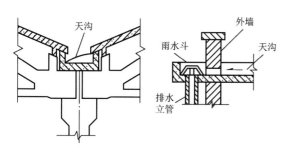

图1.93 天沟外排水系统

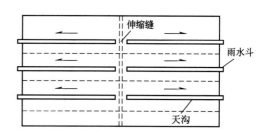

图1.94 天沟布置示意图

天沟外排水系统的优点：雨水系统各部分均设置于室外，不会因施工不善造成屋面漏水或检查井冒水，且节省管材，施工简单，有利于厂房内空间利用。其缺点：一是天沟必须有一定的坡度，才可以达到天沟排水的要求，一般坡度为0.3%～0.6%，这需增大垫层厚度，从而也增大了屋面负荷；二是屋面晴天容易积灰，造成雨天天沟排水不畅；另外，寒冷地区外排水立管容易冻裂。

天沟外排水系统构造简单，排水立管不占用室内空间，在南方地区应优先采用。但有些情况下采用天沟外排水并不恰当,如在高层建筑中,维修室外排水立管既不方便,也不安全。在严寒地区,因室外的排水立管有可能使雨水结冻,也不宜使用,这种情况下可采用雨水内排水系统。

2. 雨水内排水系统

在建筑物屋面设置雨水斗,雨水管道设置在建筑物内部的排水系统称为雨水内排水系统。对于屋面雨水排水,当采用雨水外排水系统有困难时,可采用雨水内排水系统。

(1)雨水内排水系统的组成

雨水内排水系统由雨水斗、连接管、悬吊管、排水立管、排出管、埋地管和附属构筑物组成,如图1.95所示。降落到屋面上的雨水沿屋面流入雨水斗,经连接管、悬吊管进入排水立管,再经排出管流入雨水检查井或经埋地管排至室外雨水管道。雨水内排水系统适用于屋面跨度大、屋面曲折(壳形、锯齿形)、屋面有天窗等设置天沟有困难的情况,以及高层建筑、建筑立面要求比较高的建筑、大屋顶建筑、寒冷地区的建筑等不宜在室外设置排水立管的情况。

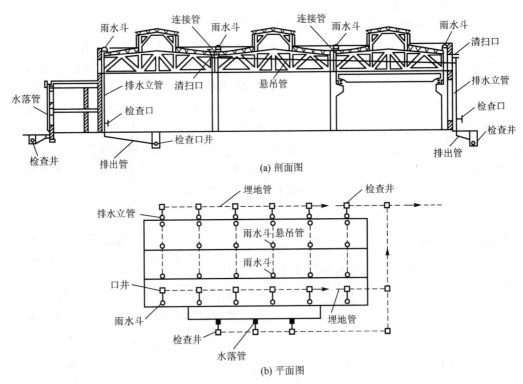

图1.95 雨水内排水系统

(2)雨水内排水系统的分类

雨水内排水系统按雨水斗的连接方式可分为单斗和多斗两类。单斗雨水排水系统一般不设悬吊管,多斗雨水排水系统中悬吊管将雨水斗和排水立管连接起来。多斗雨水排水系统的排水量大约为单斗雨水排水系统的80%,在条件允许的情况下,应尽量采用单斗雨水排水系统。

按排除雨水的安全程度，雨水内排水系统分为敞开式和密闭式两种排水系统。敞开式排水系统为重力排水，检查井设在室内，可与生产废水合用埋地管道或地沟，但在暴雨时可能出现检查井冒水现象；密闭式排水系统为压力排水，雨水由雨水斗收集，或通过悬吊管直接排入室外，室内不设检查井或密闭检查口。

（3）雨水内排水系统的布置与敷设

① 雨水斗。雨水斗是一种雨水由此进入排水管道的专用装置，一般设在天沟或屋面的最低处。雨水斗有整流格栅装置，具有整流作用，以免形成过大的漩涡，稳定斗前水位，并拦截树叶等杂物。雨水斗有65型、79型和87型3种型号，有75mm、100mm、150mm和200mm 4种规格。雨水内排水系统在布置雨水斗时应以伸缩缝、沉降缝和防火墙为天沟分水线，各自组成排水系统。

② 连接管。连接管是连接雨水斗和悬吊管的一段竖向短管。连接管一般与雨水斗同径，但不宜小于100mm，连接管应牢固固定在建筑物的承重结构上，下端用斜三通与悬吊管连接。

③ 悬吊管。悬吊管是悬吊在屋架、楼板、梁下或架空在柱上的雨水横管，连接雨水斗和排水立管。悬吊管一般采用塑料管或铸铁管，固定在建筑物的桁架或梁上，在管道可能受振动影响或生产工艺有特殊要求时，可采用钢管焊接。其管径不应小于连接管管径，也不应大于300mm，塑料管的坡度不小于0.5%，铸铁管的坡度不小于1%。在悬吊管的端头和长度大于15m的悬吊管上应设检查口或带法兰盘的三通，位置宜靠近墙柱，以利检修。连接管与悬吊管、悬吊管与排水立管间宜采用45°三通或90°斜三通连接。

④ 排水立管。排水立管用来承接悬吊管或雨水斗流来的雨水。一根排水立管连接的悬吊管根数不得多于两根，排水立管管径不得小于悬吊管管径。排水立管宜沿墙、柱安装，在距地面1m处设检查口。排水立管的管材和接口与悬吊管相同。

⑤ 排出管。排出管是排水立管和检查井之间的一段有较大坡度的横向管道，其管径不得小于排水立管管径。排出管与下游埋地管在检查井中宜采用管顶平接，水流转角不得小于135°。

⑥ 埋地管。埋地管是敷设于室内地下，承接排水立管的雨水并将其排至室外的雨水管道。埋地管最小管径为200mm，最大不超过600mm。埋地管一般采用混凝土管、钢筋混凝土管或陶土管。

⑦ 附属构筑物。常见的附属构筑物有检查井、检查口和排气井，用于雨水管道的清扫、检修、排气。检查井适用于敞开式排水系统，通常设置在排出管与埋地管连接处或埋地管转弯、变径及超过30m的直线管路上。

3. 混合式排水系统

当大型工业厂房的屋面较复杂时，可在屋面不同部位采用不同形式的雨水排水系统，称为混合式排水系统。常用的混合排水系统有内外排水系统结合、重力与压力排水结合等。

1.3.4 高层建筑排水系统

高层建筑排水设施服务的人数多、使用频繁、负荷大，每一条排水立管负担的排水量大、流速高，因此要求排水设施必须安全、可靠，并尽可能少占空间。高层建筑的排水立管，沿途接纳的排水设备多，这些排水设备同时排水的概率大，因此排水立管中的水流量大、容易形成水塞流，使排水立管的下部形成负压，从而破坏卫生器具的水封。一般通过设通气管系统来解决通气问题。

1. 通气管系统

通气管系统是与排水管相连通的一个系统，其内部无流水，具有加强排水管内部气流循环流动、控制压力变化的作用。绝大多数排水管的水流属重力流，即管内的污水、废水依靠重力的作用排出室外，因此排水管必须和大气相通，以保证管内气压恒定，维持重力流状态。

高层建筑通气管系统分为专用通气系统和辅助通气系统。常见的通气管有伸顶通气管、专用通气立管、主通气立管、副通气立管、环形通气管、结合通气管和器具通气管，如图1.96所示。

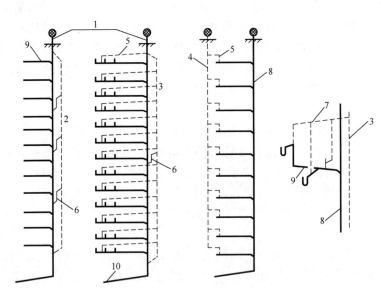

1—伸顶通气管；2—专用通气立管；3—主通气立管；4—副通气立管；5—环形通气管；
6—结合通气管；7—器具通气管；8—排水立管；9—排水横支管；10—排出管。

图1.96 通气管系统

（1）专用通气系统

专用通气系统由伸顶通气管和专用通气立管组成。

① 伸顶通气管。伸顶通气管是指排水立管与最上层排水横支管连接处向上垂直延伸至室外作通气用的管道。

② 专用通气立管。专用通气立管是指仅与排水立管相连，为确保污水立管内空气流通而设置的垂直通气管道，用于污水立管总负荷超过允许排水负荷时，起平衡污水立管内正负压的作用。实践证明，这种做法对于高层民用建筑的排水支管承接少量卫生器具

的情况，能起到保护水封的作用。采用专用通气立管后，污水立管排水能力可增加一倍。

（2）辅助通气系统

辅助通气系统由主通气立管、副通气立管、环形通气管、器具通气管和结合通气管组成，其通气标准高于专用通气系统。

① 主通气立管。主通气立管指连接环形通气管和排水立管，并为排水支管和排水立管内空气流通而设置的垂直管道。当主通气立管通过环形通气管每层都和污水横管相连时，结合通气管与排水立管相连不宜多于 8 层。

② 副通气立管。副通气立管指仅与环形通气管连接，为使排水横支管内空气流通而设置的通气管道。其作用同专用通气立管，设在污水立管对侧。

③ 环形通气管。环形通气管指从最始端卫生器具的下游端接至副通气立管的一段通气管段。它适用于排水横支管较长、连接的卫生器具较多的情况，即污水支管上连接 4 个或 4 个以上卫生器具，且污水支管长度大于 12m，或同一污水支管所连接的大便器在 6 个或 6 个以上。

④ 器具通气管。器具通气管指设在卫生器具存水弯出口端，在高于卫生器具一定高度处与主通气立管连接的通气管段。器具通气管可以防止卫生器具产生自虹吸现象和噪声，适用于对卫生、安静要求较高的建筑物。

⑤ 结合通气管。结合通气管指排水立管与通气立管的连接管段。其作用是：当上部排水横支管排水水流沿排水立管向下流动时，水流前方空气被压缩，通过它释放被压缩的空气至通气立管。当结合通气管布置有困难时，可用 H 形管件替代。

当污水立管与废水立管合用一根通气立管（连成三管系统，构成互补通气方式）时，H 形管件可隔层分别与污水立管和废水立管连接，但最低横支管连接点以下必须装设结合通气管。

2. 单立管排水系统

以上通气管系统为双立管排水系统，其排水性能好、运行可靠，是一种行之有效的排水形式，但其系统复杂、投资大、占地大、施工难度大，许多国家在 20 世纪 60 年代后实现了高层建筑的单立管排水系统，这是排水系统通气技术的重大进展。该系统通过采用特殊配件以减少立管内的压力变化，保持管内的气流畅通，提高了管道系统的排水能力，同时也降低了工程费用，方便了施工。下面介绍几种常用的单立管排水系统。

（1）苏维托立管排水系统

苏维托立管排水系统是采用一种气水混合或分离的配件来代替一般零件的单立管排水系统，如图 1.97（a）所示。它包括气水混合器和气水分离器两个基本配件。

① 气水混合器。

苏维托立管排水系统中的气水混合器是由长约 800mm 的连接配件装设在立管与每层横支管的连接处，如图 1.97（b）所示。横支管流入口有三个方向，即混合器内部的三个特殊构造——乙字管、隔板和隔板上部约 10mm 高的孔隙。自立管下降的污水经乙字管时，水流撞击分散并与周围空气混合成水沫状气水混合物，比重变轻，下降速度减缓，使抽吸力减小。横支管排出的水受隔板阻挡，不能形成水舌，从而可以保持立管中气流通畅，气压稳定。

苏维托立管排水系统

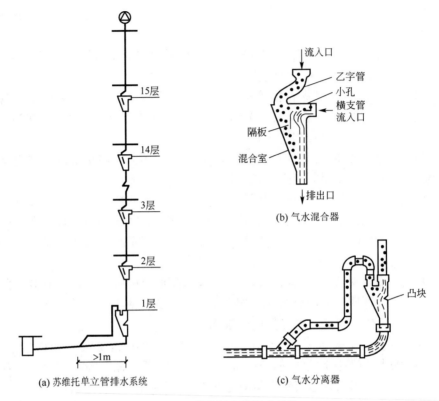

图 1.97　苏维托立管排水系统

② 气水分离器。

苏维托立管排水系统中的气水分离器通常装设在立管底部，它是由具有凸块的扩大箱体及跑气管组成的一种配件，如图 1.97（c）所示。跑气管的作用是沿立管流下的气水混合物遇到内部的凸块后溅散，从而把 70% 的气体从污水中分离出来，由此减少了污水的体积，降低了流速，并使立管和干管的泄流能力平衡，气流不致在转弯处被阻塞；另外，将释放出的气体用一根跑气管引到干管的下游（或返向上接至立管中去），这就达到了防止立管底部产生过大反（正）压力的目的。

（2）旋流单立管排水系统

旋流单立管排水系统，如图 1.98（a）所示。该系统主要有两种特殊管件：一种是安装于横支管与立管相接处的旋流器，如图 1.98（b）所示；另一种是立管底部与排出管相接处的大曲率导向弯头，如图 1.98（c）所示。旋流器由主室和侧室组成，主室和侧室之间有一侧壁，用以消除立管流水下落时对横支管的负压吸引。立管下端装有满流叶片，能将水流整理成沿立管纵轴旋流状态向下流动，这有利于保持立管内的空气芯，维持立管中的气压稳定，能有效地控制排水噪声。大曲率导向弯头是在弯头凸岸设有一导向叶片，导向叶片迫使水流贴向凹岸一侧流动，从而减缓了水流对弯头的撞击，消除了部分水流能量，避免了立管底部气压的过大变化，理顺了水流。

旋流单立管排水系统的特殊管件

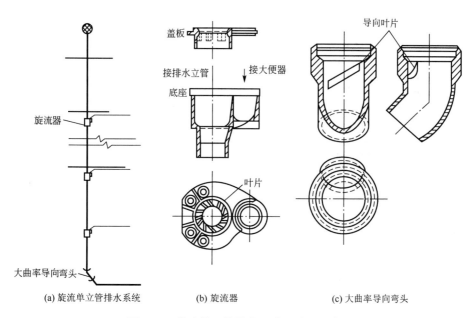

图 1.98　旋流单立管排水系统及其特殊管件

（3）芯型排水系统

芯型排水系统主要有两个特殊管件：一个是在各层排水横支管与立管连接处设置的高奇马接头配件（又称环流器）；另一个是在排水立管的底部设置的角笛弯头。

① 高奇马接头配件如图 1.99（a）所示，其外观呈倒锥形，在上入流口与横支管入流口交汇处设有内管，从横支管排入的污水沿内管外侧向下流入立管，避免因横支管排水产生的水舌阻塞立管。从立管流下的污水经过内管后发生扩散下落，形成气水混合流，能减缓下落流速，保证立管内空气畅通。高奇马接头配件的横支管接入形式有两种：一种是正对横支管垂直接入；另一种是沿切线方向接入。

② 角笛弯头如图 1.99（b）所示，装在立管的底部，上入流口端断面较大，从排水立管流下的水流，因过水断面突然增大，流速变缓，下泄的水流所夹带的气体被释放。一方面，水流沿弯头的缓弯滑道面导入排出管，消除了水跃和水塞现象；另一方面，由于角笛弯头内部有较大的空间，可使立管内的空气与横管上部的空间充分连通，保证气流的畅通，减少压力的波动。

（4）简易单立管排水系统

为了减小排水管道中的压力波动，提高单立管排水系统的通水能力，近年来国内外开发了多种形式的简易单立管排水系统。通过在排水立管接入横支管的上下两段上设置两条斜向的凸起导流片，使下落的排水产生旋转，在离心力的作用下使水流沿排水立管的内壁回旋流动，从而在排水立管内形成空气芯，保证气流畅通，减少排水立管内的压力波动，而无须设置专用通气立管。试验证明，这种单立管排水系统，在 $DN100$ 时可允许做到 15 层（共 14 户，按每户 3 大件计）住宅，要求最底层卫生间单独排放，排水立管根部和总排出横管加大一号，并要求采用两个 45°弯头的弯曲半径的排出管。

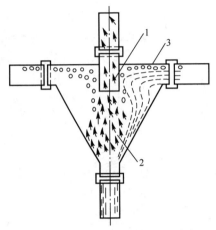
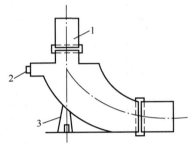

1—内管；2—气水混合物；3—空气。

(a) 高奇马接头配件

1—立管；2—检查口；3—支墩。

(b) 角笛弯头

图 1.99　芯型排水系统的特殊管件示意图

简易单立管排水系统

韩国开发的有螺旋导流线的 UPVC 单立管排水系统在 UPVC 管内有 6 个间距 50mm 的螺旋线凸起导流片，如图 1.100（a）所示。排水在管内旋转下落，使管中形成了一个畅通的空气芯，从而提高了排水能力，降低了管道中的压力波动。另外设计有专用的 DRF/X 型三通，如图 1.100（b）所示。排水立管的相接不对中，$DN100$ 的管子错位 54mm，从横支管流出的污水从圆周的切线方向进入排水立管，可以起到削弱支管进水水舌的作用和避免形成水塞。同时由于减少了水流的碰撞，也起到了降低噪声的良好效果。

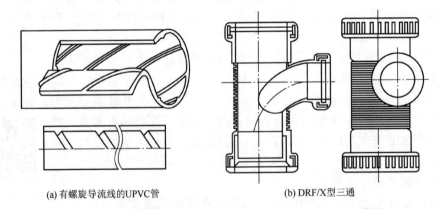

(a) 有螺旋导流线的UPVC管　　(b) DRF/X型三通

图 1.100　有螺旋导流线的 UPVC 管、DRF/X 型三通示意图

知识链接

高层建筑排水系统通病预防及解决措施

1. 高层建筑卫生间的异味

高层建筑的排水管道都设有通气管道与之相连，一般情况下排水管道内的异味是可以通过通气管道排走的，但如果卫生间排水管道设置不当，则极易造成臭气遗漏。解决措施：凡与卫生器具连接的排水管道，若卫生器具本身不带存水弯，排水管道在设计和施工时一定要设存水弯，且存水弯水封高度应大于50mm。

2. 高层建筑重力流雨水排水管材选用不当

普通UPVC管承压较小，承受不了满管时的水压，不适合高层建筑排水系统。因此，高层建筑雨水排水管应采用承压塑料管、金属管及钢塑复合管。

3. 屋顶雨水、阳台雨水、家用空调凝结水的排放

常见的问题是屋顶雨水与阳台雨水共用一根管排放，或阳台雨水、家用空调凝结水共用一根管排放时，立管底部没能做到间接排水，导致阳台雨水、凝结水管直接接入雨水井。这样会出现两种情况：情况一是当合用管道排水不畅或排出雨水井管道堵塞时，雨水从阳台溢出或从凝结水管倒灌进入户内；情况二是阳台地漏水封易干涸，室外窨井中的有害气体会通过地漏或空调凝结水管上的排水三通进入室内。另外，雨天排水声会通过凝结水管传至室内，产生噪声。所以，阳台排水系统应单独设置，立管底部应间接排水，一律排入明沟、水封窨井等。这样能杜绝屋面雨水从阳台地漏溢出，也能防止异味气体从阳台地漏逸出。

1.3.5 居住小区排水系统

居住小区排水系统的任务是排除居住小区范围内的地面雨雪水及接纳建筑物排出的污废水、屋面雨雪水，并输送至市政排水系统或附近水体或小区污水处理厂（站），将市政排水管网或污水排放口与室内排水管道连接起来。居住小区排水系统由居住小区排水管道、排水泵站、检查井、跌水井、溢流井、雨水口、化粪池等局部处理构筑物组成。

1. 居住小区排水体制

居住小区有生活污水、生活废水、雨水，对于工厂区还有工业废水。这些污废水和雨水可以采用一个管渠系统来排出，也可以采用两个或两个以上各自独立的管渠系统来排出。污废水和雨水收集、输送和处置的系统方式称为排水体制。排水体制一般分为合流制和分流制。合流制排水系统是将污废水和雨水混合在同一个管渠内排出的系统。分流制排水系统是将污废水和雨水分别在两个或两个以上各自独立的管渠中排出的系统。排出污废水的系统称为污废水排水系统；排出雨水的系统称为雨水排水系统。

居住小区排水体制的选择，应根据城镇排水体制、环境保护要求等因素综合比较确定。新建居住小区下列情况宜采用分流制排水系统。

① 新建居住小区要求采用雨污分流制，以减少对水体和环境的污染。

② 新建居住小区远离城镇，为独立的排水体系。

③ 新建居住小区内需设置中水系统时，为简化中水处理工艺、节省投资和日常运行费用，应将生活污水和生活废水分质分流。

④ 当新建居住小区设置化粪池时，为减小化粪池容积，也应将生活污水和生活废

水分流，生活污水进入化粪池，生活废水直接排入城市排水管网或中水处理站。

2. 居住小区排水管材及排水管道的布置和敷设

（1）居住小区排水管材

① 重力流排水管宜选用埋地塑料管、混凝土管或钢筋混凝土管。排至居住小区污水处理装置的排水管宜采用塑料管。穿越管沟、河道等特殊地段或承压的管段可采用钢管或铸铁管，若采用塑料管应外加金属套管（套管直径较塑料管外径大200mm）。当排水温度大于40℃时应采用金属管或耐热塑料管。输送腐蚀性污水的管道可采用塑料管。居住小区雨水系统可选用埋地塑料管、混凝土管或钢筋混凝土管、铸铁管等。

② 排水塑料管道的接口有刚性连接与柔性连接两种连接方式，应根据管道材料性质选用。塑料管的接口除另有规定外，应采用弹性橡胶圈密封柔性接口；对管径200mm以下的直壁管也可采用插入式黏结接口。混凝土、钢筋混凝土承插管柔性接口，可采用沥青油膏接口。混凝土、钢筋混凝土套环接口，可采用橡胶圈密封柔性接口或沥青砂浆和石棉水泥接口，一般用于地下水位以下处。铸铁管可采用橡胶圈密封柔性接口或石棉水泥接口。钢管应采用焊接接口。

（2）居住小区排水管道布置和敷设

① 排水管道布置应根据居住小区总体规划、道路和建筑的布置、地形标高、污废水和雨水去向等按管线短、埋深小、尽量自流排出的原则确定。

② 排水管道宜沿道路和建筑物的周边平行布置，力求路线最短，减少转弯，并尽量减少相互间及与其他管线、河流的交叉。干管应靠近主要排水建筑物，并布置在连接支管较多的一侧。管道应尽量布置在道路外侧的人行道或草地的下面，不允许平行布置在乔木的下面。与其他管道和建筑物、构筑物的净距离，应符合规定。

③ 排水管道在车行道下的最小覆土深度不宜小于0.7m，如小于0.7m应采取保护管道防止受压破损的技术措施。生活排水管道的最小覆土深度不宜小于0.3m；生活排水管道管底可埋设在土壤冰冻线以上0.15m，且埋深应考虑两方面因素：一方面要使建筑物的排出管能排入居住小区的污水管；另一方面要使居住小区的污水管能顺利排入市政污水管道。

④ 在排水管道转弯处、连接支管处、管径或坡度的改变处、跌水处、直线管道上每隔一定距离处，需设置排水检查井，排水检查井起管道的连接和清通作用。排水检查井的构造如图1.101所示。排水检查井可用圆形或矩形，井盖宜采用圆形。排水检查井井深不大于1.0m时，可采用井径（方形检查井的内径指内边长）不小于600mm的检查井；井深大于1.0m时，井径不宜小于700mm。排水检查井井底应设导流槽。

⑤ 排水管道在检查井处的衔接方法，通常有水面平接和管顶平接两种。水面平接是指在水力计算中，使污水管道的上游管段终端与下游管段起端的水面高程相同，即水面相平；管顶平接是指在水力计算中，使污水管道的上游管段终端和下游管段起端的管顶标高相同。无论采用哪种衔接方法，下游管段起端的水面和管底标高都不得高于上游管段终端的水面和管底标高。

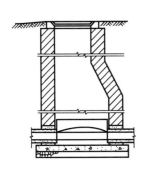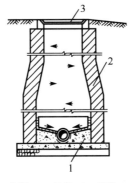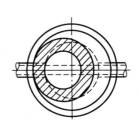

1—井底；2—井身；3—井盖。

图 1.101　排水检查井的构造

⑥ 当生活污水管道上下游跌水水头为 1.0～2.0m 时，为防止水流下跌时对排水检查井的冲刷，宜设置跌水井。跌水井构造图如图 1.102 所示。跌水井的跌水高度规定为：进水管管径不超过 200mm 时，一次跌水水头高度不得大于 6.0m；管径为 300～600mm 时，一次跌水水头高度不宜大于 4.0m。在跌水井内不得接入支管，管道转弯处也不得设置跌水井。

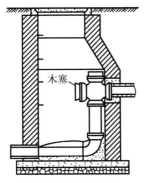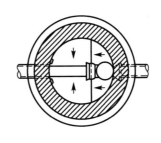

图 1.102　跌水井构造图

3. 居住小区雨水排水系统

（1）雨水管道的布置与敷设

① 雨水管道的布置原则基本同污水管道的布置原则。

② 雨水管道与建筑物、构筑物和其他管道的净距应符合要求。

③ 雨水管道在检查井内宜采用管顶平接法，井内出水管管径不宜小于进水管管径。

④ 雨水管道在车行道下时，管顶覆土厚度不得小于 0.7m。当雨水管道不受冰冻或外部荷载的影响时，管顶覆土厚度不宜小于 0.6m。当冬季地下水不会进入管道，且管道内冬季不会储留水时，雨水管道可以埋设在冰冻层内。

⑤ 当雨水管采用明沟时，明沟底宽一般不小于 0.3m，超高不得小于 0.2m。

⑥ 当雨水管的跌水水头大于 1.0m 时，应设跌水井。

（2）雨水口的设置

雨水口是雨水管渠上收集雨水的构筑物，路面的雨水首先经雨水口通过连接管流入雨水管渠。雨水口的设置位置，应能保证迅速有效地收集地面雨水，一般设在下列各处。

① 道路上的汇水点和低洼处，以及无分水点的人行横道的上游处。双向坡路面应在路的两边分别设置，单向坡路面应在路面低的一边设置。

② 道路的交汇处和侧向支路上能截流雨水径流处。

③ 广场、停车场适当位置处及低洼处，地下车道的入口处。

④ 建筑物单元出入口附近，建筑物雨落管地面排水点附近以及建筑物前后空地和绿地的低洼点等处；雨水口不宜设在建筑物门口。

⑤ 其他低洼和易积水的地段处。

沿道路布置的雨水口间距宜为 25～50m，连接管串联雨水口个数不宜超过 3 个，雨水口连接管长度不宜超过 25m。

（3）雨水检查井的设置

居住小区雨水管在直线管段上按一定间距设雨水检查井，井内同高度上接入的管道数量不宜多于 3 条，检查井在车行道上时应采用重型铸铁井盖。

1.3.6 建筑排水系统的管路布置与敷设

建筑排水管道所排泄的水，一般是使用后受污染的水，其中含有大量悬浮物，尤其是生活污水中常含有纤维类和其他大块的杂物，容易引起管道堵塞。建筑排水管道内的流水是不均匀的，在仅设伸顶通气管的建筑物内，变化的水流引起管道内气压急剧变化，会产生较大的噪声，影响房间的使用效果；在管道内温度比管道外温度低较多时，管壁外侧会出现冷凝水，这些在管道布置时应加以注意。

1. 建筑排水管道的布置原则

建筑排水管道布置应力求简短，少拐弯或不拐弯，避免堵塞。

建筑排水管道的布置一般要满足以下要求。

① 排水管道不得布置在遇水会引起爆炸、燃烧或损坏的原料、产品和设备的地方。

② 排水管道不穿越卧室、客厅，不穿行在食品或贵重物品储藏室、变电室、配电室，不穿越烟道，不穿行在生活饮用水池、炉灶上方。

③ 排水管道不宜穿越容易引起自身损坏的地方，如建筑沉降缝、伸缩缝、重载地段和重型设备基础下方、冰冻地段。

④ 排水塑料管道应避免布置在热源附近。

⑤ 排水塑料管道应根据其管道的伸缩量设置伸缩节，伸缩节宜设置在汇合配件处。排水横支管应设置专用伸缩节。

⑥ 排水塑料管道穿越楼层、防火墙、管道井井壁时，应根据建筑物性质、管径和设置条件，以及穿越部件防火等级等要求设置阻火装置。穿楼板下设阻火圈，上设止水环。

2. 建筑排水管道的布置与敷设

（1）器具排水管的布置与敷设

器具排水管是连接卫生器具和排水横支管的管段。在器具排水管上应设存水弯，有的卫生器具本身有存水弯可不另设，如坐式大便器。

（2）排水横支管的布置与敷设

排水横支管是连接器具排水管和排水立管的管段，不宜太长，应尽量少转弯，连接的卫生器具不宜太多。排水横支管一般沿墙布设，排水横支管与墙壁间应保持35～50mm的施工间距。明装时，可将排水横支管吊装于楼板下方，也可以在楼板上方沿地敷设；暗装时，可将排水横支管安装在楼板下的吊顶内，在建筑无吊顶的情况下，可采用局部包装的办法，将管道包起来，但在包装时要留有检修的活门。排水横支管不得穿越建筑大梁，也不得挡窗户。排水横支管中的水流是重力流，要求管道有一定的坡度坡向立管。

最低排水横支管，应与排水立管管底有一定的高差，以免排水立管中的水流形成的正压破坏该排水横支管上所有连接的水封。最低排水横支管与排水立管连接处至立管管底的垂直距离见表1.18。当排水横支管直接连接在排出管或横干管上时，其连接点与排水立管底部的水平距离不宜小于3.0m；当不能满足上述要求时，排水横支管应单独排至室外检查井或采取有效的防反压措施。

表1.18 最低排水横支管与排水立管连接处至排水立管管底的垂直距离

排水立管连接卫生器具的层数	垂直距离/m	排水立管连接卫生器具的层数	垂直距离/m
≤4	0.45	13～19	3.00
5～6	0.75	≥20	3.00
7～12	1.20		

注：当与排出管连接的立管底部放大一号管径或横干管比与之连接的排水立管大一号管径时，可将表中垂直距离缩小一档。

（3）排水立管的布置与敷设

排水立管明装时一般设在墙角处或沿墙、沿柱垂直布置，与墙、柱的净距离为15～35mm。排水立管暗装时常布置在管井中，管井上应有检修门或检修窗。排水立管宜靠近排水量最大、含杂质最多的排水设备，如住宅中的排水立管应设在大便器附近。排水立管不得穿越卧室、病房等对安静要求较高的房间，也不宜靠近与卧室相邻的内墙。为清通方便，排水立管上每隔一层应设检查口，但底层和最高层必须设检查口，检查口距地面1.0m。

排水立管穿越楼板时，预留孔洞的尺寸一般较通过的排水立管管径大50～100mm，可参照表1.19确定，并且应在通过的排水立管外加设一段套管，现浇楼板可以预先镶入套管。

表1.19 排水立管穿越楼板时预留孔洞尺寸　　　　　　　　　　　　　　单位：mm

管径	50	75～100	125～150	200～300
孔洞尺寸	150×150	200×200	300×300	400×400

（4）排水干管与排出管的布置与敷设

排水干管汇集了多条排水立管的污水，应力求管线简短、不拐弯、尽快将污水排出室外。排水干管穿越承重墙或基础时应预留洞口，预留洞口要保证管顶上部净空间不得小于建筑物的沉降量，且不得小于0.15m。排出管穿越地下室外墙时，为防止地下水渗入，应做穿墙套管，此外排出管一般采用铸铁管柔性接头，以防建筑物下沉时压坏管道。

排出管与室外排水管连接处应设检查井，检查井中心到建筑物外墙的距离不宜小于3m，为使水流顺畅，排水立管底部或排出管上的清扫口到室外检查井中心的最大长度见表1.20，否则应在其间设置清扫口或检查口。排出管也可是排水干管的延伸部分。

表1.20 排水立管底部或排出管上的清扫口到室外检查井中心的最大长度

管径/mm	50	75	100	≥100
最大长度/m	10	12	15	20

（5）通气管系统的布置与敷设

对于层数不高、卫生器具不多的建筑物通常采用伸顶通气管系统。伸顶通气管的设置高度与周围环境、该地的气象条件、屋面使用情况有关，伸顶通气管高出屋面不应小于0.3m，并应大于最大积雪厚度；对常有人停留的屋顶，高度应大于2.0m；若在通气管口周围4m以内有门窗时，通气管口应高出窗顶0.6m或引向无门窗一侧；通气管口不宜设在建筑物挑出部分（如屋檐檐口、阳台和雨篷等）的下面。

建筑标准要求较高的多层住宅和公共建筑、10层及10层以上高层建筑的生活污水立管宜设置专门的通气管道系统。通气管道系统包括通气支管、通气立管、结合通气管和汇合通气管。

① 通气支管有环形通气管和器具通气管两类。环形通气管在横支管起端的两个卫生器具之间接出，连接点在横支管中心线以上，在卫生器具上边缘以上不小于0.15m处，按不小于1%的上升坡度与主通气立管相连，与横支管垂直或45°连接。对卫生和安静要求较高的建筑物内，生活排水管道宜设置器具通气管，器具通气管在卫生器具存水弯的出口端接出，按不小于1%的坡度向上并在卫生器具上边缘以上不小于0.15m处和主通气立管连接。

② 通气立管有专用通气立管、主通气立管和副通气立管三类，具体见1.3.4节。通气立管不得接纳污水、废水和雨水，不得与风道和烟道连接。

③ 为使排水系统形成空气流通环路，通气立管与排水立管间需设结合通气管（或H形管件），专用通气立管每层或隔层设一个结合通气管，主通气立管不宜多于8层设一个结合通气管。结合通气管的上端在卫生器具上边缘以上不小于0.15m处与通气立管以斜三通连接，且坡度为不小于1%的上升坡度向上，下端在排水横支管以下与排水立管以斜三通连接。

④ 若建筑物不允许或不可能每根通气管单独伸出屋面时，可设置汇合通气管。也就是将若干根通气立管在室内汇合，设一根伸顶通气管。

3. 建筑排水管道的连接

为保证水流顺畅，建筑排水管道的连接应符合下列规定。

① 器具排水管与排水横支管垂直连接，应采用90°斜三通。

② 排水横支管与排水立管连接，宜采用45°斜三通或顺水三通和45°斜四通或顺水四通。

③ 排水立管与排出管连接，宜采用两个45°弯头或弯曲半径不小于4倍管径的90°弯头。

④ 排水管应避免轴线偏移，当受条件限制时，宜采用乙字管或两个45°弯头连接。

⑤ 排水横支管、排水立管接入排水干管时，宜在排水干管管顶或其两侧45°范围内接入。

> 知识链接

建筑排水管道的安装

建筑排水管道安装的施工顺序一般是先做地下管线，即先安装排出管，然后安装排水干管、排水立管、排水横支管或悬吊管，最后安装卫生器具或雨水斗。

建筑排水管道主要有铸铁管和塑料管两种材料，下面以铸铁管为主介绍排水管道的安装。

1. 排出管的安装

排出管室外一般做至建筑物外墙1.0m，室内一般做至一层立管检查口，排出管的安装要满足以下要求。

① 排出管与室外排水管道一般采用管顶平接，其水流转角不小于90°，当采用排出管跌水连接且跌落差大于0.3m时，其水流转角不受限制。

② 排出管穿越承重墙或基础时，应预留洞口，其洞口尺寸为：管径为50～75mm时，留洞尺寸为300mm×300mm；管径大于或等于100mm时，留洞尺寸为（D+300）mm×（D+200）mm（D为管径），且管顶上部净空不得小于建筑物的沉降量，且不小于0.15m。

③ 排出管安装并经位置校正和固定后，应妥善封填预留孔洞，其做法是用不透水材料（如沥青油麻或沥青玛琋脂）封填严实，并在内外两侧用1:2水泥砂浆封口。

④ 排出管要保证有足够的覆土厚度以满足防冻、防压要求。对湿陷性黄土地区，排出管应做捡漏沟。

2. 排水干管的安装

排水干管的安装应在地沟盖板或吊顶未封闭前进行，其型钢支架均应安装完毕并符合要求。

排水干管的安装要满足设计坡度的要求，而且保证坡度均匀，承口朝来水方向。排水干管的管长应以已安装好的排出管斜三通及45°弯头承口内侧为量尺基准，确定各组成管段的管段长度，经比量法下料、打口预制。

3. 排水立管的安装

排水立管安装应在主体结构安装完成后，作业不相互交叉影响时进行。安装竖井中的排水立管时,应先把竖井内的模板及杂物清理干净,并有防坠措施。

排水立管(包括通气管)的安装是从一层立管检查口承口内侧开始,直到通气管伸出屋面的设计高度为止。排水立管的安装要满足以下要求。

① 排水立管穿越楼板的孔洞、器具支管穿越楼板的孔洞均应参照设计的尺寸预留。现场打洞时,不得随意切断楼板配筋,必须切断时,管道安装后应该补焊。

② 排水立管应用卡箍固定,卡箍间距不得大于3m,层高小于或等于4m时,可安装一个卡箍,卡箍宜设在排水立管接头处。

③ 确定排水立管安装位置时,与后墙及侧墙的距离应考虑到饰面层厚度(一般为20～25m)、楼层墙体是否在同一立面上、立管上是否应用乙字管、与辅助通气管之间应留够安装间距等因素。

④ 通气立管伸出屋面时,应采用不带承口的排水立管,管口应加铅丝球或通气伞罩,并根据防雷要求设防雷装置。

4. 排水横支管的安装

排水横支管的安装应在墙体砌筑完毕,并已弹出标高线,墙面抹灰工程已完成后进行。施工场地及施工用水、电等临时设施能满足施工要求,管材、管件及配套设备等核对无误,并经检验合格。

排水横支管安装时,铸铁管支架间距不得大于2m且不大于每根管长,支架宜设在承口之后;排水塑料管支架间距不得大于表1.21的规定。排水塑料横支管须设置伸缩节,具体位置应符合设计要求。排水横支管上合流配件至立管的直线管段超过2m时,应设伸缩节,且伸缩节之间的最大间距不得超过4m。伸缩节应设于水流汇合配件的上游端部。

表1.21 排水塑料管支架间距

管径/mm	50	75	100
间距/m	1.0	1.0	1.1

铸铁管道施工完毕需进行灌水试验,做灌水试验时,应按排水立管系统逐根、逐层进行。灌水时,管材、管口应无渗漏,并且与土建施工的防水地面做灌水试验分开进行。灌水高度应符合规范要求,合格后需对接卫生器具的甩口管道封堵严密,等待卫生器具的安装。

4. 建筑内部排水工程验收

建筑内部排水工程验收主要包括建筑内部排水管道的灌水试验和通水试验。建筑内部排水管道为无压流动型管道,试验时不进行压力试验,只做灌水试验(又称闭水试验)。建筑内部排水管道灌水试验主要用来检验管道材质及管件、配件、接口的结构强度和水密性,而通水试验是验证排水管道排水功能、使用功能及排水畅通性的必要手段。

（1）建筑内部排水管道灌水试验的要求

① 接短管、封闭排出管管口。

对标高低于各层地面的所有管口，接临时短管至地面上。接管时，对承插接口的管道用水泥捻口，对于横管上、地下（或楼板下）管道的清扫口应加垫、加盖正式封闭。通向室外的排出管管口，用大于管径的橡胶堵管管胆放进管口充气堵严。灌一层立管和棚上管道时，用橡胶堵管管胆从一层立管检查口处将上部管道堵严。再灌上层时，依此类推，按上述方法进行。

② 向管道内灌水。

用胶管从便于检查的管口（最好选择离出户排水管管口近的地面管口）向管道内灌水。从灌水开始，便应设专人监视出户排水管管口、地下清扫口等易跑水的部位，发现堵盖不严或管道出现漏水均应停止向管内灌水，立即进行整修，待管口堵塞、封闭严密，或管道修复，堵塞的管道接口达到强度后，再重新开始灌水。管内灌水水面高出地面以后，停止灌水，记下管内水面位置和停止灌水时间，并对管道、接口逐一进行观察。室内雨水管道同样应做灌水试验，满水高度须到每根立管最上部雨水斗。

③ 检查、做灌水试验记录。

停止灌水，15min 后在未发现管道及接口渗漏的情况下再次向管道内灌水，使管内水面恢复到停止灌水时的水面位置后第二次记下时间。施工人员、施工技术质量管理人员、建设单位有关人员在第二次灌满水 5min 后，共同对管内水面进行检查，水面位置没有下降则为管道灌水试验合格，应立即填写好排水管道灌水试验记录，有关检查人员签字盖章。检查中若发现水面下降即为灌水试验没有合格，应对管道及各接口、堵口全面细致地进行逐一检查、修复，排除渗漏因素后重新按上述方法进行灌水试验，直至合格。

④ 灌水试验后的工作。

灌水试验合格后，应从室外排水口放净管内存水，把为灌水试验临时接出的短管全部拆除，各管口恢复原标高，拆管时严防污物落入管内。用木塞、草绳等进行临时堵塞封闭时，要确保堵塞物不能落入管内，并应堵塞牢固严密，便于启封，不宜损坏管口。

（2）建筑内部排水管道通水试验的要求

① 通水试验作业条件，应达到通水试验的要求；检查给水系统全部阀门，将配水阀件全部关闭，控制阀门全部开启。

② 向给水系统供水，使其压力、水质符合设计要求，热水给水系统可供与热水使用压力相同的冷水；检查各排水系统，均应与室外排水系统接通，并可以向室外排水。

③ 检查排水系统各排水点及卫生器具，清除污物；将排水立管编号，开启 1 号排水立管顶层各配水阀件至最大水量，使其处于相对应的排水点排水状态。

④ 检查排水立管从顶层到第一座排水检查井间各管段及排水点，对渗漏和排水不畅处进行及时处理后，再次通水检查。

⑤ 检查室内给水系统，设计要求同时开放的最大数量的配水点是否达到额定流量，

消火栓能否满足组数的最大消防能力。

⑥将室内排水系统按给水系统的1/3配水点同时开放，检查各排水点是否畅通，接口处有无渗漏。

⑦高层建筑可根据管道布置状态采取分层或两层（按系统配水点折算1/3量）分区段做通水试验，多层建筑可从最顶层做起。

⑧按上述方法依次对各排水立管系统进行通水试验，直到排水系统通水试验全部完毕。

⑨经有关人员检查后将排水通水试验记录填写完整。

⑩停止向给水系统供水，并将给水系统及卫生器具内的积水排放，处理干净。

（3）灌水试验与通水试验质量标准

①灌水试验必须及时，严禁在管道全部安装完成的情况下进行。

②要严格控制灌水高度和灌水时间，以高度不低于本层地面，时间为满水15min后，再次补灌满水，且延续5min液面不下降为合格。

③灌水试验按单元组合系统进行操作，灌水试验检查认证合格后，应做好灌水试验记录。

④通水试验后，应确保排水系统的各管段、接口、卫生器具在正常给水水压冲击下无渗漏，达到排水管道系统结构强度和排水功能的要求。

⑤通水试验后，应保证在给水系统同时开放各配水点且给水量最大时（在设计要求允许范围内），各排水点及排水管段排水通畅无阻，排水及时，满足使用功能的需要。

> **知识链接**

室外排水工程验收

1. 试验前的准备工作

将被试验管段的上、下游检查井内管端以钢制堵板封堵。在上游检查井旁设一试验用的水箱，水箱内试验水位的高度：对于敷设在干燥土层内的管道应高出上游检查井管顶4m，试验水箱底与上游检查井内管端堵板以管子连接；下游检查井内管端堵板下侧接泄水管，并挖好排水沟。

2. 试验过程

先由水箱向被试验管段内充水至满，浸泡1～2个昼夜再进行试验。

试验开始时，先量好水位；然后观察各接口是否渗漏，观察时间不少于30min；渗出水量不应大于规定。试验完毕应将水及时排出。

在潮湿土壤内敷设的管道，要检查地下水渗入管道内的水量。当地下水位超过管顶2～4m时，渗入管道内的水量不应大于有关规定；当地下水位超过管顶4m以上时，每增加1m水头，允许增加渗入水量的10%；当地下水位高出管顶2m以内时，可按干燥土层做渗出水量试验。

雨水管道以及与雨水性质近似的管道，除大孔性土壤和水源地区外，其他可不做灌水试验。

模块 1 建筑给水排水

项目 1.4　建筑给水排水施工图

1.4.1　常用给水排水图例

建筑给水排水施工图主要通过线型、符号，并配合必要的文字来描绘工程的具体内容。线型应根据图样的比例和类别，按《建筑给水排水制图标准》（GB/T 50106—2010）的规定选用。

1. 图线

建筑给水排水施工图的线宽 b 应根据图纸的类别、比例和复杂程度确定。一般线宽 b 宜为 0.7mm 或 1.0mm。

2. 标高、管径及编号

（1）标高

室内工程应标注相对标高，室外工程宜标注绝对标高，当无绝对标高资料时，可标注相对标高，但应与总图一致。

下列部位应标注标高：沟渠和重力流管道的起讫点、转角点、连接点、变坡点、变管径点及交叉点；压力流管道中的标高控制点；管道穿外墙、剪力墙和构筑物的壁及底板等处；不同水位线处；建（构）筑物中土建部分的相关标高。

压力管道应标注管中心标高，沟渠和重力流管道宜标注沟（管）内底标高。

标高的标注方法应符合下列规定。

① 平面图中，管道标高应按图 1.103（a）所示的方式标注。
② 平面图中，沟渠标高应按图 1.103（b）所示的方式标注。
③ 剖面图中，管道及水位的标高应按图 1.103（c）所示的方式标注。
④ 轴测图中，管道标高应按图 1.103（d）所示的方式标注。

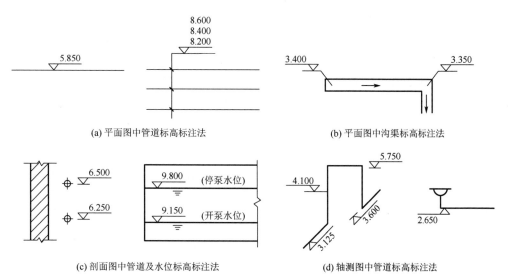

图 1.103　标高

117

（2）管径

管径应以 mm 为单位。水煤气输送钢管（镀锌或非镀锌）、铸铁管等管材，管径宜以公称直径 DN 表示（如 $DN15$、$DN50$）；无缝钢管、焊接钢管（直缝或螺旋缝）等管材，管径宜以外径 $D×$ 壁厚表示（如 $D108×4$、$D159×4.5$ 等）；铜管、薄壁不锈钢管等管材，管径宜以公称外径 Dw 表示，如 $Dw18$、$Dw67$ 等；钢筋混凝土（或混凝土）管、陶土管、耐酸陶瓷管、缸瓦管等管材，管径宜以内径 d 表示（如 $d230$、$d380$ 等）；塑料管材，管径宜按产品标准的方法表示；当设计均用公称直径 DN 表示管径时，应有公称直径 DN 与相应产品规格对照表。

管径的标注方法应符合下列规定。

① 单根管道时，管径应按图 1.104（a）所示的方式标注。

② 多根管道时，管径应按图 1.104（b）所示的方式标注。

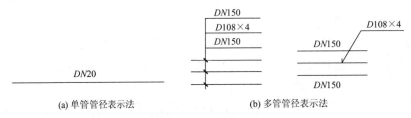

图 1.104 管径

（3）编号

① 当建筑物的给水引入管或排水排出管的数量超过 1 根时，应进行编号，编号宜按图 1.105 所示的方法表示。

② 当建筑物穿越楼层的立管的数量超过 1 根时，应进行编号，编号宜按图 1.106 所示的方法表示。

③ 在总图中，当给水排水附属构筑物的数量超过 1 个时，应进行编号，并应符合下列规定。

a. 编号方法应采用构筑物代号加编号表示。

b. 给水构筑物的编号顺序宜为：从水源到干管，再从干管到支管，最后到用户。

c. 排水构筑物的编号顺序宜为：从上游到下游，先干管后支管。

④ 当给水排水机电设备的数量超过 1 台时，宜进行编号，并应有设备编号与设备名称对照表。

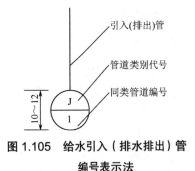

图 1.105 给水引入（排水排出）管编号表示法

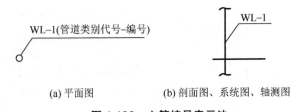

图 1.106 立管编号表示法

3. 建筑给水排水施工图常用图例

建筑给水排水图纸上的管道、卫生器具、设备等均按照《建筑给水排水制图标准》（GB/T 50106—2010）使用统一的图例来表示。在《建筑给水排水制图标准》（GB/T 50106—2010）中列出了管道、管道附件、管道连接、管件、阀门、给水配件、消防设施、卫生设备及水池、小型给水排水构筑物、给水排水设备、仪表共11类图例。这里仅给出一些建筑给水排水施工图常用图例供参考，见表1.22。

表1.22 建筑给水排水施工图常用图例

序号	名称	图例	序号	名称	图例
1	生活给水管	——J——	18	排水明沟	坡向 →
2	热水给水管	——RJ——	19	排水暗沟	坡向 ⇢
3	热水回水管	——RH——	20	管道伸缩器	
4	中水给水管	——ZJ——	21	方形伸缩器	
5	循环冷却给水管	——XJ——	22	刚性防水套管	
6	循环冷却回水管	——XH——	23	柔性防水套管	
7	热媒给水管	——RM——	24	波纹管	
8	热媒回水管	——RMH——	25	可曲挠橡胶接头	单球 双球
9	蒸汽管	——Z——	26	管道固定支架	
10	凝结水管	——N——	27	立管检查口	
11	废水管	——F——	28	清扫口	平面 系统
12	压力废水管	——YF——	29	通气帽	成品 蘑菇形
13	通气管	——T——	30	雨水斗	YD YD 平面 系统
14	污水管	——W——	31	排水漏斗	平面 系统
15	压力污水管	——YW——	32	圆形地漏	平面 系统
16	雨水管	——Y——	33	方形地漏	平面 系统
17	膨胀管	——PZ——	34	自动冲洗水箱	

续表

序号	名称	图例	序号	名称	图例
35	法兰连接		53	球阀	
36	承插连接		54	隔膜阀	
37	活接头		55	温度调节阀	
38	管堵		56	压力调节阀	
39	偏心异径管		57	电磁阀	
40	同心异径管		58	止回阀	
41	乙字管		59	泄压阀	
42	喇叭口		60	平衡锤安全阀	
43	S 形存水弯		61	自动排气阀	平面 系统
44	P 形存水弯		62	浮球阀	平面 系统
45	闸阀		63	延时自闭冲洗阀	
46	角阀		64	吸水喇叭口	平面 系统
47	三通阀		65	疏水器	
48	四通阀		66	水嘴	平面 系统
49	截止阀		67	消火栓给水管	——XH——
50	蝶阀		68	自动喷水灭火给水管	——ZP——
51	减压阀		69	室外消火栓	
52	旋塞阀	平面 系统	70	室内消火栓（单口）	平面 系统

续表

序号	名称	图例	序号	名称	图例
71	室内消火栓(双口)	 平面 系统	86	坐式大便器	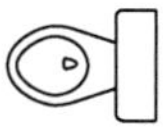
72	水泵接合器	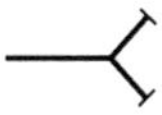	87	小便槽	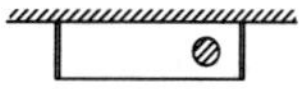
73	水流指示器	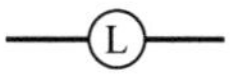 Ⓛ	88	淋浴喷头	
74	水力警铃		89	矩形化粪池	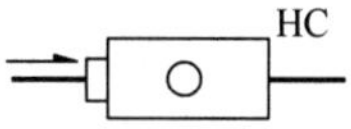 HC
75	立式洗脸盆		90	隔油池	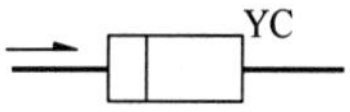 YC
76	台式洗脸盆	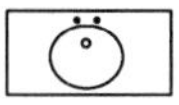	91	雨水口(单算)	
77	挂式洗脸盆	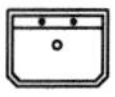	92	雨水口(双算)	
78	浴盆	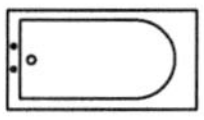	93	水表井	
79	化验盆、洗涤盆		94	开水器	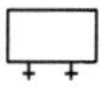
80	厨房洗涤盆	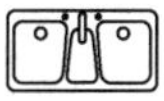	95	喷射器	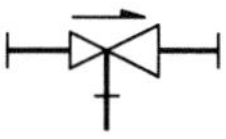
81	带沥水板洗涤盆	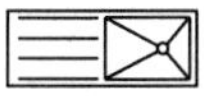	96	除垢器	
82	盥洗槽	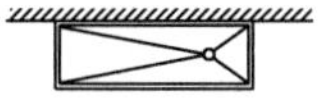	97	温度计	
83	污水池		98	压力表	
84	壁挂式小便器		99	水表	
85	蹲式大便器	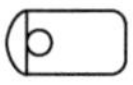	100	转子流量计	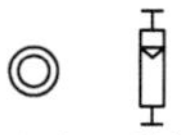 平面 系统

1.4.2 建筑给水排水施工图的主要内容

建筑给水排水施工图是建筑给水排水工程施工的依据。施工图可使施工人员明白设计人员的设计意图,进而贯彻到工程施工的过程当中。施工图必须由正式设计单位绘制并签发。施工时,未经设计单位同意,不得随意对施工图中的规定内容进行修改。

建筑给水排水施工图包括文字部分和图示部分。文字部分包括图纸目录、设计施工说明、主要设备材料表和图例等；图示部分包括平面图、系统图和详图。

1. 文字部分

（1）图纸目录

图纸目录包括设计人员绘制的图部分和选用的标准图部分。图纸目录显示设计人员绘制图纸的顺序，便于查阅图纸。

（2）设计施工说明

设计图纸上用图或符号表达不清楚的问题，或有些内容用文字能够简单明了说清楚的问题，可用文字加以说明。

设计施工说明的主要内容有：工程概况、设计依据、设计范围及技术指标，如给水方式、排水体制的选择等；施工说明，如图中尺寸采用的单位，采用的管材及连接方式，管道防腐、防结露的做法，保温材料的选用、保温层的厚度及做法等；卫生器具的类型及安装方式，施工注意事项，系统的水压试验要求，施工验收应达到的质量标准等。如有水泵、水箱等设备，还必须写明型号、规格及运行要点等。

（3）主要设备材料表

主要设备材料表用来列出图纸中用到的主要设备材料的型号、规格、数量及性能要求等，用于在施工备料时控制主要设备的性能。对于重要工程，为了使施工准备的材料和设备符合图纸的要求，并且便于备料，设计人员应编制一个主要设备材料表，包括主要设备材料的序号、名称、型号、规格、单位、数量和备注等项目。此外，施工图中涉及的其他设备、管材、阀门和仪表等也应列入表中。对于一些不影响工程进度和质量的零星材料可不列入表中。

一般中小型工程的文字部分直接写在图纸上，工程较大、内容较多时则另附专页编写，并放在一套图纸的首页。

（4）图例

施工图中的管道及附件、管道连接、卫生器具和设备仪表等，一般采用统一的图例表示。《建筑给水排水制图标准》（GB/T 50106—2010）中规定了工程中常用的图例，凡在该标准中未列入的可自设。一般情况下，图纸应专门画出图例，并加以说明。

2. 图示部分

（1）平面图

平面图是给水排水施工图的基本图示部分。它反映卫生器具、给水排水管道和附件等在建筑物内的平面布置情况。在通常情况下，建筑的给水系统、排水系统不是很复杂，将给水管道、排水管道绘制在一张图上，称为给水排水平面图。

给水排水平面图所表达的主要内容如下。

① 建筑物内与给水排水有关的平面轮廓、定位轴线及尺寸线、各房间名称等。为了节省图纸幅面，常常只画出与给水排水管道相关部分的建筑局部平面。

② 卫生器具、水箱、水泵等的平面布置，平面定位尺寸。

③ 给水引入管、污水排出管的平面布置、平面定位尺寸、管径及管道编号。

④ 给水排水干管、立管、横支管的位置和管径及立管编号。

(2) 系统图

系统图也称轴测图，一般按斜等测图绘制。系统图表示给水排水系统空间位置及各层间、前后左右间的关系。给水系统图、排水系统图应分别绘制。

系统图所表达的主要内容如下。

① 自引入管，经室内给水管道系统至用水设备的空间走向和布置情况。

② 自卫生器具，经室内排水管道系统至排出管的空间走向和布置情况。

③ 管道的管径、标高、坡度、坡向及系统编号和立管编号。

④ 各种设备（包括水泵、水箱等）的接管情况、设置位置和标高、连接方式及规格。

⑤ 管道附件的种类、位置、标高。

⑥ 排水系统通气管设置方式、与排水立管之间的连接方式、伸顶通气管上通气帽的设置及标高等。

有些施工图纸，由于设计人员的习惯，对于多层或高层建筑存在标准层等情况，有若干层或若干根横支管（也可用于立管）的管路、设备布置完全相同时，系统图中只画出相同类型中的一根横支管（或立管），其余省略，并应用文字、字母或符号将其一一对应表示。

(3) 详图

给水排水平面图、系统图表示了卫生器具及管道的布置情况，而卫生器具的安装和管道的连接，需要有施工详图作为依据。常用的卫生设备安装详图，通常套用《卫生设备安装》（09S304）中的图纸，不必另行绘制，只要在设计施工说明或图纸目录中写明所套用的图集名称及其中的详图号即可。当没有标准图时，设计人员需自行绘制。

知识链接

图示部分的表示方法

1. 平面图的表示方法

(1) 平面图的比例

平面图是室内给水排水施工图的主要部分，一般采用与建筑平面图相同的比例，常用 1:50、1:100、1:200，大型车间常用 1:200。

(2) 平面图的数量

平面图的数量，视卫生设备和给水排水管道布置的复杂程度而定。对于多层房屋，底层由于设有引入管和排出管且管道需与室外管道相连，宜单独画出一个完整的平面图（如能表达清楚与室外管道的连接情况，也可画出与卫生设备和管道有关的平面图）；楼层平面图只需抄绘与卫生设备和管道布置有关的平面图，一般应分层抄绘，如楼层的卫生设备和管道布置完全相同，则只需画出相同楼层的一个平面图，称为标准层平面图；设有屋顶水箱的楼层可单独画出屋顶给水排水平面图，但当管道布置不太复杂时，也可在最高楼层给水排水平面图中用中虚线画出水箱的位置。如果管道布置复杂，同一平面上（或同一标高处）的管道画在一张平面图上表达不清楚，也可用多个平面图表示，如底层给水平面图、底层排水平面图和底层自动喷淋平面图等。

（3）建筑平面图的画法

在给水排水平面图中所抄绘的建筑平面图，墙、柱和门窗等都用细实线表示。由于给水排水平面图主要反映管道系统各组成部分在建筑平面上的位置，因此房屋的轮廓线应与建筑施工图一致，一般只需抄绘房屋的墙、柱、门窗等主要部分，至于房屋的细部尺寸、门窗代号等均可省去。为使土建施工与管道设备的安装一致，在各层给水排水平面图上均需标明定位轴线，并在平面图的定位轴线间标注尺寸；同时还应标注出各层平面图上的相应标高。

（4）平面图的剖切位置

房屋的建筑平面图是从门窗部位水平剖切的，而管道平面图的剖切位置则不限于此高度，凡是为本层设施配用的管道均应画在该层平面图中，底层还应包括埋地或地沟内的管道；如有地下层，引入管、排出管及汇集横干管可绘制在地下层内。

（5）管道画法

室内给水排水各种管道，不论直径大小，一律用粗单线表示，可用汉语拼音字头为代号表示管道类别，也可用不同线型表示不同类别的管道，如给水管用粗实线、排水管用粗虚线。在平面图中，不论管道在楼面或地面的上下，均不考虑其可见性。给水排水立管是指穿过一层及多层的竖向供水管道和排水管道。平面图上有各种立管的编号，底层给水排水平面图中还有各种管道按系统的编号，一般给水以每个引入管为一个系统，排水以每个排出管为一个系统。立管在平面图中以空心小圆圈表示，并用指引线注明管道类别代号，其标注方法是用分数的形式，分子为管道类别代号，分母为同类管道编号。当一种系统的立管数量多于一根时，还宜采用阿拉伯数字编号。

（6）管径的表示

给水排水管的管径尺寸以毫米（mm）为单位，金属管道（如焊接钢管、铸铁管）以公称直径 DN 表示，如 $DN15$、$DN50$ 等；塑料管一般以公称外径 De（或 dn）表示，如 $De20$（或 $dn20$）等。管径一般标注在该管段旁，当位置不够时，也可用引出线引出标注。由于管道长度是在安装时根据设备间的距离直接测量截割的，所以在图中不必标注管长。

2. 系统图的表示方法

系统图上各立管和系统的编号应与平面图上的一一对应，在系统图上还应画出各楼层地面的相对标高。绘制系统图的比例宜选用 1∶50、1∶100、1∶200 的比例。当采用与给水排水平面图相同的比例绘图时，按轴向量取长度较为方便。如果按一定比例绘制时图线重叠，则允许不按比例绘制，可适当将管线拉长或缩短。

《建筑给水排水制图标准》（GB/T 50106—2010）规定，系统图宜用斜等测图绘制。我国习惯上采用斜等测图来绘制系统图，OZ 轴与 OX 轴的轴间角为 90°，OY 轴与 OZ 轴、OX 轴的轴间角为 135°。为了便于绘制和阅读，立管平行于 OZ 轴方向，平面图上左右方向的水平管道沿 OX 轴方向绘制，平面图上前后方向的水平管道沿 OY 轴方向绘制。卫生器具、阀门等设备，用图例表示。

系统图中的管道，都用粗实线表示，不必像平面图中那样，用不同线型的粗线来区分不同类型的管道，其他图例和线宽仍按原规定绘制。在系统图中，不必画出管件的接头形式，管道的连接方式可用文字写在施工说明中。

管道系统中的给水附件，如水表、截止阀、水龙头和消火栓等，可用图例画出。相同布置的各层，可只将其中的一层画完整，其他各层只需在立管分支处用折断线表示。

在排水系统图中，可用相应图例画出卫生器具上的存水弯、地漏或检查口等。排水横管虽有坡度，但由于比例较小，故可按水平管道绘制，但宜注明坡度与坡向。由于所有卫生器具和设备已在给水排水平面图中表达清楚，故在排水系统图中没必要画出。

为了反映管道和房屋的联系，系统图中还要画出管道穿越的墙面、地面、楼层和屋面的位置，一般用细实线画出地面和墙面，用两条靠近的水平细实线画出楼面和屋面。

对于水箱等大型设备，为了便于与各种管道连接，可用细实线画出其主要外形轮廓的轴测图。

当在同一系统中的管道因互相重叠和交叉而影响该系统图的清晰性时，可将一部分管道平移至空白位置画出，这种画法称为移置画法或引出画法。将管道从重叠处断开，用移置画法移到图面空白处，从断开处开始画，断开处应标注相同的符号，以便对照读图。

管道的管径一般标注在该管段旁边，标注位置不够时，可用引出线引出标注。室内给水排水管道标注：公称直径用 DN 表示，公称外径用 De（或 dn）表示。管道各管段的管径要逐段标出，当连续几段的管径都相同时，可以仅标注它的始段和末段，中间段可省略不注。

凡有坡度的横管（主要是排水管），宜在管道旁边或引出线上标注坡度，如 0.5%，数字下面的单边箭头表示坡向（指向下坡的方向）。当排水横管采用标准坡度（或称通用坡度）时，在图中可省略不注，或在施工说明中用文字说明。

管道系统图中标注的标高是相对标高，即以建筑标高的 ±0.000m 为 ±0.000m。在给水系统图中，标高以管中心为准，一般标注出引入管、横管、阀门、水龙头、卫生器具的连接支管、各层楼地面及屋面等的标高。在排水系统图中，横管的标高以管内底为准，一般应标注立管上检查口、排出管的起点标高。其他排水横管的标高，一般根据卫生器具的安装高度和管件的尺寸，由施工人员决定。此外，还要标注各层楼地面及屋面等的标高。

3. 详图的表示方法

安装详图的比例较大，可按需选用 1:10、1:20、1:30，也可选用 1:5、1:40、1:50 等。安装详图必须按施工安装的需要表达得详尽、具体、明确，一般都用正投影的方法绘制，设备的外形可以简化画出，管道用双线表示，安装尺寸也应注写完整、清晰，主要设备材料表和有关说明都要表达清楚。

1.4.3　建筑给水排水施工图识读

1. 建筑给水排水施工图的识读方法

阅读主要图纸之前，应当先看图纸目录、设计施工说明和主要设备材料表，然后以系统图为线索深入阅读平面图、系统图及详图。

阅读时，应三种图相互对照来看。先看系统图，对各系统做到大致了解。看给水系统图时，可由建筑的给水引入管开始，沿水流方向经干管、立管、支管到用水设备；看排水系统图时，可由排水设备开始，沿排水方向经器具排水支管、排水横支管、排水立管、排水干管到排出管。

（1）平面图的识读

室内给水排水管道平面图是施工图纸中最基本和最重要的图纸，常用的比例是1∶100和1∶50两种。它主要表明建筑物内给水排水管道及卫生器具和用水设备的平面布置。图上的线条都是示意性的，同时管材配件如活接头、补芯、管箍等也不画出来，因此在识读图纸时还必须熟悉给水排水管道的施工工艺。

在识读管道平面图时，应该掌握的主要内容和注意事项如下。

① 查明卫生器具、用水设备和升压设备的类型、数量、安装位置、定位尺寸。

② 弄清给水引入管和污水排出管的平面位置、走向、定位尺寸、与室外给水排水管网的连接形式、管径及坡度等。

③ 查明给水排水干管、立管、支管的平面位置与走向、管径尺寸及立管编号。从平面图上可清楚地查明是明装还是暗装，以确定施工方法。

④ 消防给水管道要查明消火栓的布置、口径大小及消防箱的形式与位置。

⑤ 在给水管道上设置水表时，必须查明水表的型号、安装位置以及水表前后阀门的设置情况。

⑥ 对于室内排水管道，还要查明清通设备的布置情况，清扫口和检查口的型号和位置。

（2）系统图的识读

给水排水管道系统图主要表明管道系统的立体走向。

在给水系统图上，卫生器具不画出来，只需画出水龙头、淋浴器莲蓬头、冲洗水箱等符号；用水设备如锅炉、热交换器、水箱等则画出示意性的立体图，并在旁边用文字注明。

在排水系统图上也只画出相应的卫生器具的存水弯或器具排水管。

在识读给水排水系统图时，应掌握的主要内容和注意事项如下。

① 查明给水管道系统的具体走向，干管的布置方式，管径尺寸及其变化情况，阀门的设置，引入管、干管及各支管的标高。

② 查明排水管道的具体走向、管路的分支情况、管径尺寸与横管坡度、管道各部分标高、存水弯的形式、清通设备的设置情况、弯头及三通的选用等。

③ 系统图上对各楼层标高都有注明，识读时可据此分清管路是属于哪一层的。

（3）详图的识读

室内给水排水工程的详图包括节点图、大样图、标准图，主要是管道节点、水表、消火栓、水加热器、开水炉、卫生器具、套管、排水设备、管道支架等的安装图及卫生间大样图等。

这些图都是根据实物用正投影法画出来的，图上都有详细尺寸，可供安装时直接使用。

模块 1 建筑给水排水

2. 建筑给水排水施工图识读实例

【案例】现以项目引例中某综合楼的给水排水施工图（水施 i-01～水施 i-09）、消防施工图（消施 -01～消施 -10）为例，介绍建筑给水排水施工图和消防施工图的识读。

◆ 工程实例

某综合楼建筑面积 7331.10m², 建筑物高度为室外地坪到檐口 20.5m, 建筑层数为地下室一层、地上五层，层高为地下室 3.50m、首层 4.50m、标准层 4.0m, 结构形式为混凝土框架结构，基础形式为预制混凝土管桩基础。地下室主要房间有电房（高压配电房、变压器房、低压配电房）、车库和空调机房，一至五层主要房间有办公室、活动室、空调机房、消防控制室、配电室和卫生间等。

【附图】某综合楼给水排水施工图（水施 i-01～水施 i-09）、消防施工图（消施 -01～消施 -10），请扫二维码。

（1）施工图图纸简介

某综合楼给水排水施工图包括设计施工说明一张（水施 i-01），图例和主要设备材料表一张（水施 i-02），平面图四张（水施 i-03 地下室给水排水平面图、水施 i-04 首层给水排水平面图、水施 i-05 二至五层给水排水平面图、水施 i-06 天面给水排水平面图），系统图两张（水施 i-07 给水系统图、水施 i-08 排水系统图），大样图一张（水施 i-09）；某综合楼消防施工图包括给水排水和消防系统设计说明一张（消施 -01），平面图六张（消施 -02 地下室消防平面图、消施 -03 地下室自动喷淋平面图、消施 -04 首层消防平面图、消施 -05 二至五层消防平面图、消施 -06 天面水箱给水平面图、消施 -09 地下室电房二氧化碳平面图），系统图三张（消施 -07 消防系统图、消施 -08 自动喷淋系统图、消施 -10 地下室电房二氧化碳系统图）。

某综合楼给水排水施工图、消防施工图

（2）给水系统施工图识读

给水排水施工图的给水系统中，管道由室外引入，采用 DN80 衬胶镀锌钢管，埋设深度为 -1.60m, 分成两条 DN40 衬胶镀锌钢管接水表井中的水表节点，出水表井后再接 DN80 衬胶镀锌钢管，往上至 H-1.40m 处敷设在砂浆找平层内，至④轴处分配水流到 GL1 和 DN32 绿化用水管，GL1 往上至 3.60m 处连接 DN65 给水干管，GL1 直通屋顶分配水流到消防水箱和空调冷却塔；给水干管连接 GL2, 由 GL2 引到一至五层与各层给水横支管连接，各层给水横支管（DN40）于 H+0.25m 处引出，沿墙由西向东到墙角，再由南向北到达男卫生间洗手盆下分支处，管道往上 H+1.0m 连接男卫生间洗手盆延时自闭水龙头，再往上 H+1.05m 连接四个小便斗延时自闭开关；然后往下 H+0.4m, 沿墙由东向西到达男卫生间大便器分支处，向上分配水流到男卫生间的三个蹲式大便器高位冲洗水箱 H+1.8m, 向前分配水流至女卫生间；到达女卫生间分支处，向上分配水流至三个蹲式大便器高位冲洗水箱 H+1.8m, 向前至墙角往上至 H+1.8m 处，由北向南给两个蹲式大便器高位冲洗水箱供水，往下至 H+0.25m 处向前给两个洗手盆延时自闭水龙头供水。给水管道穿楼板时设置钢套管，穿地下室外墙时设置防水套管。给水管道在使用前要进行压力试验及消毒冲洗。

（3）排水系统施工图识读

给水排水施工图的排水系统中，二至五层男卫生间洗手盆和地漏的废水由各层各卫生器具的受水器收集排至 $DN32$ UPVC 竖直短管，再排至 $DN75$ UPVC 排水横支管，统一排放到 $DN110$ UPVC PL-2。二至五层女卫生间两个洗手盆和地漏的废水由各层各卫生器具受水器收集排至 $DN32$ UPVC 竖直短管，再排至 $DN75$ UPVC 排水横支管，统一排放到 $DN110$ UPVC PL-1。首层男卫生间洗手盆和地漏的废水由各卫生器具的受水器收集排至 $DN32$ UPVC 竖直短管，再排至 $DN75$ UPVC 排水横支管，由 PL-2′ 负责。首层女卫生间两个洗手盆和地漏的废水由各卫生器具的受水器收集排至 $DN32$ UPVC 竖直短管，再排至 $DN75$ UPVC 排水横支管，由 PL-1′ 负责。PL-2、PL-1、PL-2′ 连接 -1.10m 处的 $DN150$ UPVC 排水干管，往下至 -1.90m 处连接室外排出管，PL-1′ 连接 -1.10m 处的 $DN75$ UPVC 排水干管，往下至 -1.80m 处连接室外排出管。二至五层男卫生间四个小便斗、三个大便器和清扫口的污水由各层各卫生器具的受水器收集排至竖直短管，再排至排水横支管，统一排放到 FL-3；二至五层女卫生间靠近④轴的三个大便器和清扫口的污水由各层各卫生器具的受水器收集排至竖直短管，再排至排水横支管，统一排放到 FL-2；二至五层女卫生间靠近③轴的两个大便器和清扫口的污水由各层各卫生器具的受水器收集排至竖直短管，再排至排水横支管，统一排放到 FL-1；FL-3、FL-2、FL-1 连接 -1.10m 处的排水干管，往下至 -2.00m 连接室外排出管。首层男卫生间的三个大便器和清扫口的污水由各卫生器具的受水器收集排至竖直短管，再排至排水横支管，由 FL-3′ 负责；首层女卫生间靠近④轴的三个大便器和清扫口的污水由各卫生器具的受水器收集排至竖直短管，再排至排水横支管，由 FL-2′ 负责；首层女卫生间靠近③轴的两个大便器和清扫口的污水由各卫生器具的受水器收集排至竖直短管，再排至排水横支管，由 FL-1′ 负责；FL-3′、FL-2′、FL-1′ 连接 -1.10m 处的排水干管，往下至 -1.95m 处连接室外排出管。首层男卫生间的四个小便斗的污水由各卫生器具的受水器收集排至竖直短管，再排至排水横支管，由 FL-4 负责，连接 -0.95m 处的排水干管，往下至 -1.80m 处连接室外排出管。FL-3、FL-2、FL-1、PL-2、PL-1 连接伸顶通气管。

（4）雨水系统施工图识读

给水排水施工图的雨水系统中，室内雨水管道采用 UPVC 雨水管，室外雨水管道采用机制钢筋混凝土管。屋面雨水经雨水斗和雨水立管 YL-1～YL-6 排至室外雨水沟或雨水井；空调冷凝水经 $D70$ 铸铁管排至集水井。YL-1、YL-2、YL-3、YL-4、YL-5、YL-6 分别由 -1.90m、-1.80m、-1.90m、-1.90m、-1.0m、-2.0m 处排出。

（5）消防系统施工图识读

本工程的消防用水全部由泵房供给，室内消火栓箱内配置 $DN65$ 消火栓一个，$DN65$ 衬胶水带一条，长 25m、直径 19mm 直流水枪一支，箱体尺寸为 700mm×650mm×200mm，暗装。

室外埋地消防水管道采用镀锌钢管，丝扣连接，管道试验压力 1MPa；室内消火栓管道采用镀锌钢管，丝扣连接，管道试验压力 1.08MPa。室内自动喷水管道，泵房内管道及输水干管用焊接钢管，法兰连接；支管用镀锌钢管，丝扣连接；输水干管管道试验压力为 1.7MPa，支管管道试验压力为 1.7MPa。

① 消火栓灭火系统。

消防水施工图中，两根消防干管分别接泵房内管道由室外引入，采用 $DN100$ 镀锌钢管，埋设深度均为 $H-1.60$m，经 $H-1.60$m 敷设的给水干管连接成环，接 XL1、XL2、

XL3、XL4、XL5、XL6 和 XL7，通过 XL5、XL6 和 XL7 往下供水至地下室的消火栓，通过 XL1、XL2、XL3 和 XL4 往上供水至一至五层的消火栓。消火栓的安装高度均为 H+1.10m，XL1、XL2、XL3 和 XL4 在屋顶 $H_天$+0.3m 处连接，形成环状管网，保证消防用水需求。

② 自动喷水灭火系统。

消防水施工图中，两根消防干管分别接泵房内自动喷水供水设备，由室外引入，采用 DN150 镀锌钢管，埋设深度均为 H−1.80m，经 H−1.80m 敷设的给水干管，接室外的两个消防水泵接合器，从屋顶消防水箱下来的 ZL0，再接两个湿式报警阀，通过湿式报警阀连接 ZL1 和 ZL2，通过 ZL1 供水至地下室、第一层和第二层的喷头和末端试水装置，通过 ZL2 供水至三至五层的喷头和末端的试水装置。连接喷头的支管安装高度均为 H+3.20m，ZL1 和 ZL2 的顶端装有 DN25 自动排气阀，保证消防用水需求。

③ 气体灭火系统。

气体灭火系统是对地下室配电房，即低压房、高压房和变压房进行二氧化碳自动灭火装置的工程设计。采用全淹没灭火装置，即在规定时间内，喷射一定浓度的二氧化碳并使其均匀地充满整个保护区，将保护区内的火扑灭。灭火装置的控制方式有自动、电气手动和机械应急手动三种控制方式。在值班室设有控制柜，在保护区外设置手动控制盒，当保护区无人时，应采用自动控制方式，即自动探测报警，发出火警信号，自动启动灭火装置进行灭火；当保护区有人工作或值班时，应采用手动控制方式，即出现火灾经手动启动灭火系统进行灭火。自动、手动控制方式的转换，可在控制柜上实现。当保护区发生火警，系统电源或电气控制部分出现故障，不执行灭火指令时，可采用机械应急手动控制方式，手动控制必须在提前关闭影响灭火效果的设备，通知并确认人员已经撤离后方可实施。当发生火灾报警，在灭火系统喷放灭火剂前发现不需要启动灭火系统进行灭火时，可按下紧急停止按钮阻止灭火指令的发出，停止系统启动。气体灭火系统由瓶组和喷头管路系统组成，整个保护区分为三个区，高压房为保护区 1，安装有 6 个全淹没型喷头；变压房为保护区 2，安装有 4 个全淹没型喷头；低压房为保护区 3，安装有 2 个全淹没型喷头。发生火灾时，保护区 1 启用 19 瓶二氧化碳，保护区 2 启用 11 瓶二氧化碳，保护区 3 启用 7 瓶二氧化碳。管道采用内外镀锌高压无缝钢管，公称直径小于 DN80 的管道采用螺纹接口，大于或等于 DN80 的管道用法兰连接。

知识梳理与总结

（1）建筑给水系统是将室外给水管网或自备水源给水管网的水引入建筑内部，经配水管送至生活、生产和消防用水设备，并满足各用水点的水质、水压、水量、水温要求。建筑给水系统按用途分为生活给水系统、生产给水系统和消防给水系统三类。建筑给水系统由引入管、水表节点、管道系统、用水设备、给水附件、升压和贮水设备、消防设备等组成。

（2）建筑消防设施是建筑物内必备的安全设施，《建筑设计防火规范（2018年版）》（GB 50016—2014）中对此做了严格的规定。建筑消防给水系统分为消火栓灭火系统和自动喷水灭火系统两大类。

（3）建筑排水系统是指对建筑物内的污废水进行收集、输送、排出以及局部处理的系统。建筑排水系统分为生活排水系统、工业废水排水系统和屋面雨水排水系统。卫生器具是用来满足日常生活中洗涤等卫生用水以及收集、排除生产、生活中产生污水的设备。按用途分为便溺用卫生器具、盥洗用卫生器具、沐浴用卫生器具、洗涤用卫生器具等。

（4）建筑给水排水施工图包括文字部分和图示部分。文字部分包括图纸目录、设计施工说明、主要设备材料表和图例等；图示部分包括平面图、系统图和详图。

复习思考题

1. 室内给水按用途可分为哪几类？
2. 室内给水系统由哪些部分组成？
3. 室内给水系统的给水方式有哪几种？有何特点？
4. 室内给水管道的布置形式有哪些？各有哪些优缺点？
5. 室内给水系统常用的管材有哪些？各有什么特点？采用什么连接方式？
6. 水箱的作用是什么？水箱上有哪些配管？
7. 常用的控制附件有哪些？各自有什么作用？用在哪里？并绘制其图例。
8. 离心式水泵的工作原理是什么？有哪些基本参数？各表示什么意义？
9. 引入管的布置与敷设应注意哪些要求？
10. 室内给水管道的布置与敷设有哪些要求？
11. 室内给水管道的安装程序是怎样的？如何防护？
12. 室内给水工程的验收内容有哪些？如何操作？
13. 小区给水管道的布置与敷设应遵循哪些原则？
14. 建筑物高度如何划分？
15. 消防水源有哪几种？各自的适用范围是怎样的？
16. 室内消火栓给水系统的给水方式有哪几种？
17. 室内消火栓布置有哪些要求？
18. 什么是充实水柱？充实水柱的确定需要考虑哪些因素？
19. 高层建筑室内消火栓给水管道的布置有哪些要求？
20. 闭式自动喷水灭火系统有哪几种类型？各自的主要特点是什么？分别适用于什么场合？
21. 报警阀的作用是什么？有哪几种类型？
22. 水流报警装置有哪些？各起什么作用？
23. 开式自动喷水灭火系统有哪几种类型？各自的主要特点是什么？分别适用于什么场合？
24. 开式自动喷水灭火系统与闭式自动喷水灭火系统有哪些相同与不同之处？
25. 建筑排水系统可分为哪几类？由哪些部分组成？
26. 建筑排水系统中通气管系统的作用是什么？
27. 何为水封？水封设在哪里？有什么作用？水封的高度是多少？

28. 常用的排水管材有哪几种？各有什么特点？采取什么连接方式？
29. 屋面雨水排水系统有哪几种？
30. 高层建筑排水系统有哪几种？其主要构件是什么？
31. 居住小区排水管道布置和敷设有哪些要求？
32. 建筑排水管道布置和敷设有哪些要求？
33. 为保证水流畅通，室内管道的连接应符合哪些规定？
34. 建筑内部排水工程的验收内容有哪些？其目的是什么？如何操作？
35. 建筑给水排水施工图主要由哪些部分组成？其主要内容有哪些？
36. 建筑给水排水施工图的识读应注意哪些问题？

模块 2　建筑电气

教学导航

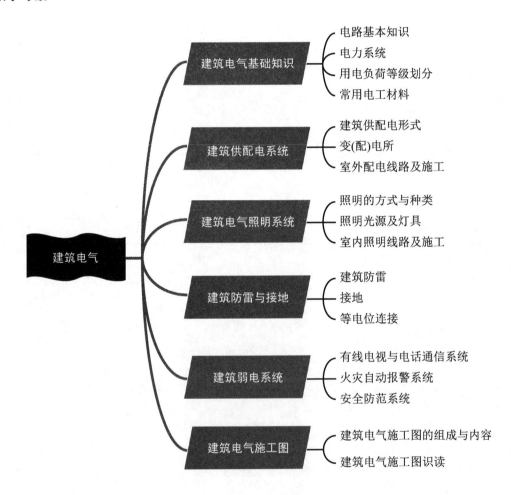

模块 2 建筑电气

> **项目引例**
>
> 某综合楼地下一层，地上五层，建筑高度为 20.50m，框架结构，屋面为平屋顶，属多层建筑，建筑面积 7331.10m²。该综合楼主要房间有办公室、活动室、空调机房、消防控制室、配电室、车库和卫生间等。该建筑内的电气系统主要包括高压配电系统、低压配电系统、照明系统、应急照明系统、弱电系统、插座系统和防雷接地系统等。

项目 2.1 建筑电气基础知识

2.1.1 电路基本知识

1. 电路的概念

由金属导线和电气、电子部件组成的导电回路，称为电路。在电路输入端加上电源使输入端产生电势差，电路连通时即可工作。电流的存在可以通过一些仪器测试出来，如电压表或电流表偏转、灯泡发光等。按照流过的电流性质，一般把电路分为两种：直流电通过的电路称为直流电路，交流电通过的电路称为交流电路。

2. 电路的组成、作用及状态

（1）电路的组成

电路不论简单或复杂，其基本组成是一样的，即由电源、负载和中间环节组成。不同的电路，其线路功能、设备类型、连接形式等不同。

① 电源。电源的作用是产生电能。电气工程中的电源设备主要有发电机、蓄电池等。变（配）电所内的电力变压器对于由其供电的线路来说，也称电源设备。因此，在建筑内部电路中的电源一般指为其供电的电力变压器。

② 负载。负载的作用是消耗电能，将电能转化为机械能、热能等。建筑电路中用电的设备都称为负载。蓄电池在充电状态时，是作为负载的。

③ 中间环节。中间环节的作用是传递、分配和控制电能。电路的中间环节主要包括导线、开关、熔断器等设备。配电箱（柜）是中间环节的重要设备，它将开关、熔断器等控制保护设备集中安装在箱体内，便于线路的控制、维护和管理。

（2）电路的作用

电路的作用主要有两个。

① 电能的传输和分配。电力工程将电能从发电厂运输到用电单位，包括发电、变电、输电、配电、用电等环节。建筑电气工程中的电力、照明等线路均属于电力工程的一部分线路。

② 信息的传递和处理。在建筑物中一般有电话、电视线路，这些线路主要是对某些信息的电信号进行传递和处理，还原出声音和图像，满足人们对信息的需要。除此之外，建筑物中安装的楼宇对讲系统、消防系统、广播系统、网络系统、安全防范系统等线路都具有此功能。

> **特别提示**
>
> 人们通常把建筑电气工程中的电力、照明等线路称为强电,把建筑物中安装的楼宇对讲系统、消防系统、广播系统、网络系统、安全防范系统等线路称为弱电。

(3)电路的状态

根据电源与负载之间连接方式及工作要求的不同,电路有通路、开路、短路等不同的状态。

① 通路。将图 2.1(a)中的开关合上,使电源与负载接通,电路处于通路状态,电路中有电流,有能量转换。

② 开路。如图 2.1(b)所示,当开关 S 打开,电源没有与外电路接通时,电源的输出电流为零,这种电路状态就称为开路,也称断路。开路的原因,可能是电源开关未闭合,也可能是某地方接触不良、导线断开或熔断器熔断。前者称为正常开路,后者属于事故开路。

③ 短路。如图 2.1(c)所示,当电源两端的两根导线由于某种事故而直接相连时,这种电路状态称为短路。由于短路处电阻为零,且电源内阻很小,故短路电流 I_s 极大;电能全部消耗在内阻上;对外端电压为零。电源短路是危险的,常见的保护措施是在电源后面安装熔断器,即图 2.1(c)中 FU。一旦发生短路,大电流会立即将熔断器烧断,从而迅速切断故障电路,使电气设备得到保护。

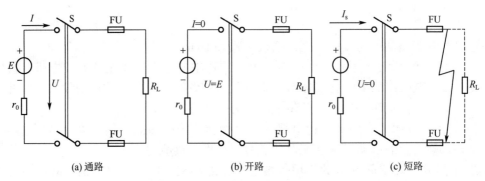

图 2.1 电路状态示意图

3. 交流电路

在工业生产及日常生活中,广泛使用的是交流电路。交流电具有容易生产、运输经济、易于变化电压等优点。三相交流电路与单相交流电路相比,有节省输电线用量、输电距离远、输电功率大等优点。目前电力系统广泛采用三相交流电路。

(1)三相交流电路的电源

三相交流发电机是三相交流电路的电源,其内部有三相绕组,工作时相当于三个单相交流电源为电路提供电能。由三相交流电源供电的电路,称为三相交流电路。对于建筑电气系统,其三相交流电源为三相电力变压器的三相绕组。

三相交流电源的连接方式主要有星形连接(Y)和三角形连接(△)。其中星形连接形式比较常用。

① 三相电源的星形连接。三相发电机的电枢上有三个对称放置的独立绕组 A–X、B–Y、C–Z，这三个绕组分别称为 A 相绕组、B 相绕组、C 相绕组。

如图 2.2 所示，把三相绕组的末端 X、Y、Z 连接在一起成为公共点（中性点），从中性点引出一根导线称为中性线（俗称零线 N）；由三相绕组的始端 A、B、C 分别引出三根线，称为相线（俗称火线），这就构成了三相电源的星形连接形式。由于三相电源输出四根电源线，因此该系统称为三相四线制供电系统。三相电源的中性点常直接接地，因此中性点又称零点。为了防止设备因漏电对人造成伤害，工程中常从中性点接地处另外引出一根导线，与设备外壳连接，这根导线称为保护线（PE 线）。在电气工程中，为了区分各电源线，常以不同的颜色区分。中性线（N 线）用黑色或白色导线，在建筑内配线的中性线一般用蓝色导线。A 相线（L_1）、B 相线（L_2）、C 相线（L_3）分别用黄、绿、红色导线，保护线（PE）用黄绿双色导线。

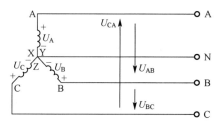

图 2.2 三相电源星形连接

② 星形连接的三相电源为电路提供相电压、线电压两种电源电压。

在三相四线制供电系统中，相线与中性线之间的电压称为相电压，它们的有效值分别用 U_A、U_B、U_C 表示。由于三相电源是对称的，所以三个相电压有效值相等，可以用 U_P 表示。

不同两个相线之间的电压称为线电压，其有效值分别用 U_{AB}、U_{BC}、U_{CA} 表示。它们的有效值也相等，用 U_L 表示。

线电压与相电压有效值之间的关系为

$$U_L = \sqrt{3}\,U_P \tag{2-1}$$

特别提示

常用的低压三相四线制供电系统中，相电压为 220V，线电压为 380V，一般称为 380V/220V 三相四线制供电系统，是建筑电气工程中常采用的供电方式。

（2）三相交流电路的负载

三相交流电路中接入的负载有两类：一类是必须接上三相电源才能正常工作的三相用电设备，如三相异步电动机等；另一类是额定电压为 220V 或 380V，只需接两根电源线的单相用电设备，如单相电动机、白炽灯、荧光灯、单相电焊机等。

三相异步电动机等三相用电设备，其内部三相绕组完全相同，是对称的三相负载。

单相用电设备需要分组接到三相电路中，一般为不对称的三相负载。三相负载常见的连接方式有星形连接（Y）和三角形连接（△）。

① 三相负载的星形连接。将每相负载的一端连接到一起，另一端分别连接到三根相线上，如图2.3所示。单相负载通过中线将一端连在一起，而三相异步电动机等三相对称负载的中点（负载一端共同连接的点）可以不用连接到中线上。星形连接方式的条件是负载额定电压等于电源相电压。

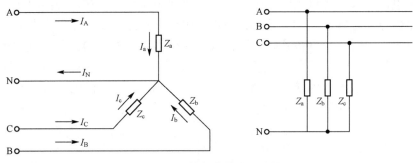

图2.3 三相负载的星形连接

② 三相负载的三角形连接。三相负载的三角形连接方式如图2.4所示。由于三相负载只需要三根电源线供电，所以这属于三相三线制供电线路。

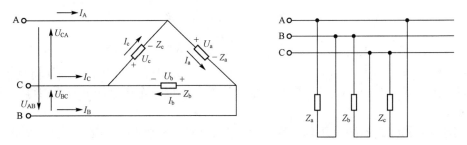

图2.4 三相负载的三角形连接

电路中，每组负载连接于两根相线之间，因此负载的额定电压与相应的线电压相等。

在380V/220V供电系统中，三相负载的连接方式需要根据负载的额定电压来确定。如果负载的额定电压为380V，则可以采用三角形连接方式；若额定电压为220V，则只能采用星形连接方式。

2.1.2　电力系统

在大自然中，人们通过技术，把自然界中的能量转化为电能为人类使用。电能是世界上最环保的能源之一，人们的生活、生产都离不开电能。电力是工农业生产、国防建设、建筑中的主要动力，在现代社会中得到了广泛的应用。

电力系统是由发电厂、电力网和电力用户组成的统一整体。典型的电力系统如图2.5所示。

图 2.5 电力系统示意图

1. 发电厂

发电厂是将一次能源（如水力、火力、风力、原子能等）转换成电能的场所。

发电厂的种类有很多，根据利用能源的不同，有火力发电厂、水力发电厂、核能发电厂、地热发电厂、潮汐发电厂、风力发电厂和太阳能发电厂等。在现代的电力系统中，我国主要以火力发电和水力发电为主。近些年来，我国在核能发电能力上有很大提高，相继建成了广东大亚湾、浙江秦山等核电站。

发电厂

2. 电力网

电力网是电力系统中的重要组成部分，是电力系统中输送、交换和分配电能的中间环节。电力网由变电所、配电所和各种电压等级的电力线路所组成。电力网的作用是将发电厂生产的电能变换、输送和分配到电力用户。

变电所是变换电压和交换电能的场所，由电力变压器和配电装置组成。按照变压器的性质和作用不同，变电所又可分为升压变电所和降压变电所两种。

配电所的主要作用是分配电能，仅装有配电装置而没有电力变压器。配电所分高压配电所、低压配电所等。

我国电力网的电压等级主要有 0.22kV、0.38kV、3kV、6kV、10kV、35kV、110kV、220kV、330kV、550kV 等。其中 35kV 及以上的电力线路为输电线路，10kV 及以下的电力线路为配电线路。高压输电可以减少线路上的电能损失和电压损失，减少导线截面，从而节约有色金属。

3. 电力用户

电力用户是所有用电设备的总称，又称用电负荷。按照用途，电力用户可分为动力用电设备（如电动机等）、工艺用电设备（如电解、电焊设备等）、电热用电设备（如电炉等）和照明用电设备等（如灯具等）。

2.1.3 用电负荷等级划分

根据供电可靠性及中断供电在政治、经济上所造成的损失或影响的程度，用电负荷分为一级负荷、二级负荷及三级负荷。

1. 一级负荷

符合下列情况之一时，应为一级负荷。

（1）中断供电将造成人身伤亡时。

（2）中断供电将在政治、经济上造成重大影响或损失时。

（3）中断供电将影响有重大政治、经济意义的用电单位的正常工作，或造成公共场所秩序严重混乱时。例如，重要通信枢纽、重要交通枢纽、重要的经济信息中心、特级或甲级体育建筑、国宾馆、国家级及承担重大国事活动的会堂，以及经常用于重要国际活动的大量人员集中的公共场所等用电单位中的重要用电负荷。在一级负荷中，当中断供电后将影响实时处理重要的计算机及计算机网络正常工作，以及特别重要场所中不允许中断供电的负荷，为特别重要的负荷。

2. 二级负荷

符合下列情况之一时，应为二级负荷。
（1）中断供电将造成较大政治影响时。
（2）中断供电将造成较大经济损失时。
（3）中断供电将影响重要用电单位的正常工作，或造成公共场所秩序混乱时。

3. 三级负荷

不属于一级负荷和二级负荷的用电负荷应为三级负荷。

常见民用建筑（部分）中的一、二级负荷见表 2.1。

表 2.1 常见民用建筑的一、二级负荷

序号	建筑名称	负荷名称	等级
1	国家级政府办公建筑	主要办公室、会议室、总值班室、档案室及主要通道照明	一级
2	省部级办公建筑	客梯电力、主要办公室、会议室、总值班室、档案室及主要通道照明	二级
3	大型商场、超市	经营管理用计算机系统电源	一级*
		应急照明、门厅及营业厅部分照明	一级
		自动扶梯、自动人行道、客梯、空调动力	二级
4	科研院所、高等院校	重要实验室电源（如生物制品、培养剂用电等）	一级
		高层教学楼的客梯电力、主要通道照明	二级
5	一类高层建筑（19层及以上普通住宅或高度超过50m的公共建筑）	消防控制室、消防水泵、消防电梯及其排水泵、防排烟措施、火灾自动报警及联动控制装置、自动灭火系统、火灾应急照明及疏散指示标志、电动防火卷帘、门窗及阀门等消防用电，走道照明、值班照明、警卫照明、障碍照明，主要业务和计算机系统电源，安防系统电源，电子信息设备机房电源、客梯电力，排污泵，变频调速（恒压供水）生活水泵电力	一级
6	二类高层建筑（10～18层普通住宅或高度不超过50m的公共建筑）	消防控制室、消防水泵、消防电梯及其排水泵、防排烟设施、火灾自动报警及联动控制装置、自动灭火系统、火灾应急照明及疏散指示标志、电动防火卷帘、门窗及阀门等消防用电，主要通道及楼梯间照明，客梯电力，排污泵，变频调速（恒压供水）生活水泵电力	二级

注：负荷级别表中"一级*"为一级负荷中特别重要负荷。

模块 2 建筑电气

> **特别提示**
>
> 不同负荷等级的电气线路对电源、控制和保护等要求不同。在相同条件下,如果按更高一级的负荷进行供电,则线路就越复杂,工程造价就越高。

2.1.4 常用电工材料

1. 常用导线材料

常用导线可分为普通导线、电缆和母线。普通导线又分绝缘导线和裸导线,建筑中的配线一般用绝缘导线。电缆是一种多芯导线,主要是用来输送和分配大功率电能。母线(又称汇流排)是用来汇集和分配高容量电流的导体。

常用导线材料

(1)绝缘导线

绝缘导线的种类很多,按线芯材料分为铜芯和铝芯;按线芯股数分为单股和多股;按线芯结构分为单芯、双芯和多芯;按绝缘材料分为橡皮绝缘导线和塑料绝缘导线;等等。常用绝缘导线的型号和主要用途见表2.2。

表 2.2 常用绝缘导线的型号和主要用途

型号	名称	主要用途
BX	铜芯橡皮绝缘导线	用于交流额定电压 250～500V 的电路中,适用于固定敷设
BXR	橡皮绝缘软线	供交流电压 500V 以下或直流电压 1000V 以下的电路中配电和连接仪表用,适用于管内敷设
BXS	双芯橡皮绝缘导线	用于交流额定电压 250V 的电路中,在干燥场所宜在绝缘子上敷设
BXH	铜芯橡皮绝缘花线	用于交流额定电压 250V 的电路中,在干燥场所供移动用电设备接线用
BLX	铝芯橡皮绝缘导线	用于交流额定电压 250～500V 的电路中,适用于固定敷设
BLV(BV)	铝(铜)芯聚氯乙烯绝缘导线	用于交流电压 500V 以下或直流电压 1000V 以下的电路中,适用于室内固定敷设
BLVV(BVV)	铝(铜)芯聚氯乙烯绝缘护套线	
BVR	铜芯聚氯乙烯绝缘软线	用于交流电压 500V 以下的电路中,适用于要求电线比较柔软的场所敷设
RVB	平行聚氯乙烯绝缘软线	用于交流电压 250V 的电路中,适合室内连接小型电器、移动或半移动敷设时使用
RVS	双绞聚氯乙烯绝缘软线	

绝缘导线的型号表示方法如下。

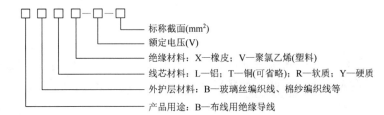

例如，BLV-500-25 表示铝芯聚氯乙烯绝缘导线，额定电压为500V，线芯截面为25mm²。

（2）裸导线

裸导线主要有铝绞线（LJ）、钢芯铝绞线（LGJ）、铜绞线（TJ）和钢绞线（GJ），一般用于架空敷设。

铝绞线用于输送电压10kV及以下的线路，其档距一般为25～50m。

钢绞线用于输送电压35kV及以上的高压架空线路或用作避雷线。

（3）电缆

电缆的种类很多，有电力电缆、控制电缆、通信电缆等。

电力电缆由缆芯、绝缘层和保护层三个主要部分构成，其结构如图2.6所示。

电缆

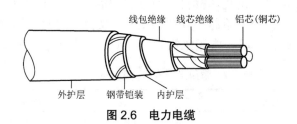

图2.6 电力电缆

① 缆芯。缆芯材料通常为铜或铝。线芯的数量可分为单芯、双芯、三芯和四芯几种。

② 绝缘层。电缆绝缘层的作用是将缆芯导体之间及缆芯线与保护层之间相互绝缘，要求有良好的绝缘性能和耐热性能。绝缘层用的绝缘材料有油浸纸、聚氯乙烯、交联聚乙烯和橡皮等。

③ 保护层。保护层又分为内护层和外护层两部分。内护层保护绝缘层不受潮湿，并防止电缆浸渍剂外流，常用铝、铅、塑料、橡套等做成。外护层保护绝缘层不受机械损伤和化学腐蚀，常用的有沥青麻护层、钢带铠装护层等几种。

电力电缆的型号由字母和数字组成，字母表示电缆的用途、绝缘、缆芯材料及内护套、特征等；数字表示外护套和铠装的类型。电力电缆的型号由五个部分组成，各部分字母和数字的含义见表2.3。

表2.3 电力电缆型号组成及含义

绝缘代号	导体代号	内护层代号	特征代号	外护层代号	
				第一个数字	第二个数字
Z—油浸纸绝缘 X—橡皮绝缘 V—聚氯乙烯 YJ—交联聚乙烯	T—铜（可省略） L—铝	Q—铅包 L—铝包 H—橡套 V—聚氯乙烯 Y—聚乙烯	D—不滴流 P—贫油式 （干绝缘） F—分相铅包	1—单钢带 2—双钢带 3—细圆钢丝 4—粗圆钢丝	1—纤维绕包 2—聚氯乙烯 3—聚乙烯

注：在外护层代号中，第一个数字表示铠装层，第二个数字表示外被层。

例如，VV22 为铜芯聚氯乙烯绝缘聚氯乙烯护套双钢带铠装电力电缆。

> **特别提示**
> 钢带铠装电力电缆主要用于埋地敷设，钢带铠装可以很好地保护电缆线芯免受外界的机械损伤。

（4）母线

① 母线的型号。

硬母线通常用铝或铜质材料加工而成，其截面的形状有矩形、管形、槽形等。由于铝质母线价格适宜，目前母线装置多采用铝质，但其载流量与热稳定性能远小于铜质母线。为便于识别相序，母线安装后应按表2.4的规定做色别标记。

母线

表 2.4 母线相序色别

母线类别	A（L_1）	B（L_2）	C（L_3）	正极	负极	中性线	接地线
涂漆颜色	黄	绿	红	赭	蓝	紫	紫底黑条

硬母线的型号表示方法如下。

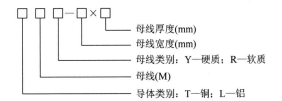

母线厚度(mm)
母线宽度(mm)
母线类别：Y—硬质；R—软质
母线(M)
导体类别：T—铜；L—铝

例如，TMY—125×10 为硬铜母线，宽度为125mm，厚度为10mm。

② 母线的作用和类型。

母线的作用是汇集、分配和输送电能，一般用作变压器与高压配电柜、变压器与低压配电柜之间的连线，以及各种高低压配电柜之间的连线。

母线分为软母线、硬母线和封闭母线，封闭母线又分为密集型绝缘母线和空气型绝缘母线。软母线一般用于35kV以上户外配电装置中，如图2.7（a）所示。硬母线一般用于20kV以下户内外配电装置中，如图2.7（b）所示。封闭母线是将导体封闭在金属外壳内的，一般用于建筑内的配电装置中，如图2.7（c）所示。

2. 常用安装材料

常用安装材料分为金属材料和非金属材料两类。金属材料中常用的有各种类型的钢材及铝材，如水煤气管、薄壁钢管（或称电线管）、角钢、扁钢、钢板、铝板等；非金属材料中常用的有塑料管、瓷管等。

（1）常用线管

在室内电气工程施工中，为使电线免受腐蚀和外来机械损伤，常把绝缘导线穿入线管内敷设。常用的线管有金属管和塑料管等。

(a) 软母线　　　　　　　　　　　(b) 硬母线

(c) 封闭母线

图 2.7　母线

① 常用的金属管有水煤气管、薄壁钢管、金属软管等。

a. 水煤气管又称焊接管或瓦斯管，管壁较厚（3mm 左右），一般用于输送水煤气及制作建筑构件（如扶手、栏杆、脚手架等），适合在内线工程中有机械外力或有轻微腐蚀气体的场所作明线敷设和暗线敷设用。水煤气管按表面是否镀锌分为镀锌管和不镀锌管；按管壁厚度不同可分为普通钢管和加厚钢管。

b. 薄壁钢管，壁厚约 1.5mm，又称电线管。薄壁钢管的内外壁均涂有一层绝缘漆，适用于干燥场所的线路敷设。目前常使用的管壁厚度不大于 1.6mm 的扣接式（KBG）或紧定式（JDG）镀锌电线管，也属于薄壁钢管。

c. 金属软管又称蛇皮管，由厚度为 0.5mm 以上的双面镀锌薄钢带加工压边卷制而成，轧缝处有的加石棉垫，有的不加。金属软管既有相当的机械强度，又有很好的弯曲性，常用于需要弯曲部位较多的场所及设备的出线口处等。

② 常用的塑料管有硬型塑料管、半硬型塑料管、软型塑料管等。塑料管按材质主要有聚氯乙烯管、聚乙烯管、聚丙烯管等。其特点是常温下抗冲击性能好，耐碱、耐酸、耐油性能好，但易变形老化，机械强度不如钢管。

a. 硬型塑料管适合在腐蚀性较强的场所作明线敷设和暗线敷设用。

b. 半硬型塑料管韧性大、不易破碎、耐腐蚀、质轻、刚柔结合、易于施工，适用于一般民用建筑的照明工程暗线敷设。常用的半硬型塑料管有阻燃型 PVC 工程塑料管。

c. 软型塑料管质轻、刚柔适中，适于作电气软管。

（2）常用钢材料

钢材料在电气工程中一般作为安装设备用的支架和基础，也可作为导体（如避雷针、避雷网、接地体、接地线等）使用。

① 作为导体使用的钢材料主要有扁钢、角钢和圆钢。

a. 扁钢常用来制作抱箍、撑铁、拉铁及配电设备的零配件等，分镀锌扁钢和普通扁钢。作为导体，扁钢主要用来做接地引下线、接地母线等，且一般使用镀锌扁钢。规格以宽度（a）×厚度（d）表示，如 -25×4 表示宽为 25mm、厚度为 4mm 的扁钢。

b. 角钢常用来制作输电塔构件、横担、撑铁、各种角钢支架、电气安装底座和滑触线。作为导体的角钢，主要用来做接地体等。角钢按其边宽，分为等边角钢和不等边角钢。其规格以长边（a）×短边（b）×边厚（d）表示。如 ∠$63 \times 40 \times 5$ 表示该角钢长边为 63mm、短边为 40mm、边厚为 5mm。

c. 圆钢也有镀锌圆钢和普通圆钢之分，主要用来制作各种金具、螺栓、钢索等。作为导体的圆钢，主要用来做接地引下线、接地母线、避雷带等。其规格是以直径（mm）表示，如 $\phi 8$ 表示圆钢直径为 8mm。

② 安装用的钢材料主要有工字钢、槽钢和钢板等。

a. 工字钢常用于各种电气设备的固定底座、变压器台架等。其规格是以腹板高度（h）×腹板厚度（d）表示，其型号是以腹高（cm）数表示。如 10 号工字钢，表示其腹高为 10cm（100mm）。

b. 槽钢一般用来制作固定底座、支撑、导轨等。其规格的表示方法与工字钢基本相同，如"槽钢 $120 \times 53 \times 5$"表示其腹板高度（h）为 120mm、翼宽（b）为 53mm、腹板厚（d）为 5mm。

c. 钢板常用于制作各种电器及设备的零部件、平台、垫板、防护壳等。钢板按厚度一般分为薄钢板（厚度小于或等于 4.0mm）、中厚钢板（厚度为 4.0～6.0mm）、特厚钢板（厚度大于 6.0mm）三种。薄钢板有时又称铁皮。

项目 2.2　建筑供配电系统

2.2.1　建筑供配电形式

1. 民用建筑的供电形式

（1）小型民用建筑的供电

小型民用建筑的供电，一般只需要一个简单的 6～10kV 的降压变电所。小型民用建筑供电形式如图 2.8 所示。用电设备容量在 250kW 及以下或需用变压器容量在 160kV·A 及以下时，不必单独设置变压器，可以用 380V/220V 低压供电。

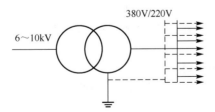

图 2.8　小型民用建筑供电形式

（2）中型民用建筑的供电

中型民用建筑的供电，电源进线一般为 6～10kV，经高压配电所，将高压配线连至各建筑物变电所，降为 380V/220V。中型民用建筑供电形式如图 2.9 所示。

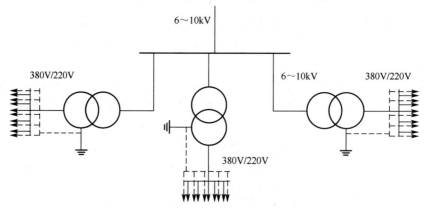

图 2.9　中型民用建筑供电形式

（3）大型民用建筑的供电

大型民用建筑的供电，由于用电负荷大，电源进线一般为 35kV，需经两次降压，第一次由 35kV 降为 10kV，再将 10kV 高压配线连至各建筑物变电所，降为 380V/220V。大型民用建筑供电形式如图 2.10 所示。

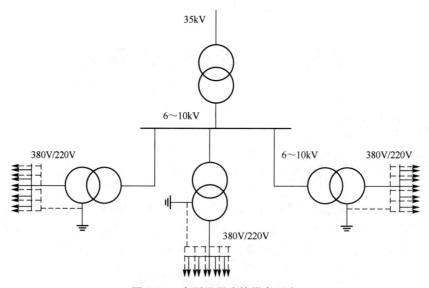

图 2.10　大型民用建筑供电形式

2. 民用建筑常用的配电形式

低压配电系统的配电形式主要有放射式和树干式，由这两种形式组合派生出来的配电形式还有链接式、混合式等。

（1）放射式配电

放射式配电如图 2.11 所示。其优点是供电可靠性高，便于计量和经济核算；其缺点是有色金属消耗量较大，使用的开关设备也较多，投资费用高。该配电形式适用于有大容量用电设备、负荷性质重要的场所或有特殊要求的车间、建筑物内。

（2）树干式配电

树干式配电如图 2.12 所示。其优点是配电形式灵活，有色金属消耗量也较小，总投资少；其缺点是当干线发生故障时，影响范围较大，故其可靠性较低。该配电形式适用于大部分用电设备为中小容量且无特殊要求的场所，正常环境的车间或建筑物内，以及施工现场的临时用电等。

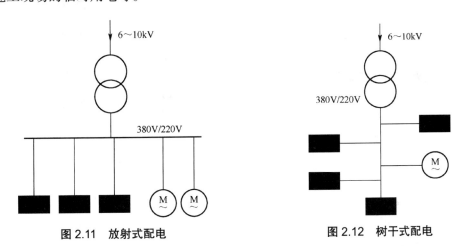

图 2.11　放射式配电　　　　图 2.12　树干式配电

（3）链接式配电

链接式配电是树干式配电的一种形式，如图 2.13 所示。与树干式配电不同的是其线路分支点设在配电箱内，由配电箱内的总开关上端引至下一配电箱。链接式配电的优点是线路上无分支点，适合穿管敷设，节省有色金属；其缺点是供电可靠性差。该配电形式适用于暗敷线路，供电可靠性要求不高的小容量设备，一般连接的设备不宜超过 3 台，总容量不宜超过 10kW。

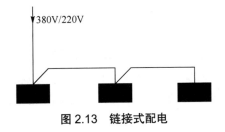

图 2.13　链接式配电

（4）混合式配电

实际工程中的配电形式多为以上形式的混合，一般民用建筑的配电如图 2.14（a）所示，高层建筑的配电如图 2.14（b）所示。

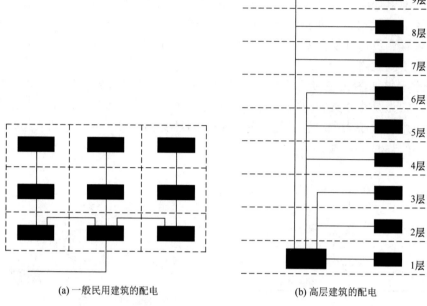

(a) 一般民用建筑的配电　　(b) 高层建筑的配电

图 2.14　混合式配电

> **特别提示**
>
> 民用建筑内部的配电形式与线路功能要求、敷设方式、线路距离、负荷分布等条件有关，具体使用什么配电形式，一般应选择多个方案，经过安全、质量、经济等对比后，才能确定。

2.2.2　变（配）电所

变（配）电所是建筑供（配）电系统中的重要组成部分，其主要作用是变换与分配电能。中小型民用建筑变（配）电所主要为 10kV 级。

1. 变（配）电所位置的选择

变（配）电所位置的选择原则：应尽量避开有腐蚀性污染的场所，以免设备被腐蚀损坏；接近负荷中心，可以节省有色金属；设置在进出线方便场所，有利于大型设备（变压器、配电柜等）的运输和安装；不宜设置在积水、低洼场所，以及紧邻厕所、浴室的场所等。

2. 变（配）电所的主要设备

变（配）电所中常用的设备分高压设备和低压设备。高压设备有高压负荷开关、高压断路器、高压熔断器、高压隔离开关、高压开关柜和避雷器等。低压设备有刀开关、低压断路器、低压熔断器和低压配电柜等。这里只介绍低压设备。

(1)刀开关

刀开关用于分断电流不大的电路,在低压配电柜内有时也起隔离电压的作用。

刀开关由手柄、动触头、静触头、底座等组成,如图2.15所示。

(a) HD12系列

(b) HD11系列

图2.15　刀开关

刀开关的操作顺序是:合闸送电时应先合刀开关,再合断路器;分闸断电时应先分断断路器,再分断刀开关。

刀开关的型号表示方法如下。

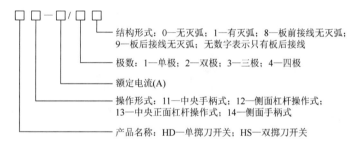

(2)低压断路器

低压断路器是一种能通断负荷电流,并能对电气设备进行过载、短路、欠压等保护的低压开关电器。

低压断路器主要由主触头系统、灭弧系统、储能弹簧、脱扣系统、保护系统及辅助触头等组成。其形式主要有框架式断路器和塑壳式断路器。常见的低压断路器如图2.16所示。

(a) DW15系列框架式断路器

(b) DZ20系列塑壳式断路器

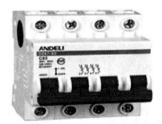
(c) DZ47系列微型塑壳式断路器

图2.16　常见的低压断路器

①框架式断路器为敞开式结构，广泛应用于工业企业变电所及其他变电场所，其产品有DW15[图2.16(a)]、DW16、ME等系列，额定电流可高达4000A。

②塑壳式断路器为封闭结构，广泛用于变（配）电、建筑照明线路中，其产品系列有DZ10、DZ12、DZ15、DZ20[图2.16(b)]、CM1、M等。

③微型塑壳式断路器，常用于建筑照明线路中，其产品系列有C65N、DZ47[图2.16(c)]、S500、NC等。

低压断路器的型号表示方法如下。

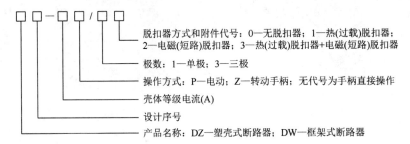

（3）低压熔断器

低压熔断器俗称保险丝，其结构简单、安装方便，常在低压电路中作短路和过载保护。常用的低压熔断器有瓷插式、螺旋式、无填料管式、有填料管式、快速式熔断器等。

低压熔断器主要由熔体和安装熔体的底座组成，如图2.17所示。

(a) RL1系列螺旋式熔断器　　(b) RT18系列熔断器

图2.17　常用的低压熔断器

低压熔断器的型号表示方法如下。

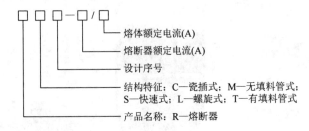

（4）低压配电柜

低压配电柜是以低压一次设备为主，配合二次设备（如接触器、继电器、按钮开关、信号指示灯、测量仪表等），以一定方式组合成一个或一组柜体的电气成套设备。低压配电柜适用于三相交流系统中,额定电压500V及以下,额定电流1500A及以下的低压配电室的电力及照明配电之用。低压配电柜有固定式、抽屉式两种,如图2.18所示。

(a) GGD固定式低压配电柜　　　　　　(b) GCK抽屉式低压配电柜

图 2.18　低压配电柜

① 固定式低压配电柜结构简单,检修方便,但占地较多。常用的固定式低压配电柜有PGL、GGD等系列,如图2.18(a)所示。

② 抽屉式低压配电柜结构紧凑,检修快,占地较少。常用的抽屉式低压配电柜有BFC、GCK等系列,如图2.18(b)所示。

2.2.3　室外配电线路及施工

室外配电线路是指建筑物以外的供配电线路,包括架空线路和电缆线路。

架空线路

1. 架空线路

(1) 架空线路的组成

架空线路是采用电杆、横担将导线悬空架设,向用户传送电能的配电线路。其特点是:设备简单,投资少;设备明设,维护方便;但易受自然环境和人为因素影响,供电可靠性低,且易造成人身安全事故;影响美观。

架空线路由导线、绝缘子、横担、电杆、拉线及线路金具组成,如图2.19所示。

(2) 架空线路的施工

架空线路的施工按以下程序进行。

测量定位→竖立电杆→安装横担→架设导线→安装拉线。

① 测量定位。根据施工图,通过测量,确定电杆的位置,并在杆位上打定位桩。

② 竖立电杆。按照定位桩位置,首先挖坑,做防沉底基,然后立杆,最后回填土。立杆时,通常借助起重机,电工配合,协调工作。

③ 安装横担。根据施工图要求的横担形式、数量、位置,在电杆上用抱箍等金具进行安装。横担安装完后,即可安装绝缘子。

④ 架设导线。首先将导线放置在电杆下的地面上,然后将导线拉上电杆,用紧线器将导线在两根电杆间的弧垂度调整到规定范围后,再固定导线于绝缘子上。

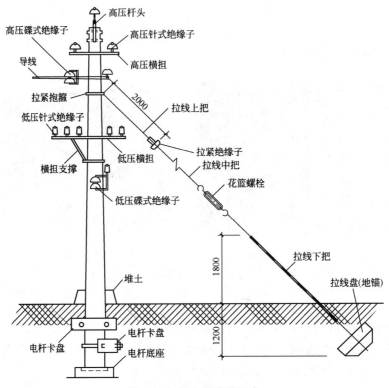

图 2.19　架空线路的组成

⑤ 安装拉线。根据图纸要求，确定拉线形式、数量、方位，在现场制作拉线，安装拉线盘、拉线上把、拉线下把。

2. 电缆线路

（1）电缆线路的敷设方式

电缆线路的敷设方式

电缆线路多为暗敷设，其特点是：供电可靠性高，使用安全，寿命长；但投资大，敷设及维护不太方便。目前住宅小区、公共建筑等多采用电缆线路。

电缆线路的敷设方式主要有直埋式、电缆沟式、排管式、隧道式等。

① 直埋式就是把电缆直接埋入地下的敷设方式。这种方式施工简单，造价低廉，散热性好，使用广泛，但容易受机械损伤和腐蚀，故适合少量电缆的敷设，同一电缆沟内电缆一般不超过 6 根，埋设深度不小于 0.7m。

② 电缆沟式是将电缆在砖砌或混凝土浇筑的电缆沟内敷设的方式。这种方式施工较为复杂，造价高，可使电缆免受机械损伤和腐蚀，一般敷设电缆根数不宜超过 18 根。

③ 排管式是将水泥管、塑料管、钢管等排成一层或几层埋于地下，然后将电缆穿于管内敷设的方式。这种方式可使电缆减少机械损伤和腐蚀，可以多层敷设，但电缆散热性能不好，电缆允许载流量减小，施工较为复杂，造价较高，一般敷设电缆根数不宜超过 12 根。为了便于穿线和检修，一般每隔 150～200m 或在转弯处设置人孔。

④ 在电缆数目很多时（多于 18 根），可以采取隧道式。隧道一般高 2m、宽 1.8～2m，由砖砌或混凝土浇筑而成。这种方式工程量大，造价高，但架设和维护方便。

（2）电缆线路的施工

电缆线路的施工按如下程序进行。

测量定位→挖电缆沟、敷设排管→电缆敷设→连接设备。

① 测量定位。根据施工图要求和实际现场环境测量确定电缆沟及排管的敷设位置。

② 挖电缆沟、敷设排管。直埋式电缆沟结构较为简单，一般将截面挖成倒梯形，沟底铲平，铺上 100mm 厚的软土或细沙，再将电缆敷设在上面，具体做法如图 2.20 所示。普通电缆沟由砖砌或混凝土浇筑而成，侧壁装有电缆支架，做法如图 2.21 所示。

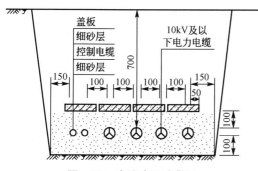

图 2.20 电缆直埋式敷设

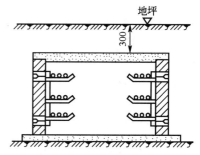

图 2.21 电缆电缆沟式敷设

③ 电缆敷设。电缆一般借助放线架、滚轮等设备进行敷设，在沟内不宜拉得很直，应略呈波浪形，以适应环境温度造成的热胀冷缩。多根电缆不应相互盘绕敷设，而应保持至少一个电缆直径的间距，以满足散热的要求。当电缆较长，中间有接头时，必须采用专用的电缆接头盒。若电缆有分支，则常采用电缆分支箱分线。

④ 连接设备。电缆与设备连接，其终端要做电缆终端头（简称电缆头），电缆终端头的制作主要有热缩法、冷缩法和干包法等。热缩式电缆终端头的结构如图 2.22 所示。

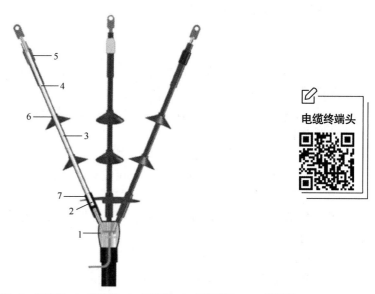

1—热缩支套；2—应力管；3—绝缘管；4—密封管；5—标记管；6—单孔雨裙；7—三孔雨裙。

图 2.22 热缩式电缆终端头的结构

项目 2.3　建筑电气照明系统

2.3.1　照明的方式与种类

1. 照明的方式

建筑电气照明的方式主要有一般照明、分区一般照明、局部照明和混合照明四种。

（1）一般照明

不考虑特殊部位的照明，只要求照亮整个场所的照明方式称为一般照明，如办公室、教室、仓库等。

（2）分区一般照明

根据需要，加强特定区域的一般照明方式称为分区一般照明，如专用柜台、商品陈列处等。

（3）局部照明

为满足某些部位的特殊需要而设置的照明方式称为局部照明，如工作台、教室的黑板等。

（4）混合照明

以上照明方式的混合形式。

2. 照明的种类

建筑电气照明的种类可分为正常照明、应急照明、警卫照明、值班照明、景观照明和障碍照明等。

（1）正常照明

正常照明是指在正常情况下，保证能顺利地完成工作而设置的照明，如教室、办公室、车间等。

（2）应急照明

应急照明是指因正常照明的电源发生故障而临时应急启用的照明，如影剧院、高层建筑疏散楼梯、大型商场等。应急照明包括备用照明、安全照明和疏散照明。

① 备用照明，当正常照明因故障熄灭后，对需要确保正常工作或活动继续进行的场所的照明。

② 安全照明，对需要确保处于危险之中的人员而设置的照明。

③ 疏散照明，对需要确保人员安全疏散的出口和通道的照明。

（3）警卫照明

警卫照明是指用于警戒而安装的照明。有警戒任务的场所，根据警戒范围的要求设置警卫照明。

（4）值班照明

值班照明是指非工作时间，为值班所设置的照明，如大型商场内，宜设置值班照明。

（5）景观照明

景观照明是指用于满足建筑规划、市容美化和建筑物装饰要求的照明。

（6）障碍照明

障碍照明是指在建筑物上装设的作为障碍标志的照明。在有危及航行安全的建筑物、构筑物上，应根据航行要求设置障碍照明。

2.3.2　照明光源及灯具

1. 照明光源

照明光源是指用于建筑物内外照明的人工光源。近代照明光源主要采用电光源（即将电能转换为光能的光源）。电光源可按其发光物质分为固体发光光源和气体放电发光光源两类。电光源的种类及用途见表2.5。

表 2.5　电光源的种类及用途

电光源	固体发光光源	热辐射光源	白炽灯	用于开关频繁的场所、需要调光的场所、要求防止电磁波干扰的场所，其余场所不推荐使用
			卤钨灯	适用于电视转播照明，并用于绘画、摄影和建筑物投光照明等
		电致发光光源	场致发光灯（EL）	大量用作液晶显示器的背光源
			半导体发光二极管（LED）	常作为指示灯、带色彩的装饰照明等
	气体放电发光光源	辉光放电灯	氖灯	常作为指示灯、装饰照明等
			霓虹灯	用作建筑物装饰照明
		弧光放电灯	低气压灯　荧光灯	广泛应用于各类建筑的照明中
			低气压灯　低压钠灯	适用于公路、隧道、港口、货场和矿区照明
			高气压灯　高压钠灯	广泛应用于道路、机场、码头、车站、广场及工矿企业照明
			高气压灯　高压汞灯	常用于空间高大的建筑物中
			高气压灯　金属卤化物灯	用于电视、体育场、礼堂等对光色要求很高的大面积照明场所

2. 灯具

灯具是透光、分配和改变光源光线分布的器具，包括除光源外所有用于固定光源、保护光源所需的全部零部件及与电源连接所必需的线路附件。

（1）灯具的主要作用

① 固定光源。

② 对光源提供机械保护。

③控制光源发出光线的扩散程度，达到配光要求。

④防止眩光。

⑤保证特殊场所的照明安全，如防尘、防水等。

⑥装饰和美化环境。

（2）灯具的分类

①按配光分类。配光是指光源的光通量向上与向下的发射部分之间的分配。按配光分类，灯具一般可分为直射型灯具、半直射型灯具、漫射型灯具、半反射型灯具、反射型灯具五类。

a.直射型灯具。这类灯具能使90%以上的光线直接向下照射，使光线大部分集中到工作面上。这类灯具光线集中，效率较高，最为经济，但视觉范围内亮度差异大，局部的物体有明显的阴影。各种金属灯具属这一类型。

b.半直射型灯具。这类灯具能使60%~90%的光线向下照射，10%~40%的光线向上照射，射向上方的分量将减少照明环境所产生的阴影的硬度，并改善其各表面的亮度比。各种敞口玻璃、塑料灯具属这一类型。

c.漫射型灯具。这类灯具向上或向下照射的光线分别为40%或60%。各种封闭型玻璃、塑料灯具属漫射型灯具。这类灯具照明均匀性好，没有明显的阴影，但光线被天棚、墙壁和灯具吸收较多，不如直射型灯具经济，多用于生活间、公共建筑等场所。

d.半反射型灯具。这类灯具使10%~40%的光线向下照射，有60%~90%的光线向上照射。

e.反射型灯具。这类灯具能使90%以上的光线向上方照射，经天棚、墙壁或特种反射器，反射到被照物表面上。使用这类灯具，房间可得到柔和的照明，没有阴影，但效率低，不经济，一般只用于建筑艺术照明，以及有特殊需要的地方。

②按结构形式分类。按结构形式分类，灯具可分为开启式灯具、保护式灯具、防尘式灯具、密闭式灯具和防爆式灯具五类。

a.开启式灯具。这类灯具的灯泡直接与外部环境相通。

b.保护式灯具。这类灯具的灯泡装于灯具内部，但灯具内部与外界能自由换气。

c.防尘式灯具。这类灯具需密闭，内部与外界也能换气，灯具外壳与玻璃罩以螺栓连接。

d.密闭式灯具。这类灯具的内部与外界不能换气。

e.防爆式灯具。这类灯具防护严密，灯具内外承受一定压力，一般不会因灯具引起爆炸。

③按安装方式分类。按安装方式分类，灯具可分为悬吊式灯具、吸顶式灯具、嵌入式灯具、壁式灯具、其他安装形式的灯具等。

a.悬吊式灯具。这类灯具采用悬吊式安装，其悬吊方式有吊线式、吊链式和管吊式等。

b.吸顶式灯具。这类灯具采用吸顶式安装，即将灯具直接安装在顶棚的表面上。

c.嵌入式灯具。这类灯具采用嵌入式安装，即将灯具嵌入安装在顶棚的吊顶内，有时也采用半嵌入式安装。

d. 壁式灯具。这类灯具采用墙壁式安装,即将灯具安装在墙壁上。

e. 其他安装形式的灯具还有落地式、台式、庭院式、道路式和广场式等。

2.3.3　室内照明线路及施工

室内照明线路主要由进户线、总配电箱、干线、分配电箱、支线和用户配电箱(或照明设备)等组成。室内照明线路组成如图 2.23 所示。

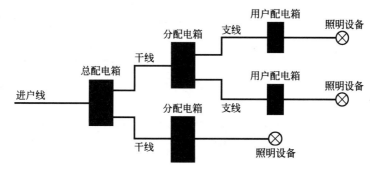

图 2.23　室内照明线路组成

1. 电源进线

(1) 供电电源与形式

建筑内不同性质、功能的照明线路负荷等级不同。一类高层建筑的应急照明、楼梯间及走廊照明、值班照明、障碍照明等为一级负荷;二类高层建筑的应急照明、楼梯间及走廊照明等为二级负荷;不属于一级和二级负荷者为三级负荷。负荷等级不同,对供电电源的要求也不同。

作为一级负荷的照明线路,应采用两路电源供电,电源线路取自不同的变电站,为保持供电的可靠性,常多设一路电源,作为应急,常用的应急电源有蓄电池、发电机、不间断电源 UPS 或 EPS 等。二级负荷采用两回线路供电,电源线路取自同一变电所不同的母线,也可设置蓄电池等应急电源。三级负荷对电源无特殊要求。

照明系统的供电一般应采用 380V/220V 三相电源,照明设备按功率均匀地分配到三相电路中。如负荷电流小于或等于 60A 时,可采用 220V 单相二线制的交流电源供电。

在易触电、工作面较窄、特别潮湿的场所(如地下建筑)和局部移动式的照明,应采用 36V、24V、12V 的安全电压供电。

(2) 电源进线线路敷设

电源进线的形式主要有架空进线和电缆进线两种。

① 架空进线由接户线和进户线组成。接户线是指建筑物附近城市电网电杆上的导线引至建筑物外墙进户横担绝缘子上的一段线路;进户线是由进户横担绝缘子经穿墙保护管引至总配电箱或配电柜内的一段线路。架空进线的组成如图 2.24 所示。

② 电缆进线是由室外埋地进入室内总配电箱或配电柜内的一段线路,导线穿过建筑物基础时要穿钢管保护,并做防水、防火处理,具体做法参见《建筑电气安装工程图集》的相关内容。

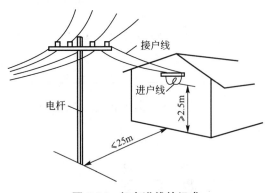

图 2.24 架空进线的组成

2. 配电箱

电气照明线路的配电级数一般不超过三级，即总配电箱、分配电箱和用户配电箱。配电级数过多，线路过于复杂，不便于维护。

（1）配电箱的作用

配电箱是将断路器、刀开关、熔断器、电能表等设备、仪表集中设置在一个箱体内的成套电气设备。配电箱在电气工程中主要起电能的分配、线路的控制等作用，是建筑物内电气线路中连接电源和用电设备的重要电气装置。

（2）配电箱的种类

配电箱根据用途不同分为电力配电箱和照明配电箱两种；根据安装方式分为悬挂式、嵌入式和半嵌入式三种；根据材质分为铁制、木制和塑料制品，其中铁制配电箱使用较为广泛。

（3）配电箱的安装

配电箱的安装主要有明装和暗装两种形式。明装是指用支架、吊架和穿钉等将配电箱安装在墙和柱等表面的安装方式。暗装是指将配电箱嵌入墙体的安装方式。

配电箱安装的要求如下。

① 配电箱的金属框架及基础型钢必须接地可靠；装有电器的可开启门，门和框架的接地端子间应用裸编织铜线连接，且有标识。

② 低压照明配电箱应有可靠的电击保护。

③ 配电箱内线路的线间和线对地间绝缘电阻值，馈电线路必须大于 $0.5M\Omega$，二次回路必须大于 $1M\Omega$。

④ 配电箱内配线应整齐，无铰接现象，导线连接紧密，不伤芯线，小断股。垫圈下螺钉两侧压的导线截面面积应相同，同一端子上连接的导线不多于 2 根，防松垫圈等零件齐全。

⑤ 配电箱内开关动作应灵活可靠，带有漏电保护的回路，漏电保护装置动作电流不大于 30mA，动作时间不大于 0.1s。

⑥ 配电箱内应分别设置零线（N）和保护线（PE）汇流排（接线端子板），零线和保护地线经汇流排配出。

⑦ 配电箱安装垂直度允许偏差应不大于 1.5‰。

⑧ 控制开关及保护装置的规格、型号应符合设计要求；配电箱上的器件应标明被控设备编号及名称，或操作位置；接线端子应有编号，且清晰、工整、不易脱色。

⑨ 二次回路连线应成束绑扎，不同电压等级、交流、直流线路及控制线路应分别绑扎，且有标识。

⑩ 配电箱安装高度如无设计要求，一般暗装配电箱底边距地面为 1.5m，明装配电箱底边距地面不小于 1.8m。

3. 干线与支线

照明线路的干线是指从总配电箱到各分配电箱的线路；支线是指由分配电箱到各照明设备（或用户配电箱）的线路。由用户配电箱引出的线路也称为支线。

（1）干线线路的敷设

干线线路常用的敷设方法有封闭母线配线、电缆桥架配线等。

① 封闭母线配线是将封闭母线作为干线在建筑物中敷设的方式。封闭母线可分为密集型绝缘母线和空气型绝缘母线，适用于额定工作电压660V以下、额定工作电流250～2500A、频率50Hz的三相供配电线路。它具有结构紧凑、绝缘强度高、传输电流大、易于安装维修、寿命长等特点，被广泛地应用在工矿企业、高层建筑和公共建筑等供配电系统中。

封闭母线

封闭母线应用的场所是低电压、大电流的供配电干线系统，一般安装在电气竖井内，使用其内部的母线系统向每层楼内供配电。封闭母线的结构及布置如图 2.25 所示。

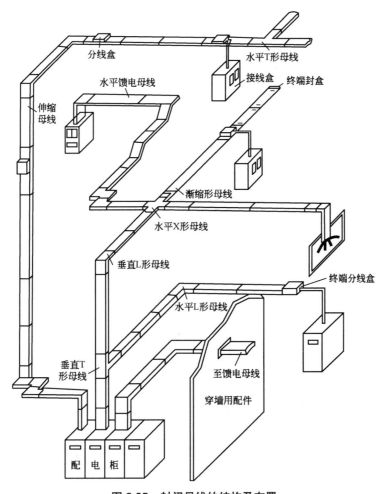

图 2.25 封闭母线的结构及布置

电缆桥架

② 电缆桥架配线是架空电缆敷设的一种支持构架，通过电缆桥架把电缆从配电室或控制室送到用电设备。电缆桥架可以用来敷设电力电缆、控制电缆等，适用于电缆数量较多或较集中的室内外及电气竖井内等场所的架空敷设，也可在电缆沟和电缆隧道内敷设。

电缆桥架按材料分为钢制电缆桥架、铝合金制电缆桥架和玻璃钢制电缆桥架；按形式分为托盘式电缆桥架、梯架式电缆桥架等类型。电缆桥架由托盘、梯架的直线段、弯通、附件及支（吊）架等构成。托盘式电缆桥架的结构和空间布置如图 2.26 所示。

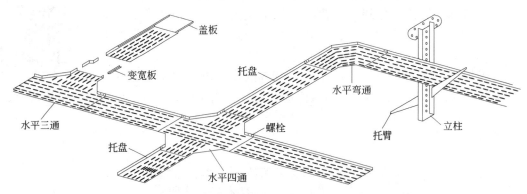

图 2.26 托盘式电缆桥架的结构和空间布置

（2）支线线路的敷设

支线线路常用的敷设方法主要有线管配线、线槽配线等。

① 线管配线是指将导线穿入线管内的敷设方式。常用的线管有金属管和塑料管。线管配线的优点是可保护导线不受机械损伤、不受潮湿尘埃等影响。线管配线有两种敷设方式：将线管直接敷设在墙上或其他明露处，称为明管配线；将线管埋设在墙、楼板或地坪内的隐蔽配线形式，称为暗管配线。在工业厂房中，多采用明管配线；在一般民用建筑中，多采用暗管配线。

a. 明管配线的敷设方式有支架敷设、吊架敷设和管卡敷设，具体如图 2.27 所示。

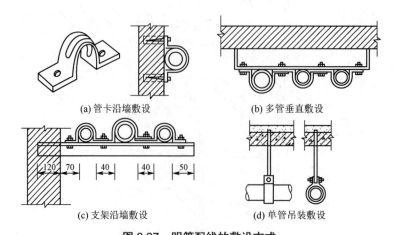

图 2.27 明管配线的敷设方式

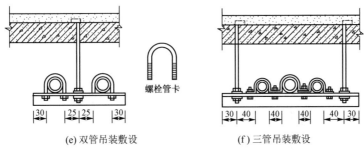

图 2.27 明管配线的敷设方式（续）

b. 暗管配线的敷设方式一般与敷设部位的结构有关，图 2.28 所示为线管在不同结构楼板内的固定方法。导线的连接需要在接线盒和配电箱中完成，接线盒在木模板上的固定方法如图 2.29 所示。一般照明线路的线管埋设深度，其表面至墙体（楼板等）表面不小于 15mm。为了穿线方便，当管路较长，超过下列情况时应加接线盒：管路无弯时，30m；管路有一个弯时，20m；管路有两个弯时，15m；管路有三个弯时，8m。如无法加装接线盒，则应将管径加大一号。线管与其他管线交叉时，其间距应满足：在热水管下面时为 0.2m，在热水管上面时为 0.3m；在蒸汽管下面时为 0.5m，在蒸汽管上面时为 1m。线管与其他管路的平行间距不应小于 0.1m。

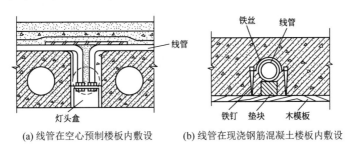

图 2.28 线管在不同结构楼板内的固定方法

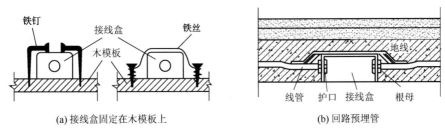

图 2.29 接线盒在木模板上的固定方法

② 线槽配线是指将导线在线槽内敷设的方式。配线用线槽主要有塑料线槽和金属线槽。线槽配线适用于正常环境中室内的明布线，钢制线槽不宜在有腐蚀性气体或液体的环境中使用。线槽由槽底、槽盖及附件组成，外形美观，可对建筑物起到一定的装饰作用。线槽一般沿着楼板底部敷设，室内塑料线槽的安装如图 2.30 所示。塑料线槽可以用螺钉和塑料胀管直接固定在墙上。规格较小的金属线槽可以用膨胀螺栓直接固定在

墙上，规格较大的金属线槽一般用支架固定在墙上，或用吊架固定在楼板底下。

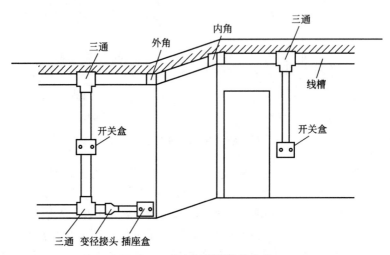

图 2.30　室内塑料线槽的安装

4.照明线路的设备

照明线路的设备主要有灯具、开关、插座、灯头盒、接线盒和风扇等，这里只介绍开关和插座的相关知识。

（1）开关和插座的型号

开关和插座的型号由面板尺寸、类型、特征、额定电流等参数组成。

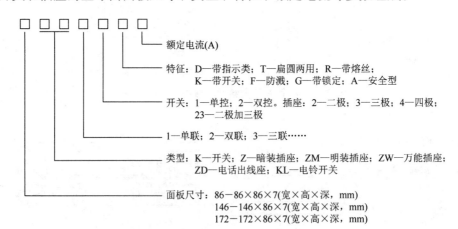

常见开关和插座的型号及外形，如图 2.31 所示。

常见开关和插座

(a) 86K11-10

(b) 86K21-10

(c) 86K31-10

(d) 86Z12-10

(e) 86Z13-10

图 2.31　常见开关和插座

（2）开关和插座的安装

① 开关安装要求。

a. 灯具电源的相线必须经开关控制。

b. 开关连接的导线宜在圆孔接线端子内折回头压接（孔径允许折回头压接时）。

c. 多联开关不允许拱头连接，而应采用缠绕或 LC 型压接帽压接总头后，再进行分支连接。

d. 安装在同一建（构）筑物的开关应采用同一系列的产品，开关的通断方向一致，操作灵活，导线压接牢固，接触可靠。

e. 翘板式开关距地面高度设计无要求时，应为 1.3m，距门口为 150～200mm；开关不得置于单扇门后。

f. 开关位置应与灯位相对应；并列安装的开关高度应一致。

g. 在易燃、易爆和特别潮湿的场所，开关应分别采用防爆型、密闭型，或安装在其他场所进行控制。

② 插座安装要求。

a. 单相两孔插座有横装和竖装两种。横装时，面对插座的右极接相线（L），左极接中性线（N）；竖装时，面对插座的上极接相线（L），下极接中性线（N）。

b. 单相三孔、三相四孔及三相五孔插座的保护线（PE）均应接在上孔，插座的接地端子不应与零线端子连接。

c. 不同电源种类或不同电压等级的插座安装在同一场所时，外观与结构应有明显区别，不能互相代用，使用的插头与插座应配套。同一场所的三相插座，接线的相序应一致。

d. 插座箱内安装多个插座时，导线不允许拱头连接，而宜采用接线帽或缠绕形式接线。

e. 车间及实验室等工业用插座，除特殊场所设计另有要求外，距地面不应低于 0.3m。

f. 在托儿所、幼儿园及小学学校等儿童活动场所应采用安全插座。采用普通插座时，其安装高度不应低于 1.8m。

g. 同一室内安装的插座高度应一致；成排安装的插座高度应一致。

h. 地面安装插座应有保护盖板；专用盒的进出导管及导线的孔洞，应用防水密闭胶严密封堵。

i. 在特别潮湿和有易燃、易爆气体及粉尘的场所不应装设插座，如有特殊要求应安装防爆型插座，且有明显的防爆标志。

项目 2.4 建筑防雷与接地

2.4.1 建筑防雷

雷电现象是自然界大气层在特定条件下形成的一种现象。雷云对地面泄放电荷的现象,称为雷击。雷击产生的破坏力极大,它对地面上的建筑物、电气线路、电气设备和人身都可能造成直接或间接的危害。因此,必须采取适当的防范措施。

1. 雷电的危害方式

雷电的危害方式主要有直击雷、雷电感应和雷电波侵入等方式。

(1) 直击雷

直击雷是雷云直接通过建筑物或地面设备对地面放电的过程。强大的雷电流通过建筑物产生大量的热,使其破坏,还能产生过电压破坏绝缘体,产生火花,引起燃烧和爆炸等。其危害程度在三种方式中是最大的。

(2) 雷电感应

雷电感应是附近有雷云或落雷所引起的电磁作用的结果,分为静电感应和电磁感应两种。静电感应是由于雷云靠近建筑物,使建筑物顶部由于静电感应积聚起与雷云所带电荷极性相反的电荷,这些电荷来不及流散入地,因而形成很高的对地电位,这会引起室内的金属结构与接地不良的金属器件之间放电产生火花而形成爆炸,此外静电感应引起的局部电位也会危及人身安全;电磁感应是当雷电流通过金属导体入地时,形成迅速变化的强大磁场,能在附近的金属导体内感应出电势,而在导体回路的缺口处产生火花,从而引发火灾。

(3) 雷电波侵入

架空线路在直接受到雷击或因附近落雷而感应出过电压时,如果在中途不能使大量电荷入地,雷电波就会侵入建筑物内,破坏建筑物和电气设备。

2. 防雷装置

防雷装置的作用是将雷云电荷或建筑物感应电荷迅速引导入地,以保护建筑物、电气设备及人身不受损害。防雷装置主要由接闪器、引下线、接地装置和避雷器等组成,如图 2.32 所示。

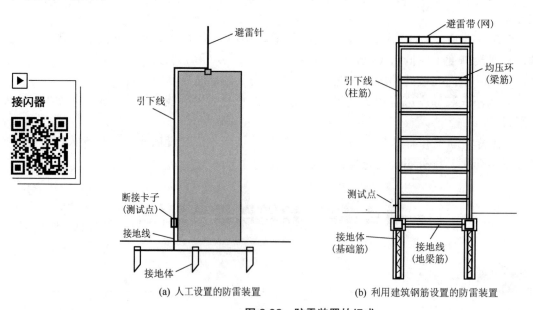

图 2.32 防雷装置的组成

（1）接闪器

接闪器是引导雷电流的装置。接闪器的类型主要有避雷针、避雷线、避雷带（网）等。

① 避雷针常用在屋面较小的建筑物和构筑物上，在有些室外低矮的大型设备附近，一般在地面上设置独立的避雷针。避雷针一般用镀锌圆钢或镀锌钢管制成，其最小规格见表2.6。

表2.6 防雷装置材料的最小规格

名称	接闪器						引下线		接地装置	
	避雷针			避雷线	避雷带（网）	烟囱顶上避雷环	一般住所	装在烟囱上	水平接地体	垂直接地体
	针长/m		烟囱上							
	1以下	1～2								
圆钢直径/mm	12	16	20	—	8	12	8	12	10	10
钢管直径/mm	20	25	—	—	—	—	—	—	—	—
扁钢 截面/mm²	—	—	—	—	48	100	48	100	100	—
扁钢 厚度/mm	—	—	—	—	4	4	4	4	4	—
角钢厚度/mm	—	—	—	—	—	—	—	—	—	4
钢管壁厚/mm	—	—	—	—	—	—	—	—	—	3.5
镀锌钢绞线/mm²	—	—	—	35	—	—	—	25	—	—

② 避雷线一般采用截面面积不小于35mm²的镀锌钢绞线，架设在架空线路之上，以保护架空线路免受雷击。

③ 避雷带（网）常设置在屋面较大的建筑物上，沿建筑物易受雷击的部位（如屋脊、檐角等）装设成闭合的环形（网格形状）导体。避雷带（网）常用镀锌圆钢制作，其最小规格见表2.6。

（2）引下线

引下线是将雷电流引入大地的通道。引下线的材料多采用镀锌扁钢或圆钢，其最小规格见表2.6。

高层建筑的外墙有大量的金属门窗等金属导体，这些部位也易遭受雷击，这种雷击称为侧雷击。为防止侧雷击，通常将建筑物外墙圈梁内敷设的圆钢与引下线连接成环形导体，该环形导体称为均压环，如图2.33所示。外墙的金属导体与附近的均压环连接，可以有效防止侧雷击。

为便于测量接地电阻，在引下线（明装）距地1.8m处装设断接卡子（接地电阻测试点），并在引下线地上1.7m至地下0.3m的一段加装塑料管（或竹管）保护。利用建筑物的柱内钢筋作为引下线时，不能设置断接卡子，一般在距地0.5m处用短的扁钢或镀锌钢筋从柱筋焊接引出，作为测试接地电阻的测试点，如图2.34所示。

| 利用圈梁两根平行主筋与柱内引下线可靠焊接 | 梁内均压环焊接，采用双面焊接，焊缝搭接长度大于6D(D为圆钢直径) | 引下线与梁内均压环可靠焊接 |

图 2.33　均压环

引下线

图 2.34　柱筋引下线及接地电阻测试点

特别提示

目前，新建建筑大多数利用柱内的柱筋作为引下线，这样较节省金属导体。钢筋混凝土柱内的钢筋应每根柱至少使用两根，钢筋搭接时应焊接牢固以连接成电气通路，上部焊接在接闪器上，下部焊接在接地装置上。

（3）接地装置

接地装置可迅速使雷电流在大地中流散。接地装置按安装形式不同，可分为垂直接地体和水平接地体，如图 2.35 所示。一般垂直接地体长度为 2.5～3.0m，常用镀锌圆钢、角钢、钢管、扁钢等材料，其最小规格见表 2.6。

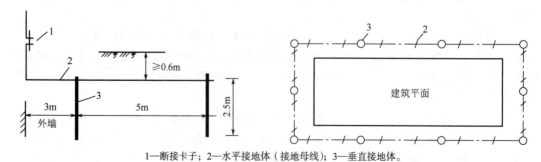

1—断接卡子；2—水平接地体（接地母线）；3—垂直接地体。

图 2.35　接地装置

接地电流从接地装置向大地周围流散所遇到的全部电阻称为接地电阻。接地电阻越小，越容易流散雷电流，因此不同防雷要求的建筑，对接地电阻值的要求不同，具体可查阅相关防雷设计规范。

当有雷电流通过接地装置向大地流散时，在接地装置附近的地面上，将形成较高的跨步电压，危及行人安全，因此接地装置应埋设在行人较少的地方，要求接地装置距建筑物或构筑物出入口及人行道不应小于3m，并采取降低跨步电压的措施，如在接地装置上敷设50～80mm厚的沥青层，其宽度应超过接地装置2m。

接地装置

> **特别提示**
>
> 现代的建筑防雷，常用钢筋混凝土基础内的钢筋或地下管道作为接地装置，以满足接地电阻及埋设深度的要求，可节省金属导体，效果较好。

（4）避雷器

避雷器用来防止雷电沿线路侵入建筑物内，以免损坏电气设备。常用避雷器的形式有阀式避雷器、管式避雷器、金属氧化物避雷器、保护间隙和击穿保险器等。

① 对配电变压器的防雷电保护，一般采用阀式避雷器。阀式避雷器通常设置在高压进线处。避雷器的接地线、变压器的外壳及低压侧的中性点接地线应连接在一起后，统一连接到接地装置上，如图2.36所示。

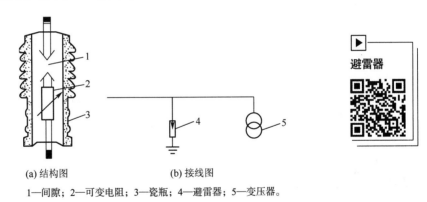

(a) 结构图　　　　　(b) 接线图

1—间隙；2—可变电阻；3—瓷瓶；4—避雷器；5—变压器。

图2.36　阀式避雷器

② 高低压架空进户线路，在接户横担上或接户杆横担上设置避雷器，避雷器下端横担连接引下线与建筑防雷接地装置相连接。

> **知识链接**

电气线路防雷措施

电气线路防雷的基本措施主要是利用防雷装置，把雷云电荷引导流入大地，以削弱其危害，确保电力系统和电气设备的安全运行。

1. 配电变压器的防雷措施

对配电变压器的防雷电保护，一般采用阀型避雷器。避雷器的接地线应与变压器的外壳及低压侧的中性点接地线连接在一起后，统一连接到接地装置上。如果变压器低压侧中性点不接地，则应在中性点装设击穿保险器。

2. 架空线路的防雷措施

3～10V 及以下架空线路的防雷保护一般采用装设避雷器和避雷线的方法，架空线路杆上固定的金属构件应接地。

3. 低压接户线的防雷措施

为了防止雷电波沿低压线路侵入建筑物内，应将接户线入户端绝缘子铁脚接地，其接地电阻应不大于 30Ω。

4. 变（配）电所的防雷措施

变（配）电所的防雷措施主要是采用避雷针（防止直击雷）和装设阀式避雷器（防止雷电波侵入）。

③ 在低压配电室配电柜内或总配电箱内一般设置金属氧化物避雷器，既可以起到防雷作用，又可以起到防系统过电压的作用。

> **知识链接**

高层建筑防雷

现代的高层建筑物，一般都是用钢筋混凝土浇筑而成的，或是用预制装配式壁板装配而成的，结构的梁、柱、墙及地下基础均有相当数量的钢筋。可把这些钢筋从上到下全部连接成电气通路，并把室内的上下水管道、热力管道、钢筋网等全部金属物体连接成一个整体，构成笼式暗装避雷网。这样，使整个建筑物成为一个与大地可靠连接的等电位整体，能有效地防止雷击。

2.4.2 接地

为了满足电气装置和系统的工作特性和安全防护的需要，将电气装置和电力系统的某一部位通过接地装置与大地土壤做良好的连接，即为接地。

1. 接地方式

（1）工作接地

工作接地是为了保证电气设备的可靠运行并提供部分电气设备和装置所需要的相电压，将电力系统中的变压器低压侧中性点通过接地装置与大地直接连接的接地方式，如图 2.37 所示。

（2）保护接地

保护接地是为了防止电气设备由于绝缘损坏而造成触电事故，将电气设备的金属外壳通过接地线与接地装置连接起来的接地方式。其连接线称为保护线（PE）或接地线，如图 2.37 所示。

（3）重复接地

当线路较长或接地电阻要求较高时，为尽可能降低零线的电阻，除变压器低压侧中性点直接接地外，还将零线上一处或多处再进行接地的方式称为重复接地，如图 2.37 所示。

（4）防雷接地

为泄掉雷电流而设置的防雷接地装置称为防雷接地，如图 2.37 所示。

2. 接零

（1）工作接零

当单相用电设备为取得单相电压而接的零线称为工作接零，如图 2.37 所示。其连接线称为中性线或零线，与保护线共享的中性线或零线称为保护中性线（PEN）。

（2）保护接零

为了防止电气设备因绝缘损坏而使人身遭受触电危险，将电气设备的金属外壳与电源的中性线（零线）用导线连接起来称为保护接零，如图 2.37 所示。其连接线也称为保护线（PE）或保护零线。

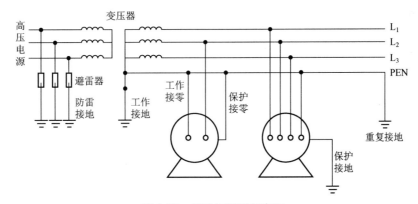

图 2.37　接地与接零示意图

3. 低压配电系统接地

根据国际电工委员会（IEC）标准及国家标准《低压配电设计规范》（GB 50054—2011）的规定，低压配电系统的接地形式分为 TN 系统、TT 系统和 IT 系统三种。

（1）TN 系统

在此系统中，电源有一点与大地直接连接，负荷侧电气装置的外露可导电部分通过保护线与该点连接。TN 系统分为 TN-S 系统 [图 2.38（a）]、TN-C 系统 [图 2.38（b）]、TN-C-S 系统 [图 2.38（c）]。

① TN-S 系统。TN-S 系统的零线和保护线是分开设置的，所有设备的外壳只与公共的保护线相连。在 TN-S 系统中，零线的作用仅仅是用来通过单相负载的电流和三相不平衡电流，所以又称工作零线，对人体触电起保护作用的是保护线，所以又称保护零线。由于零线和保护线作用不同，功能各异，因此自电源中性点之后，零线和保护线之间以及对地之间均需加以绝缘。TN-S 系统的优点是一旦零线断开，只会影响用电设备

的正常工作，而不会导致在断线点后的设备外壳上出现危险电压；即使负载电流在零线上产生较大的电位差，与保护线相连的设备外壳上仍能保持零电位，而不会出现危险电压；由于保护线在正常情况下没有电流通过，因此在用电设备之间不会产生电磁干扰。其缺点是消耗导电材料多，投资大。该系统适用于环境较差，对安全可靠性要求较高以及设备对电磁干扰要求较严的高层建筑或公共建筑。

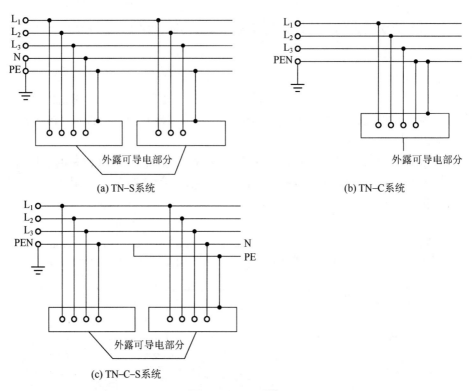

图 2.38 TN 系统

② TN-C 系统。TN-C 系统的零线和保护线合为一根保护零线。所有设备的外露可导电部分均与保护零线连接。TN-C 系统的优点是投资较省，节约导线。该系统适用于三相负荷基本平衡的工业企业中，但对供电给数据处理设备和电子仪器设备的配电系统，不宜采用 TN-C 系统。

③ TN-C-S 系统。在进建筑物处做重复接地并引出中性线、保护线，构成一个 TN-C-S 系统。TN-C-S 系统前面是 TN-C 系统，后面是 TN-S 系统，它兼有两者的优点，保护性能介于两者之间。该系统常用于配电系统末端环境条件较差或有数据处理设备的场所，是民用建筑中常用的接地形式。

（2）TT 系统

TT 系统是指电源中性点直接接地，电气设备的外露可导电部分经各自的保护线直接接地的三相四线制低压配电系统，如图 2.39 所示。由于用电设备外壳用单独的接地极接地，与电源的接地极无电气上的联系，因此，TT 系统适用于对接地要求较高的电子设备的供电。

（3）IT 系统

IT 系统是指电源中性点不接地（或经阻抗 1000Ω 接地），而电气设备的金属外壳经各自的保护线直接接地的三相三线制低压配电系统，如图 2.40 所示。IT 系统适用于环境条件较差，容易发生一相接地或有火灾爆炸危险的地点，如煤矿等易爆场所。

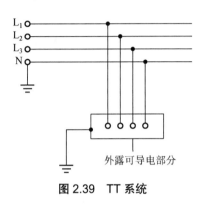

图 2.39　TT 系统

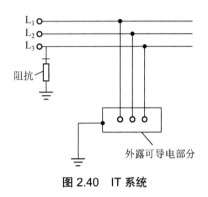

图 2.40　IT 系统

2.4.3　等电位连接

1. 等电位连接的概念

等电位连接是使电气装置的各外露导电部分和装置外导电部分的电位实质上相等的一种电气连接。等电位连接可以消除或减少各部分之间的电位差，减少保护电器动作不可靠的危险性，消除或降低从建筑物外窜入电气装置外露导电部分上的危险电压。

等电位连接

2. 等电位连接的种类

等电位连接主要包括总等电位连接（MEB）、局部等电位连接（LEB）和辅助等电位连接（SEB）等。

（1）总等电位连接（MEB）

总等电位连接是指同一建筑物内电气装置、各种金属管道、建筑物金属支架、电气系统的保护接地线、接地导体等通过总等电位连接端子板互相连接，以消除建筑物内各导体之间的电位差。总等电位连接导体一般设置在配电室或电缆竖井等位置。建筑物内总等电位连接方式如图 2.41 所示。

（2）局部等电位连接（LEB）

局部等电位连接是当电气装置或电气装置一部分的接地故障保护的条件不能满足时，在局部范围内将各可导电部分连接。局部等电位连接导体一般设置在卫生间、游泳馆更衣室及盥洗室等位置。卫生间局部等电位连接方式如图 2.42 所示。

（3）辅助等电位连接（SEB）

辅助等电位连接是将两个及两个以上可导电部分进行电气连接，使其故障接触电压降至安全限值电压以下。

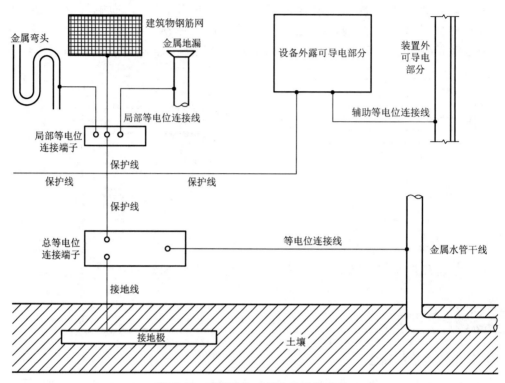

图 2.41　建筑物内总等电位连接方式

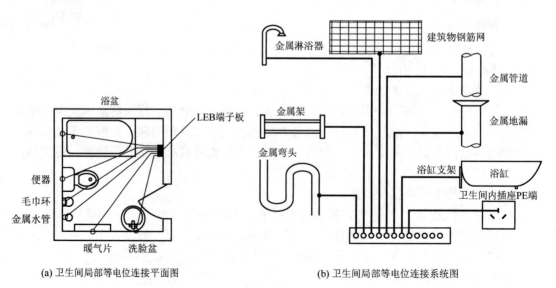

(a) 卫生间局部等电位连接平面图　　(b) 卫生间局部等电位连接系统图

图 2.42　卫生间局部等电位连接方式

项目 2.5 建筑弱电系统

2.5.1 有线电视与电话通信系统

1. 有线电视系统的组成及主要设备

有线电视系统是对电视广播信号进行接收、放大、处理、传输和分配的系统，英文缩写为 CATV 系统。CATV 系统在早期的共享天线电视系统基础上发展为多功能、多媒体、多频道、高清晰和双向传输等技术先进的有线数字电视网，在信息传递、丰富人们文化生活方面起着重要的作用。CATV 系统广泛应用在住宅、宾馆、教学办公、体育场等建筑中。

> **特别提示**
>
> CATV 系统指的是共用天线电视系统（Community Antenna Television）或电缆电视系统（Cable Television）。

（1）CATV 系统的基本组成

CATV 系统由信号源、前端设备和传输分配系统三部分组成，其组成原理图如图 2.43 所示。

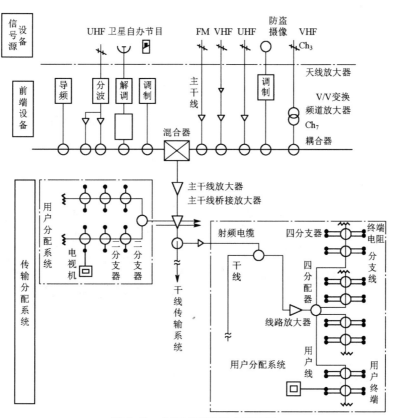

图 2.43 CATV 系统组成原理图

① 信号源。

信号源部分包括广播电视接收天线（如单频道天线、分频段天线及全频道天线）、FM 天线、卫星直播地面接收站、视频设备（录像机、摄像机）和音频设备等。其功能是接收并输出图像和伴音信号。

② 前端设备。

前端设备是指信号源与传输分配网络之间的所有设备，用于处理要传输分配的信号。前端设备是系统的心脏，CATV 系统图像质量的好坏，前端设备的质量起着关键的作用。前端设备一般包括 UHF/VHF 转换器、VHF 和 UHF 频段宽带放大器、天线放大器、频道放大器、混合器、调制器、衰减器、分波器和导频信号发生器等器件。但是，并不是任何 CATV 系统的前端部分都必须具备以上所有器件，根据系统的规模及要求的不同，其具体组成也不同。

③ 传输分配系统。

传输分配系统主要由干线传输系统和用户分配系统组成，其作用是将信号均匀地分配给各用户接收机，并使各用户之间相互隔离，互不影响。

图 2.44　接收天线

干线传输系统主要由干线放大器、干线桥接放大器、分配器和主干射频电缆构成。

用户分配系统一般包括分配器、分支器、线路延长放大器、用户接线盒及射频电缆等器件。

（2）CATV 系统的主要设备

CATV 系统的主要设备包括接收天线、放大器、频道变换器、调制器、解调器、混合器、分配器、分支器、传输线缆和用户接线盒等。

① 接收天线（图 2.44）。接收天线主要作用是接收电磁信号、选择放大信号和抑制干扰等。

② 放大器（图 2.45）。放大器的主要作用是放大信号。放大器主要有天线放大器和线路放大器。

(a) 天线放大器　　　　　　　　　(b) 线路放大器

图 2.45　放大器

③ 频道变换器（图 2.46）。频道变换器的主要作用是将信号由高频道变成低频道进行传输。

图 2.46　频道变换器

④ 调制器（图 2.47）。调制器的主要作用是将视频信号和音频信号加载到高频载波上，以便传输。

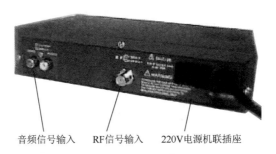

音频信号输入　　RF信号输入　　220V电源机联插座

图 2.47　调制器

⑤ 解调器（图 2.48）。解调器的主要作用是从射频信号中取出图像信号和伴音信号，并分别处理。

图 2.48　解调器

⑥ 混合器（图 2.49）。混合器的主要作用是将多路信号混成一路（称为射频信号），用一根电视电缆传输。

图 2.49　混合器

⑦ 分配器（图 2.50）。分配器的主要作用是将射频信号分配成多路信号输出，主要

用于前端系统末端对总信号进行分配或干线分支和用户分配等。

⑧分支器（图2.51）。分支器的主要作用是从干线或支线取出一部分信号馈送给用户接收机，在用户分配系统中也可作为一路信号分成多路信号之用。

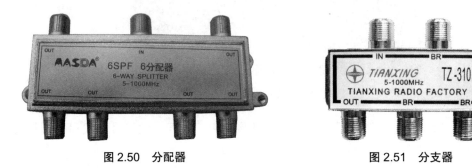

图2.50　分配器　　　　　　　　图2.51　分支器

⑨传输线缆（图2.52）。常用的传输线缆有同轴电缆和光缆。

⑩用户接线盒（图2.53）。用户接线盒为电视信号的接口设备，俗称电视插座。

图2.52　传输电缆　　　　　　　　图2.53　用户接线盒

2. 电话通信系统的组成及主要设备

以前的电话通信系统主要满足语音信息传输的功能，现代的电话通信系统已发展为由电话、传真、移动通信和数字信息处理等电信技术和电信设备组成的综合通信系统。科学技术的发展和社会信息化高速发展，使现代通信技术发生着日新月异的变化，现代通信网正朝着数字化、智能化、综合化、宽带化和个人化的方向发展。

（1）电话通信系统的组成

电话通信系统由用户终端设备、交换设备和传输设备按一定的拓扑模式组合在一起。端局至汇接局的传输设备一般称为中继电路，端局至终端用户的传输设备称为用户电路。通信网络用户电路的组成示意图如图2.54所示。

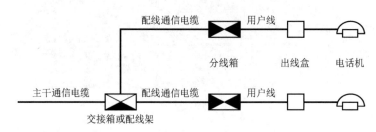

图2.54　通信网络用户电路的组成示意图

（2）电话通信系统的主要设备

① 交接箱[图2.55（a）]。交接箱是连接主干电缆与配线电缆的接口装置。从市话局引来的主干电缆在交接箱中与用户配线电缆连接。交接箱主要由接线模块[图2.55（b）]、箱架结构和机箱组成。

(a) 交接箱　　　　　　　　(b) 接线模块

图2.55　交接箱、接线模块

② 分线箱与分线盒（图2.56）。分线箱与分线盒的作用是连接交接箱（或配线架）或上一级分线设备的电缆，并将其分给各电话出线盒，是在配线电缆的分线点使用的分线设备。

(a) 分线箱　　　　　　　　(b) 分线盒

图2.56　分线箱与分线盒

③ 电话出线盒（图2.57）。电话出线盒是连接用户线与电话机的装置。按安装方式，电话出线盒分为墙式和地式两种。

图2.57　电话出线盒

④用户终端设备（图 2.58）。用户终端设备包括电话机、电话传真机和通信线路防雷保安器等。

(a) 电话机　　　　　(b) 电话传真机　　　(c) 通信线路防雷保安器

图 2.58　用户终端设备

2.5.2　火灾自动报警系统

1. 火灾自动报警系统的工作原理与保护对象

人类文明起源于火，火造福于人类，但火灾也给人类社会带来了巨大的危害。火灾自动报警及消防联动控制系统能有效检测火灾、控制火灾、扑灭火灾，对于保障人民生命和财产的安全，起着非常重要的作用。

（1）火灾自动报警系统的工作原理

火灾自动报警系统的工作原理是被保护场所的各类火灾参数由火灾探测器或经人工发送到火灾报警控制器，火灾报警控制器将信号放大、分析、处理后，以声、光和文字等形式显示或打印出来，同时记录下时间，根据内部设置的逻辑命令自动或人工手动启动相关的火灾警报装置和消防联动控制设备，进行人员的疏散和火灾的扑救。

（2）火灾自动报警系统的保护对象

火灾自动报警系统的基本保护对象是工业与民用建筑，根据被保护建筑的使用性质、火灾危险性、疏散和扑救难度等分为特级、一级和二级。需要设置火灾自动报警的建筑及部位详见《建筑设计防火规范（2018 年版）》（GB 50016—2014）。

2. 火灾自动报警系统的组成及常用设备

（1）火灾自动报警系统的组成

火灾自动报警系统由触发装置、报警装置、警报装置、控制装置和电源等组成，系统组成如图 2.59 所示。

（2）火灾自动报警系统常用设备

①触发装置。

a. 火灾探测器。火灾探测器是对火灾现场的光、温、烟及可燃气体等现象产生响应，并发出信号的现场设备。火灾探测器按感测的参数不同，可分为感烟火灾探测器、感温火灾探测器、感光火灾探测器、可燃气体探测器及复合式火灾探测器等；按结构造型不同，可分为点型和线型两类。

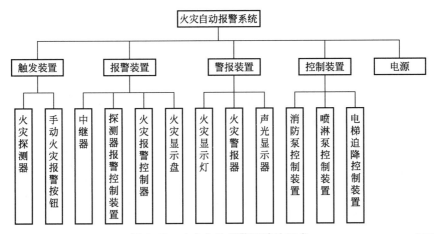

图 2.59　火灾自动报警系统的组成

火灾自动报警及联动控制系统的组成

感烟火灾探测器是感测环境烟雾浓度的探测器，主要有离子感烟火灾探测器、光电感烟火灾探测器（图 2.60）及光束感烟火灾探测器等。感烟火灾探测器能通过烟雾早期感知火灾的危险。

感温火灾探测器（图 2.61）是对环境中的温度进行监测的探测器。按检测温度参数的特性不同，感温火灾探测器可分为定温式、差温式和差定温式三类。感温火灾探测器特别适用于发生火灾时有剧烈温升的场所。

图 2.60　光电感烟火灾探测器

图 2.61　感温火灾探测器

感光火灾探测器（图 2.62）是用来探测火焰辐射的红外光和紫外光的探测器，对感烟、感温火灾探测器起到补充作用。感光火灾探测器特别适用于突然起火而无烟雾的易燃、易爆场所，室内外均可使用。

可燃气体探测器（图 2.63）主要用来探测可燃气体（如天然气等）在某区域内的浓度，在气体达到爆炸危险条件之前发出信号报警。

图 2.62　感光火灾探测器

图 2.63　可燃气体探测器

复合式火灾探测器的探测参数不只是一种，其扩大了探测器的应用范围，提高了火灾探测的可靠性。常见的复合式火灾探测器有感烟感温火灾探测器（图2.64）、感光感烟火灾探测器、感光感温火灾探测器等。

b. 手动火灾报警按钮（图2.65）。手动火灾报警按钮是用手动方式产生火灾报警信号的器件，是火灾自动报警系统不可缺少的装置之一。有带电话插孔的手动报警按钮和不带电话插孔的手动报警按钮两种。

图2.64 感烟感温火灾探测器

图2.65 手动火灾报警按钮

② 报警装置。

火灾自动报警系统的核心报警装置是火灾报警控制器。按用途和设计使用要求分类，火灾报警控制器可分为区域火灾报警控制器、集中火灾报警控制器及通用火灾报警控制器。区域火灾报警控制器与集中火灾报警控制器在结构上没有本质区别，只是在功能上分别适用于区域火灾报警与集中火灾报警。通用火灾报警控制器兼有区域、集中两级火灾报警控制功能，通过设置或修改相应参数即可作为区域或集中火灾报警控制器使用。

区域火灾报警控制器常用于规模小、局部保护区域的火灾自动报警系统。区域火灾报警系统组成如图2.66所示。

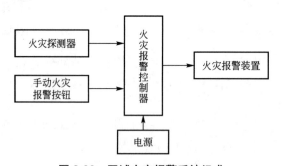
图2.66 区域火灾报警系统组成

集中火灾报警控制器常用于规模较大的建筑或建筑群的火灾自动报警系统。集中火灾报警系统组成如图2.67所示。

控制中心火灾报警系统由消防控制室的消防联动控制设备、集中火灾报警控制器、区域火灾报警控制器和火灾探测器等组成。控制中心火灾报警系统容量大，消防设施的控制功能较全，适用于大型建筑的保护。控制中心火灾报警系统组成如图2.68所示。

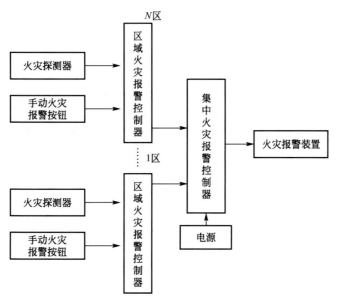

图 2.67 集中火灾报警系统组成

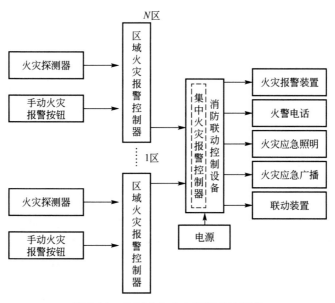

图 2.68 控制中心火灾报警系统组成

③ 警报装置。

警报装置在发生火灾时,发出声、光信号报警,提醒人们注意。常用的警报装置有声光报警器、警铃和声光讯响器等,如图 2.69 所示。

(a) 声光报警器　　　(b) 警铃　　　(c) 声光讯响器

图 2.69　警报装置

火灾自动报警系统联动

④ 控制装置。

在火灾自动报警系统中,当接收到来自触发器的火灾信号后,能自动或手动启动相关消防设备并显示其工作状态的装置,称为控制装置。控制装置主要有自动灭火系统的控制装置、室内消火栓的控制装置、防烟排烟控制系统的控制装置、空调通风系统的控制装置、防火门控制装置及电梯迫降控制装置等。

⑤ 电源。

消防电源有主电源和备用电源。

2.5.3　安全防范系统

安全防范系统的内容包括视频监控系统、入侵报警系统、出入口控制系统、访客对讲系统和停车场管理系统。

1. 视频监控系统

(1) 视频监控系统的功能与应用场所

① 视频监控系统的主要功能。

视频监控系统的主要功能概括如下。

a. 视频监控系统能对建筑物内的主要公共活动场所、通道、电梯前室、电梯轿厢及楼梯口等重要部位进行探测,并有效记录,再现画面、图像。

b. 监视器画面显示有明确的摄像机编号、位置、时间等,能任意编程,手动或自动切换。

c. 视频监控系统可以自成网络独立运行,也可与入侵报警系统、火灾自动报警系统等系统联动,能对报警现场的声音和图像进行复核并录像。

d. 安防控制中心能对视频监控系统进行集中管理和监控。

② 视频监控系统的应用场所。

a. 大型活动场所、机要单位的安全保卫处。

b. 自选商场、珠宝店、书店等商业经营单位。

c. 银行、金库等金融系统的营业厅、储藏间、办公场所、进出口等。
d. 博物馆、文物保护单位的展览厅、进出口等。
e. 机场、车站、港口、海关等交通要道。
f. 旅馆、宾馆的出入口、大厅、财务室、电梯轿厢及前室、走廊、内部商场等。
g. 医院的急救中心、候诊室、手术室等。
h. 建筑小区内的主要道路、出入口、围墙周边等。
i. 具有流水线作业的工厂等。

（2）视频监控系统的组成及设备

视频监控系统一般由摄像、传输、控制、图像处理及显示四部分组成。

① 摄像。

摄像为视频监控系统的前端部分，主要是探测现场视频信息，将信息传递给控制中心计算机。其主要设备包括摄像机、镜头、云台及防护罩等。

a. 摄像机是采集现场视频信息的主要设备，目前广泛使用的是电荷耦合式摄像机，称为 CCD 摄像机。摄像机主要有黑白摄像机、彩色摄像机及红外摄像机等。

b. 镜头分为定焦镜头和变焦镜头，与摄像机配合使用。

c. 云台是固定和安装摄像机的设备。电动云台可以在控制信号的作用下上下、左右运动，使摄像机的采集范围扩大。

d. 防护罩分室内、室外两种，主要作用为保护摄像机，使其免受损坏。

② 传输。

传输部分为视频监控系统的缆线系统，主要传输由摄像机到控制中心的视频信号和由控制中心到现场云台等控制设备的控制信号。传输视频信号的缆线主要为视频同轴电缆、射频同轴电缆、平衡对电缆和光缆等。传输控制信号的缆线主要为双绞线和复用视频同轴电缆等。

③ 控制。

通过控制中心可以实现对云台、镜头、防护罩等的动作控制，对视频信号的分配控制，对图像的切换、分割控制等。控制部分的主要设备有视频切换器、画面分割器、控制台（控制中心计算机）等。

④ 图像处理及显示。

图像处理及显示是视频监控系统的终端部分，主要作用为显示现场的视频画面、储存视频信息等。图像处理及显示部分的主要设备有监视器、磁带录像机、硬盘录像机等。

2. 入侵报警系统

入侵报警系统是在探测到防范现场入侵者时能发出警报的系统。

（1）入侵报警系统的功能

入侵报警系统的功能主要如下。

① 系统对设防区域的非法入侵，能实时、有效地探测与报警。

② 系统可以按时间、区域、部位任意编程设防和撤防。

③ 对设备工作状态能自检，及时发现故障，报告故障位置，提高系统工作的可靠性。

④ 系统设备具有防破坏功能，遭到破坏具有报警功能。
⑤ 报警控制设备能记录和显示报警部位等参数。
⑥ 系统前端通过安装的各类入侵探测设备构成点、线、面立体或其组合的综合防范体系。
⑦ 系统可以自成网络，独立运行，也可和其他安全防范系统联网。

（2）入侵报警系统的组成及设备

入侵报警系统一般由前端、传输系统、报警控制设备组成。

① 前端。

系统的前端设备为各种类型的入侵探测器。入侵探测器主要有磁控开关、紧急报警装置、被动红外入侵探测器、双鉴器（微波与被动红外双技术探测器）、玻璃破碎入侵探测器、主动红外入侵探测器、电动式振动入侵探测器、电动式振动电缆入侵探测器、泄漏电缆传感器、平行线周边传感器等。

② 传输系统。

传输系统一般敷设专用传输线或无线信道传输报警信息，配以必要的有线、无线接收装置，形成以有线传输为主、无线传输为辅的报警传输系统。

③ 报警控制设备。

报警控制设备是入侵报警系统的核心设备，主要设备为报警控制器。报警控制器自动接收前端设备发来的报警信息，在计算机屏幕上实时显示，同时发出声、光报警。在平时，报警控制器对前端设备进行巡检、监控，保障系统正常运行。

3. 出入口控制系统

出入口控制系统对建筑物内外的正常出入信号进行管理，限制无关人员进入小区和建筑物内，以保障住宅小区和建筑物内的安宁。一般出入口控制系统可与访客对讲系统、入侵报警系统配合。

（1）出入口控制系统的主要功能

① 系统设备在建筑物出入口、通道、重要房间门等处设置，对设防区域的通过对象及时间进行实时和多级控制，具有报警功能。
② 具有信息自动记录、打印、储存、防篡改等功能。
③ 系统控制部分设置在安防监控中心，安防监控中心对出入口进行多级控制和集中管理。
④ 系统能独立运行，也能与火灾自动报警系统、视频监控系统、入侵报警系统联动。

（2）出入口控制系统的组成及设备

出入口控制系统一般由识别、控制及执行、管理三部分组成。

① 识别。

识别部分对进入人员能够进行身份辨识。常用的识别技术主要有密码识别、读卡识别、人体生物识别等。识别部分主要设备为读卡机。

② 控制及执行。

控制及执行部分对授权人员开启门放行通过，对非授权人员拒绝进入，甚至报警、阻拦。控制及执行部分由计算机控制的电控门锁装置构成。电控门锁主要有电控锁、电磁锁、点击锁等。

③ 管理。

管理部分为出入口控制系统的中心计算机配上适合的管理软件，实现对系统中所有控制器的管理，接收控制器发来的信息，发送控制命令，并记录、打印等。

4. 访客对讲系统

访客对讲系统把住宅入口、住户、保安人员三方面的通信联系在一个网络中，并与视频监控系统配合，为住户提供安全、舒适的生活。

（1）访客对讲系统的主要功能

① 适用于智能化住宅小区、高层住宅、单元式公寓等。

② 访客对讲系统对主人和访客提供双向通话或可视通话，并由主人控制大门电控锁的开启或向安防监控中心报警。

③ 管理主机控制门口机和各个副管理机，并具有抢线功能。

（2）访客对讲系统的组成及设备

访客对讲系统由对讲部分和控制部分组成。

① 对讲部分。

对讲部分分语音对讲、可视对讲两种类型。语音对讲主要由门口机和室内对讲机组成；可视对讲由门口机和室内可视对讲机组成。具有可视对讲的门口机含有摄像头，一般具有夜视功能。

② 控制部分。

控制部分一般是以门口机或控制中心计算机为控制核心部分，对系统中的信号进行接收、传递、处理和发出指令等。不联网的访客对讲系统，完全由门口机进行控制和判断，独立运行，适合一般单元式公寓和高层住宅楼的选用。联网的访客对讲系统，由安防控制中心的计算机监视、控制门口机、电控锁等设备，可以对现场进行判断、核对，提高系统工作的可靠性、安全性等，适合智能住宅小区的选用。

5. 停车场管理系统

停车场管理系统是为提高停车场的管理质量、效益和安全性而设置的管理系统。

（1）停车场管理系统的主要功能

① 入口处显示停车场内的车位信息。

② 出入口及场内通道有行车指示。

③ 车牌和车型的自动识别，防止车辆丢失。

④ 系统读卡识别系统，可以辨认出入的车辆，并记录。

⑤ 出入口栅栏门能自动控制车辆进出。

⑥ 自动计费及收费金额显示。

⑦ 多个出入口可以联网与管理。

⑧ 发生意外时报警。

⑨ 可自成网络，独立运行，也可与视频监控系统、入侵报警系统联动。

（2）停车场管理系统的组成及设备

停车场管理系统由停车场入口设备、出口设备、收费设备、中央管理站等组成，如

图 2.70 所示。

① 停车场入口设备包括车位显示屏、感应线圈或光电收发装置、读卡器、出票机、栅栏门等。

② 出口设备包括感应线圈或光电收发装置、读卡器、验票机、栅栏门等。

③ 收费设备包括中央收费设备或收款机。

④ 中央管理站包括计算机、打印机、UPS 电源等。

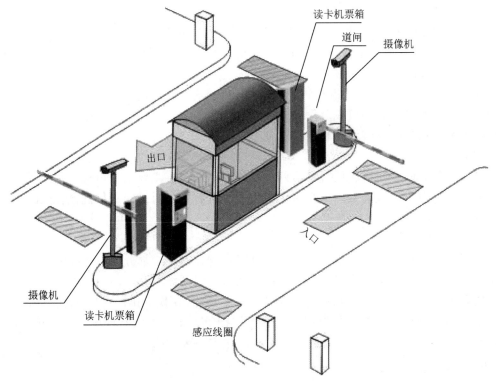

图 2.70 停车场管理系统

项目 2.6 建筑电气施工图

2.6.1 建筑电气施工图的组成与内容

1. 建筑电气施工图的组成

建筑电气施工图由首页、电气系统图、平面图、电气原理接线图、设备布置图、安装接线图和详图等组成。

2. 建筑电气施工图的内容

（1）首页

首页主要包括图纸目录、设计说明、图例及主要设备材料表等。图纸目录包括图纸的名称和编号。设计说明主要阐述该电气工程的概况、设计依据、基本指导思想、图纸中未能表明的施工方法、施工注意事项和施工工艺等。图例及主要设备材料表一般包括该图纸内的图例、图例名称、设备型号规格、设备数量、安装方法和生产厂家等。

（2）电气系统图

电气系统图是表现整个工程或工程一部分的供电方式的图纸，它集中反映电气工程的规模，如变（配）电工程的供配电系统图、照明工程的照明系统图、电缆电视系统图等。

（3）平面图

平面图是表现电气设备与线路平面布置的图纸，它是进行电气安装的重要依据。电气平面图包括电气总平面图、电力平面图、照明平面图、变（配）电所平面图和防雷与接地平面图等。

电力及照明平面图表示建筑物内各种设备与线路之间平面布置的关系、线路敷设位置、敷设方式、线管与导线的规格、设备的数量及设备型号等。

在电力及照明平面图上，设备并不按比例画出它们的形状，而是采用图例表示；导线与设备的垂直距离和空间位置一般也不另用立面图表示，而是标注安装标高，以及附加必要的施工说明。

（4）电气原理接线图

电气原理接线图是表现某设备或系统电气工作原理的图纸。用来指导设备与系统的安装、接线、调试、使用与维护。电气原理接线图包括整体式原理接线图和展开式原理接线图两种。

（5）设备布置图

设备布置图是表现各种电气设备之间的位置、安装方式和相互关系的图纸。设备布置图主要由平面图、立面图、断面图、剖面图及构件详图等组成。

（6）安装接线图

安装接线图是表现设备或系统内部各种电气组件之间连线的图纸，用来指导接线与查线，它与电气原理接线图相对应。

（7）详图

详图是表现电气工程中某一部分或某一部件的具体安装要求与做法的图纸。其中，大部分详图选用的是国家标准图。

2.6.2 建筑电气施工图识读

建筑电气施工图由大量图例组成，在掌握一定的建筑电气工程设备和施工知识的基础上，读懂图例是识图的要点。此外，还要注意识图的方法及步骤。

1. 图例

图例是工程中的材料、设备及施工方法等用一些固定的、国家统一规定的图形符号和文字符号来表示的形式。

(1) 图形符号

图形符号具有一定的象形意义，比较容易和设备相联系进行识读。图形符号很多，一般不容易记忆，但民用建筑电气工程中常用的并不是很多，掌握一些常用的图形符号，识图的速度会明显提高。表 2.7 为部分常用的图形符号。

表 2.7　部分常用的图形符号

图形符号	名称	图形符号	名称
	多种电源配电箱（屏）		开关一般符号
	动力或动力—照明配电箱		单极开关（明装）
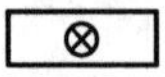	信号板信号箱（屏）		单极开关（暗装）
	照明配电箱（屏）		单极开关（密闭、防水）
	单相插座（明装）		单极开关（防爆）
	单相插座（暗装）		单极拉线开关
	单相插座（密闭、防水）		单极双控拉线开关
	单相插座（防爆）		双极开关（明装）
	带接地插孔的三相插座（明装）		双极开关（暗装）
	带接地插孔的三相插座（暗装）		双极开关（密闭、防水）
	带接地插孔的三相插座（密闭、防水）		双极开关（防爆）
	带接地插孔的三相插座（防爆）		分线盒一般符号
	灯或信号灯一般符号		室内分线盒
	防水防尘灯		室外分线盒

续表

图形符号	名称	图形符号	名称
 ⊖	壁灯	 ⇥	电铃
●	球形灯	 Ⓐ	电流表
 ⊗	花灯	 Ⓥ	电压表
 ⊙	局部照明灯	 Wh	电度表
⬬	顶棚灯	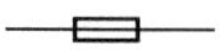 ─▭─	熔断器一般符号
 ⊢─⊣	荧光灯一般符号	⏚	接地一般符号
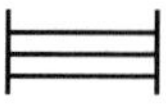 ⊫	三管荧光灯	 ⁄⁄⁄／	多极开关一般符号（单线表示）
 ▯	避雷器	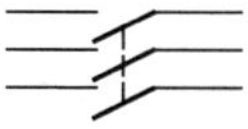 ⫽／	多极开关（多线表示）
●	避雷针	 ─／─	动合（常开）触点 注：也可作开关一般符号

（2）文字符号

文字符号在图纸中表示设备参数、线路参数与敷设方法等，掌握好用电设备、配电设备、线路和灯具等常用的文字标注形式是识图的关键。

① 配电线路的标注。

配电线路的文字标注表示线路的性质、规格、数量、功率、敷设方法和敷设部位等。

基本格式：　　　　　　　　$a\text{-}b\,(c\times d)\text{-}e\text{-}f$

式中　a——回路编号；

　　　b——导线或电缆型号；

　　　c——导线根数或电缆的线芯数；

　　　d——每根导线标称截面面积，mm^2；

　　　e——线路敷设方式（表2.8）；

　　　f——线路敷设部位（表2.8）。

表2.8 电气施工图文字标注代号

表达线路明敷设部位的代号	表达线路暗敷设部位的代号	表达线路敷设方式的代号	表达灯具安装方式的代号
ABE—沿屋架或屋架下弦敷设 BE—沿梁敷设 CLE—沿柱敷设 WE—沿墙敷设 CE—沿顶棚敷设 FE—沿楼板面或地面敷设	BC—暗敷设在梁内 CLC—暗敷设在柱内 WC—暗敷设在墙内 CC—暗敷设在顶板内或屋面内 FC—暗设在地板内或地面内	CT—电缆桥架敷设 MR—金属线槽敷设 PR—塑料线槽敷设 SC—穿焊接钢管敷设 MT—穿电线管敷设 PC—穿硬塑料管敷设 FPC—穿聚乙烯管敷设 KPC—穿塑料波纹管敷设 CP—穿蛇皮管敷设 M—用钢索敷设 DB—直埋敷设 TC—电缆沟敷设	SW—线吊式 CS—链吊式 DS—管吊式 W—壁装式 C—吸顶式 R—嵌入式 CR—顶棚内安装 WR—墙壁内安装 S—支架上安装 CL—柱上安装 HM—座装

例如，WL1-BV（3×2.5）-SC15-WC 表示照明支线第1回路，铜芯聚氯乙烯绝缘导线3根截面面积为 2.5mm², 穿管径为 15mm 的焊接钢管敷设，在墙内暗敷设。

② 灯具的标注。

灯具的文字标注表示灯具的类型、型号、安装高度和安装方式等。

基本格式：

$$a-b\frac{c \times d \times L}{e}f$$

式中 a ——同一房间内同型号灯具的数量；

b ——灯具型号或代号（表2.9）；

c ——灯具内光源的数量；

d ——每个光源的额定功率，W；

L ——光源的代号（表2.10）；

e ——安装高度（当为"—"时表示吸顶安装），m；

f ——安装方式（表2.8）。

表2.9 常用灯具的代号

序号	灯具名称	代号	序号	灯具名称	代号
1	荧光灯	Y	5	普通吊灯	P
2	壁灯	B	6	吸顶灯	D
3	花灯	H	7	工厂灯	G
4	投光灯	T	8	防水防尘灯	F

表 2.10 常用光源的代号

序号	光源种类	代号	序号	光源种类	代号
1	荧光灯	FL	5	钠灯	Na
2	白炽灯	LN	6	氙灯	Xe
3	碘钨灯	I	7	氖灯	Ne
4	汞灯	Hg	8	弧光灯	Are

例如，5-YZ402×40/2.5CS 表示 5 盏 YZ40 直管型荧光灯，每盏灯具中装设 2 只功率为 40W 的灯管，灯具的安装高度为 2.5m，灯具采用链吊式安装方式。

又如，20-YU601×60/3SW 表示 20 盏 YU60 型 U 形荧光灯，每盏灯具中装设 1 只功率为 60W 的 U 形灯管，灯具的安装高度为 3m，灯具采用线吊式安装方式。

在同一房间内的多盏相同型号、相同安装方式和相同安装高度的灯具，可以标注一处。

2. 单线图

建筑电气施工图中大部分是以单线路绘制电气线路的，也就是同一回路的导线仅用一根图线来表示。单线图是电气施工图识读的一个难点，识读时要判断导线根数、性质和接线等问题。图中导线的根数用短斜线加数字表示，一般三根及以上导线根数才标注。只有熟悉设备接线方式，才能读懂单线图。图 2.71 列举了几种照明线路的单线图及其对应的接线图。

3. 识图步骤

阅读建筑电气施工图，应在掌握一定电气工程知识的基础上进行。对图中的图例，应明确它们的含义，应能与实物联系起来。识图一般的步骤如下。

① 查看图纸目录。先看图纸目录，了解整个工程由哪些图纸组成，主要项目有哪些等。

② 阅读施工设计说明。了解工程的设计思路、工程项目、施工方法和注意事项等。可以先粗略看，再细看，理解其中每句话的含义。

③ 阅读图例符号。图纸中的图例一般在图例及主要设备材料表中已写出，在表中对图例的名称、型号、规格和数量等都有详细的标注，所以要注意结合图例及主要设备材料表看图。

④ 相互对照，综合看图。一套建筑施工图，是由各专业施工图组成的，而各专业施工图之间又有密切的联系。另外，建筑电气施工图中的系统图和平面图联系紧密。因此，看图时还要将各专业施工图相互对照，电气系统图和平面图相互对照，综合看图。

⑤ 结合实际看图。看图最有效的方法是结合实际工程看图。一边看图，一边看施工现场情况。一个工程下来，既能掌握一定的电气工程知识，又能熟悉电气施工图的识图方法，见效较快。

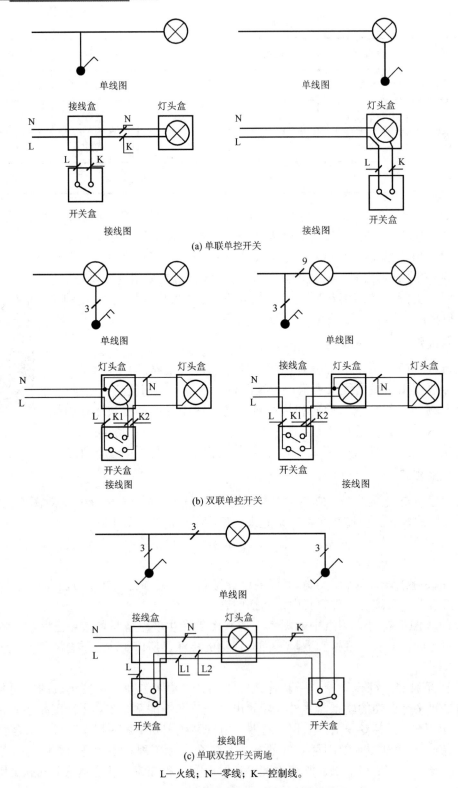

图 2.71 照明线路的单线图及其对应的接线图

4. 识图方法

（1）掌握识读程序

先全貌再细节。

（2）抓住工程的要点识读

①供电方式和相数。

②进户方式。

③线路分配情况。

④线路敷设方式。

⑤电气照明设备器具的布置。

⑥接地、防雷情况。

（3）抓住配电的"脉路"识读

配电的"脉路"如图2.23所示。

5. 建筑电气施工图识读实例

【案例】现以项目引例中某综合楼的电气施工图（D-1～D-11）、火灾报警施工图（DF-01～DF-06）为例，介绍建筑电气施工图的识读。

◆工程实例

某综合楼建筑面积7331.10m²，建筑物高度为室外地坪到檐口20.5m，建筑层数为地下室一层、地上五层，层高为地下室3.50m、首层4.50m、标准层4.0m，结构形式为混凝土框架结构，基础形式为预制混凝土管桩基础。地下室主要房间有电房（高压配电房、变压器房、低压配电房）、车库和空调机房，一至五层主要房间有办公室、活动室、空调机房、消防控制室、配电室和卫生间等。

【附图】某综合楼电气施工图（D-1～D-11）、火灾报警施工图（DF-01～DF-06），请扫二维码。

（1）施工图图纸简介

某综合楼电气施工图包括建筑电气施工设计通用说明、图例一张（D-1），平面图八张（D-2地下室电气照明平面图、D-3首层电气照明平面图、D-4首层插座平面图、D-5二～五层电气照明平面图、D-6二～五层插座平面图、D-7天面防雷装置图、D-8防雷接地装置图、D-9天面电气照明平面图），系统图两张（D-10照明配电系统图、D-11照明电缆走向示意图）；某综合楼火灾报警施工图包括火灾自动报警设计说明、图例一张（DF-01），系统图一张（DF-02火灾自动报警系统图），平面图四张（DF-03地下室消防自动报警平面图、DF-04首层消防自动报警平面图、DF-05二～五层消防自动报警平面图、DF-06天面消防自动报警平面图）。

某综合楼电气施工图

火灾报警施工图

（2）供电电源

本工程电气系统主要包括电气照明系统、火灾自动报警系统和防雷接地系统。火灾自动报警系统和应急照明系统属于二级负荷，其他系统属于三级负荷，低压电源由本变电所供给，供电电压380V/220V。火灾自动报警系统和应急照明系统除由正常的低压电源供电外，同时也采用自带的蓄电池作为第二电源，满足二级负荷两回路电源的要求。

(3) 照明电缆走向示意图

照明电缆走向示意图表示变（配）电房与各层配电箱之间的联系方式，变（配）电房低压配电柜引出三根电缆，穿 CT 500×100 沿地下室顶棚敷设，其中第一回路 L01 由 ZR-VV-3×120+2×70 接 1ZZM，1ZZM 由 ZR-VV-3×6+2×4 接 0ZZM；第二回路 L02 由 ZR-VV-3×185+2×95 接 2ZZM，2ZZM 由 ZR-VV-3×70+2×35 接 3ZZM；第三回路 L03 由 ZR-VV-3×185+2×95 接 4ZZM，4ZZM 由 ZR-VV-3×70+2×35 接 5ZZM。"CT 500×100"，其中"CT"为电缆桥架，"500×100"为宽 500mm、高 100mm。"ZR-VV-3×120+2×70"，其中"ZR"为阻燃，"VV"为铜芯聚氯乙烯绝缘聚氯乙烯护套电力电缆，"3×120+2×70"（五芯），其中 L_1、L_2、L_3 截面面积为 120mm²，N、PE 截面面积为 70mm²。"1ZZM"为一层的总配电箱。"0ZZM"为地下室配电箱。

(4) 照明配电系统图

以首层总配电箱系统图为例。

由总配电箱 1ZZM 通过断路器 BCM6-225L/3-160A 连接 1ZM，1ZM 通过不同规格断路器接出 16 条回路和 1 条备用回路。断路器 BCM6-225L/3-160A，其中"BCM6"为厂家代号，"225"为壳体额定电流 225A，"L"为带漏电保护功能（不同厂家此代号不同），"3"为三级，"160A"为过电流脱扣器额定电流 160A。

n_1 回路 ZR-BVV3×2.5PC15CC/WC 由断路器 BCD32-16A 保护，负责办公室 1、2、3 照明用电。"BCD32-16A"为微型塑壳断路器，其中"B"为 2～3 倍额定电流，"C"为 5～10 倍额定电流，"D"为 10～20 倍额定电流，"32"为壳体电流 32A，"16A"为额定电流 16A。"ZR-BVV3×2.5PC15CC/WC"为阻燃铜芯聚氯乙烯绝缘聚氯乙烯套线，3 根截面面积为 2.5mm²，穿直径为 15mm 的硬塑料管沿墙、顶棚暗敷。

n_2 回路 ZR-BVV3×2.5PC15CC/WC 由断路器 BCD32-16A 保护，负责办公室 4 照明用电。

n_3 回路 ZR-BVV3×2.5PC15CC/WC 由断路器 BCD32-16A 保护，负责办公室 6、7 照明用电。

n_4 回路 ZR-BVV3×2.5PC15CC/WC 由断路器 BCD32-16A 保护，负责办公室 8、9 照明用电。

n_5 回路 ZR-BVV3×2.5PC15FC/WC 由断路器 BCL32-16A 保护，负责办公室 1 插座供电。"ZR-BVV3×2.5PC15FC/WC"，其中"FC"为沿楼板（地板）暗敷；"BCL32-16A"，其中"L"为带漏电保护功能。

n_6 回路 ZR-BVV3×2.5PC15FC/WC 由断路器 BCL32-16A 保护，负责办公室 2 插座供电。

n_7 回路 ZR-BVV3×2.5PC15FC/WC 由断路器 BCL32-16A 保护，负责办公室 3 插座供电。

n_8 回路 ZR-BVV3×2.5PC15FC/WC 由断路器 BCL32-16A 保护，负责办公室 4 插座供电。

n_9 回路 ZR-BVV3×2.5PC15FC/WC 由断路器 BCL32-16A 保护，负责消防中心插座供电。

n_{10} 回路 ZR-BVV3×2.5PC15FC/WC 由断路器 BCL32-16A 保护，负责办公室 6 插

座供电。

n_{11} 回路 ZR-BVV3×2.5PC15FC/WC 由断路器 BCL32-16A 保护，负责办公室 7 插座供电。

n_{12} 回路 ZR-BVV3×2.5PC15FC/WC 由断路器 BCL32-16A 保护，负责办公室 8 插座供电。

n_{13} 回路 ZR-BVV3×2.5PC15FC/WC 由断路器 BCL32-16A 保护，负责办公室 9 插座供电。

n_{14} 回路 ZR-BVV5×16PC15FC/WC 由断路器 BCD63-40A/3 保护，负责公用照明配电箱 G_1 供电。

n_{15} 回路 ZR-BVV3×2.5PC15FC/WC 由断路器 BCL32-16A 保护，负责活动室插座供电。

n_{16} 回路 ZR-BVV3×2.5PC15CC/WC 由断路器 BCD32-16A 保护，负责活动室照明用电。

公用照明配电箱 G1 接出 10 条回路和两条备用回路。

m_1 回路 ZR-BVV3×2.5PC15CC/WC 由断路器 BCD32-10A 保护，负责中庭走廊灯 1 照明用电。

m_2 回路 ZR-BVV3×2.5PC15CC/WC 由断路器 BCD32-10A 保护，负责中庭走廊灯 2 照明用电。

m_3 回路 ZR-BVV3×2.5PC15CC/WC 由断路器 BCD32-10A 保护，负责中庭走廊灯 3 照明用电。

m_4 回路 ZR-BVV3×2.5PC15CC/WC 由断路器 BCD32-10A 保护，负责公共走廊灯 4 照明用电。

m_5 回路 ZR-BVV3×2.5PC15CC/WC 由断路器 BCD32-10A 保护，负责公共走廊灯 5 照明用电。

m_6 回路 ZR-BVV3×2.5PC15CC/WC 由断路器 BCD32-10A 保护，负责公共走廊灯 6 照明用电。

m_7 回路 ZR-BVV3×2.5PC15CC/WC 由断路器 BCD32-10A 保护，负责卫生间照明用电。

m_8 回路 ZR-BVV3×2.5PC15FC/WC 由断路器 BCD32-10A 保护，负责空调机房、配电室、消防中心照明用电。

m_9 回路 ZR-BVV3×2.5PC15FC/WC 由断路器 BCD32-10A 保护，负责应急灯、出口指示灯照明用电。

m_{10} 回路 ZR-BVV3×6PC15FC/WC 由断路器 BCD32-25A 保护，负责值班室 K_1 配电箱供电。

K_1 配电箱接出 4 条回路和 1 条备用回路。

m_1 回路 ZR-BVV3×2.5PC15CC/WC 由断路器 BCD32-10A 保护，负责门厅 1 筒灯照明用电。

m_2 回路 ZR-BVV3×2.5PC15CC/WC 由断路器 BCD32-10A 保护，负责门厅 1 吸顶灯 1 照明用电。

m_3 回路 ZR-BVV3×2.5PC15CC/WC 由断路器 BCD32-10A 保护，负责门厅 1 吸顶灯 2 照明用电。

m_4 回路 ZR-BVV3×2.5PC15CC/WC 由断路器 BCL32-16A 保护，负责值班室灯、插座供电。

（5）电气照明平面图

以地下室照明平面图为例，1ZZM 由 ZR-VV-1kV 3×6+2×4 PC40 Q Z CC 连接 0ZZM，0ZZM 接出 6 条回路和 1 条备用回路，其中 n_1 回路负责车库灯 1 照明用电；n_2 回路负责车库灯 2 照明用电；n_3 回路负责车库灯 3 照明用电；n_4 回路负责空调机房照明用电；n_5 回路负责应急灯、出口指示灯用电；n_6 回路负责高压房、变压器房、低压房照明用电。

（6）天面防雷装置图

本工程属于民用建筑第二类防雷，采用综合接地系统。避雷带采用 $\phi 10$ 镀锌圆钢，每隔 1m 设一个避雷带支持码，转弯处每隔 0.5m 设一个支持码。凡凸出屋面的金属物体（如爬梯、水管、透气管等）均应与就近的避雷带相连。凡凸出屋面的非金属物体（如水箱等）应加设避雷针，本工程共设 24 根 $\phi 10$ 镀锌圆钢避雷针，高 0.5m，并与就近的避雷带相连。利用竖向结构主钢筋作防雷引下线，本工程有 9 处设引下线，按平面图中指定的部位将柱内或剪力墙内靠外墙侧的两条主钢筋由基础至天面，凡接驳处均加电焊，并在天面外引 $\phi 12$ 圆钢（L=1.5m），与避雷带相连。

（7）防雷接地装置图

本工程垂直接地极利用地下深度大于 2.5m 的桩内两根不小于 $\phi 16$ 或 4 根不小于 $\phi 10$ 主筋；如果不能满足上述要求，则采用人工垂直接地极，采用长度为 2.5m、规格为 50mm×5mm 的角钢埋入地中，顶端距地 1m。水平接地体利用埋深不小于 0.5m 的两根 $\phi 10$ 以上的地梁钢筋；如果不能满足上述条件，则用埋深为 0.5m、规格为 40mm×4mm 镀锌扁钢形成可靠接地网。引下线与垂直接地极、水平接地体均焊接连通。水平接地体在建筑物出入口或人行道处埋深不小于 1m。在建筑物周边引下线柱的外侧，距外地坪 1.8m 处，作为引下线的柱筋焊出一个 M16 的螺栓，螺栓部分露出批荡面，以螺母封口，共两处做接地检测点。电气接地点共 21 处，其中，地下室 4 个集水井各一处，其做法是焊 $\phi 16$ 圆钢出墙（柱）面（高 -3.2m）；地下室电房 11 处，其做法是焊 $\phi 16$ 圆钢出墙（柱）面（高 -3.8m）；地下室电梯井 2 处，其做法是焊 $\phi 16$ 圆钢出墙（柱）面与电梯轨道相焊接（高 -3.2m）；地下室空调机房 4 处，有 3 处的做法是焊 $\phi 16$ 圆钢出墙（柱）面（高 -3.2m），有 1 处的做法是焊 $\phi 16$ 圆钢出墙（柱）面（高 0.5m）。用电设备外壳与装置外露可导电部分进行等电位连接。

（8）消防电施工图

消防设备的配电干线采用 ZR-BVV-3×4/MR30×20×1.0，水平分支线采用 ZR-BVV-1.5；ISL7200BSU 报警主机，联动控制柜，电话主机连接 4 条回路，第一条回路控制首层消防设施，第二条回路控制二、三层消防设施，第三条回路控制四层、五层和天面机房消防设施，第四条回路控制地下室消防设施。至各风机，电梯控制箱选用 NH-KVV-7×1.5，至负一层水泵房 XF 箱选用 NH-KVV-7×1.5，至天面水池选用 NH-KVV-4×1.5，至地下室气体灭火控制器选用 NH-KVV-7×1.5，报警总线选用 ZR-RVS-2×1.5，电话总线选用 ZR-RVS-2×1.0，探测器模块后接线选用 ZR-RVS-2×1.0，联动控制线选用 ZR-BVV-1.5（除注明外），广播线选用 ZR-RVS-2×1.0。

知识梳理与总结

（1）在工业生产及日常生活中，广泛使用的是交流电路。交流电具有容易生产、运输经济且易于变化电压等优点。三相交流电路与单相交流电路相比，有节省输电线用量、输电距离远、输电功率大等优点。目前，电力系统广泛采用三相交流电路。

（2）电力系统是由发电厂、电力网和电力用户组成的统一整体。根据供电可靠性及中断供电在政治、经济上所造成的损失或影响的程度，用电负荷分为一级负荷、二级负荷及三级负荷。

（3）低压配电系统的配电形式主要有放射式和树干式。由这两种形式组合派生出来的配电形式还有混合式、链接式等。

（4）变（配）电所是建筑供（配）电系统中的重要组成部分，其主要作用是变换与分配电能。中小型民用建筑变（配）电所主要为 10kV 级。

（5）建筑电气照明的方式主要有一般照明、分区一般照明、局部照明和混合照明。电气照明种类可分为正常照明、应急照明、警卫照明、值班照明、景观照明和障碍照明。

（6）雷电的危害方式主要有直击雷、雷电感应和雷电波侵入等方式。防雷装置的作用是将雷云电荷或建筑物感应电荷迅速引导入地，以保护建筑物、电气设备及人身不受损害。其主要由接闪器、引下线、接地装置和避雷器等组成。

（7）为了满足电气装置和系统的工作特性和安全防护的需要，而将电气装置和电力系统的某一部位通过接地装置与大地土壤做良好的连接，即为接地。

（8）等电位连接是使电气装置的各外露导电部分和装置外导电部分的电位实质上相等的一种电气连接。等电位连接可以消除或减少各部分之间的电位差，减少保护电器动作不可靠的危险性，消除或降低从建筑物外窜入电气装置外露导电部分上的危险电压。

（9）有线电视系统是对电视广播信号进行接收、放大、处理、传输和分配的系统，由信号源、前端设备和传输分配网络三部分组成。

（10）火灾自动报警系统由触发装置、报警装置、警报装置、控制装置和电源等组成，根据其感测的参数不同，分为感烟火灾探测器、感温火灾探测器、感光火灾探测器、可燃气体探测器、复合式火灾探测器等。火灾自动报警系统的核心报警装置是火灾报警控制器。

（11）安全防范系统主要有视频监控系统、入侵报警系统、出入口控制系统、访客对讲系统、停车场管理系统等。

（12）建筑电气施工图由首页、电气系统图、平面图、电气原理接线图、设备布置图、安装接线图和详图等组成。

（13）建筑供配电线路主要有架空线路和电缆线路。架空线路是采用电杆、横担将导线悬空架设，向用户传送电能的配电线路。其特点是：设备简单，投资少；设备明设，维护方便；但易受自然环境和人为因素影响，供电可靠性低，且易造成人身安全事故；影响美观。电缆线路多为暗敷设，其特点是：供电可靠性高，使用安全，寿命长；但投资大,敷设及维护不太方便。目前住宅小区、公共建筑等多采用电缆线路。

复习思考题

1. 电路由哪些部分组成?
2. 电路的状态有哪些?
3. 什么是电力系统?
4. 建筑电气工程线路的主要作用是什么?
5. 变电所的作用是什么?
6. 建筑电气照明的种类有哪些?
7. 什么是接地?
8. 什么是保护接零?
9. 民用建筑常用的配电形式有哪些?
10. 架空线路如何施工?
11. 简述电缆线路的特点与施工。
12. 配电箱的安装有什么要求?
13. 开关的安装要求有哪些?
14. 插座如何安装?
15. 低压配电系统接地形式有哪些?各有什么特点?适合用于什么场所?
16. 防雷装置由哪些组成?
17. 等电位连接的作用是什么?
18. n_3-BV（3×2.5）SC15-WC 的含义是什么?
19. 86K11-10 的含义是什么?
20. VV22 的含义是什么?
21. TMY-125×10 的含义是什么?
22. 5-YZ402×40/2.5CS 的含义是什么?
23. 如何识读电气施工图?
24. 有线电视系统由哪些设备组成?
25. 安全防范系统包括哪些内容?
26. 视频监控系统由哪几部分组成?
27. 分配器有什么作用?分支器有什么作用?
28. 感烟火灾探测器的作用及种类有哪些?
29. 感温火灾探测器的作用及种类有哪些?
30. 火灾自动报警系统的工作原理是怎样的?

模块 3　建筑通风、防火排烟与空气调节

教学导航

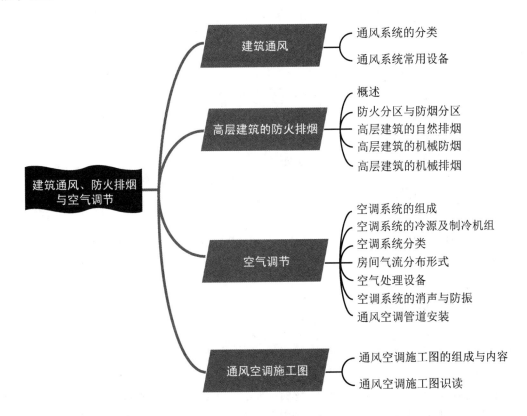

> **项目引例**

某综合楼地下一层,地上五层,建筑高度为20.50m,框架结构,屋面为平屋顶,属多层建筑,建筑面积7331.10m^2。该综合楼主要房间有办公室、活动室、空调机房、消防控制室、配电室、车库和卫生间等。人们在建筑内生产、生活产生的有害气体、蒸汽、灰尘、余热,会使室内空气变坏,建筑通风与空气调节系统是保证室内空气质量,保障人体健康的重要措施。

项目3.1 建筑通风

3.1.1 通风系统的分类

建筑通风的任务是把室内被污染的空气直接或经过净化后排到室外,把室外新鲜空气或经过净化的空气补充进来,以保持室内的空气环境满足卫生标准和生产工艺的要求。

通风系统主要有两种分类方法。

① 按照通风动力的不同,通风系统可分为自然通风和机械通风两类。

a. 自然通风不消耗机械动力,是一种经济的通风方式,是依靠室外风力造成的风压和室内外空气温差所造成的热压使空气流动的。

b. 机械通风是依靠风机造成的压力使空气流动的。

② 按照通风作用范围的不同,通风系统可分为局部通风和全面通风。

a. 局部通风是指为改善室内局部空间的空气环境,向该空间送入或从该空间排出空气的通风方式。

b. 全面通风又称稀释通风,它一方面用清洁空气稀释室内空气中的有害物浓度;另一方面不断把污染空气排至室外,使室内空气中的有害物浓度不超过卫生标准规定的最高允许浓度。

1. 自然通风和机械通风

(1) 自然通风

风压作用下的自然通风原理如图3.1所示,热压作用下的自然通风原理如图3.2所示。

自然通风的优点是不消耗能量、结构简单、不需要复杂装置和专人管理等,是一种条件允许时应优先采用的经济的通风方式;缺点是由于自然通风的作用压力比较小,风压和热压受到自然条件的限制,其通风量难以控制,通风效果不稳定。因此,在一些对通风要求较高的场合自然通风通常难以满足卫生要求,这时需要设置机械通风系统。

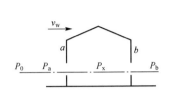
图 3.1 风压作用下的自然通风原理

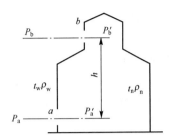
图 3.2 热压作用下的自然通风原理

（2）机械通风

与自然通风相比，机械通风的优点是作用范围大，可采用风道把新鲜空气送到需要的地点或把室内指定地点被污染的空气排至室外，机械通风的通风量和通风效果可人为控制，不受自然条件的限制。但是，机械通风需要消耗能量，结构复杂，初投资和运行费用较大。

2. 局部通风和全面通风

（1）局部通风

局部通风一般有局部送风和局部排风两种形式，它们都是利用局部气流，使局部工作地点不受有害物的污染，从而形成良好的空气环境。

① 局部送风。

局部送风是仅向房间局部工作地点送入新鲜空气或经过处理的空气，以改善该局部区域的空气环境的通风方式。送风的气流可以进行加热或冷却处理，但不得含有害物。气流应该从人体前侧上方倾斜地吹到头、颈和胸部，必要时可从上向下送风，如图 3.3 所示。这种通风方式适用于面积大且工作人员较少、工作地点固定、生产过程中有污染物产生的车间。

② 局部排风。

局部排风是对室内有害物产生的局部区域进行排风的通风方式。具体地讲，就是将室内有害物在未与工作人员接触之前就收集、排除，以防止有害物扩散到整个房间。局部排风是防毒、防尘、排烟的最有效措施，如图 3.4 所示。这种通风方式适用于安装局部排气装置不影响工艺操作及污染源比较集中且较小的场合。

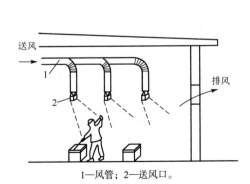
1—风管；2—送风口。
图 3.3 局部送风

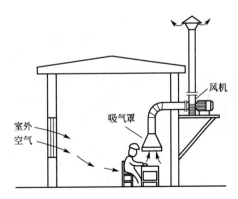
图 3.4 局部排风

（2）全面通风

全面通风分为全面送风和全面排风，可同时或单独使用。单独使用时需要与自然进、排风方式相结合。

① 全面机械排风、自然进风系统，如图3.5所示。

② 全面机械送风、自然排风系统，如图3.6所示。

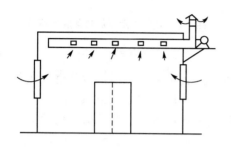

图3.5 全面机械排风、自然进风系统

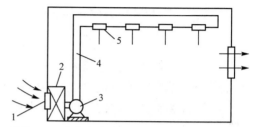

1—进风口；2—空气处理设备；3—风机；4—风道；5—送风口。

图3.6 全面机械送风、自然排风系统

③ 全面机械送、排风系统，如图3.7所示。

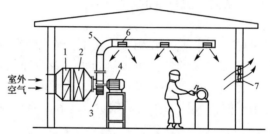

1—空气过滤器；2—空气加热器；3—风机；4—电动机；5—风管；6—送风口；7—轴流风机。

图3.7 全面机械送、排风系统

3.1.2 通风系统常用设备

1. 风道

风道

风道是通风系统中用于输送空气的管道。风道通常采用薄钢板制作，也可采用塑料、砖、混凝土等其他材料制作。

风道的断面有圆形、矩形等形状，如图3.8所示。圆形风道的强度大，在同样的流通断面积下，圆形风道比矩形风道节省管道材料、阻力小。但是，圆形风道不易与建筑配合布置，一般适用于风道直径较小的场合。对于大断面的风道，通常采用矩形风道，矩形风道容易与建筑配合布置，也便于加工制作。矩形风道流通断面的宽高比宜控制在3∶1以下，以便尽量减小风道的流动阻力和材料消耗量。

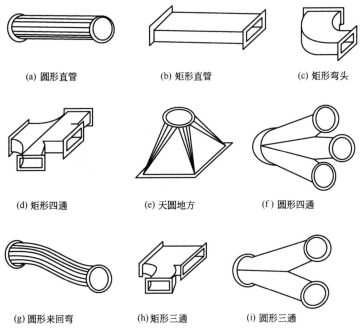

图 3.8　圆形、矩形风道及管件

2. 室内送、回风口

（1）送风口形式

① 侧送风口。侧送风口是安装在空调房间侧墙或风道侧面上、可横向送风的风口，有格栅风口、百叶风口、条缝风口等。其中用得最多的是百叶风口，它又分为单层百叶、双层百叶和三层百叶三种。单层百叶风口、双层百叶风口和条缝风口的构造如图 3.9 所示。

送风口

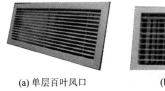
(a) 单层百叶风口

(b) 双层百叶风口

(c) 条缝风口

图 3.9　侧送风口

② 散流器。散流器是一种安装在顶棚上的送风口，如图 3.10 所示。其送风气流从风口向四周呈辐射状送出，根据出流方向的不同分为平送散流器和下送散流器。

图 3.10　散流器

③孔板送风口。孔板送风口的形式如图3.11所示，送入静压箱的空气通过开有一些圆形小孔的孔板送入室内。孔板送风口的主要特点是送风均匀，气流速度衰减快。因此，适用于要求工作区气流均匀且速度小、区域温差小、洁净度较高的场合，如高精度恒温室和平行流洁净室。

图3.11 孔板送风口

④喷射式送风口。喷射式送风口是一个渐缩的圆锥（台）型短管，如图3.12所示。其特点是风口的渐缩角很小，风口无叶片阻挡，噪声小，紊流系数小，射程长，适用于大空间公共建筑的送风，如体育馆、影剧院等场合。为了提高送风口的灵活性，可做成既能调节风量，又能调节出风方向的圆形转动风口。

图3.12 喷射式送风口

（2）回风口形式

由于回风口汇流速度衰减很快，作用范围小，回风口吸风速度的大小对室内气流分布的影响很小，因此，回风口的类型较少。常用的有格栅、单层百叶、金属网格等形式，但要求能调节风量和定型生产。设在房间的散点式回风口和设在地面上的格栅式回风口如图3.13所示。

(a) 散点式回风口　　　　　　　　　　(b) 格栅式回风口

图3.13 散点式和格栅式回风口

3. 风机

风机是为通风系统中的空气流动提供动力的机械设备。在排风系统中，为了防止有害物质对风机的腐蚀和磨损，通常把风机布置在空气处理设备的后面。风机可分为离心风机和轴流风机两种类型。

离心风机主要由叶轮、机轴、机壳、吸气口和排气口等部件组成，如图 3.14 所示。

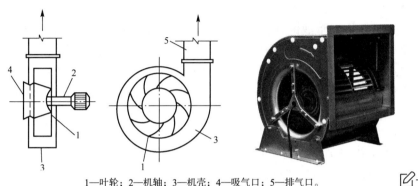

1—叶轮；2—机轴；3—机壳；4—吸气口；5—排气口。

图 3.14 离心风机构造示意图

风机

轴流风机的构造如图 3.15 所示。叶轮安装在圆筒形外壳内，当叶轮在电动机的带动下做旋转运动时，空气从吸气口进入，轴向流过叶轮和扩压管，静压升高后从排气口流出。

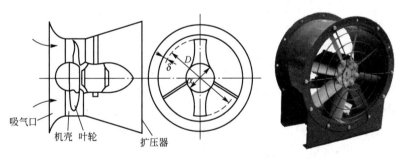

图 3.15 轴流风机构造示意图

与离心风机相比，轴流风机产生的压头小，一般用于不需要设置管道或管路阻力较小的场合。对于管路阻力较大的通风系统，应当采用离心风机提供动力。

风机的主要性能参数如下。

① 风量 L：指风机在标准状态下，单位时间内输送的空气量，单位为 m^3/s 或 m^3/h。

② 全压 P：指在标准状态下每立方米空气通过风机后所获得的动压和静压之和，单位是 Pa。

4. 排风的空气处理设备

为了防止大气污染，当排风中的有害物浓度超过卫生标准所允许的最高浓度时，必须用除尘器或其他有害气体净化设备对排风空气进行处理，使之达到规范允许的排放标准后才能排入大气。

项目 3.2　高层建筑的防火排烟

3.2.1　概述

众所周知,在火灾事故的死伤者中,大多数人员是由于烟气导致的窒息或中毒。现代高层建筑中,由于各种在燃烧时产生有毒气体的装饰材料的使用,以及高层建筑中各种竖向管道产生的烟囱效应,使烟气更加容易迅速地扩散到各个楼层,不仅造成人身伤亡和财产损失,而且由于烟气遮挡视线,还会使人们在疏散时产生心理上的恐慌,给消防抢救工作带来很大的困难。因此,在高层建筑的设计中,必须认真慎重地进行防火排烟设计,以便在火灾发生时,顺利地进行人员疏散和消防灭火工作。

我国《建筑防火通用规范》(GB 55037—2022)有如下规定。

① 下列部位应采取防烟措施。

a. 封闭楼梯间。

b. 防烟楼梯间及其前室。

c. 消防电梯的前室或合用前室。

d. 避难层、避难间。

e. 避难走道的前室,地铁工程中的避难走道。

② 除不适合设置排烟设施的场所、火灾发展缓慢的场所可不设置排烟设施外,工业与民用建筑的下列场所或部位应采取排烟等烟气控制措施。

a. 建筑面积大于 300m² ,且经常有人停留或可燃物较多的地上丙类生产场所,丙类厂房内建筑面积大于 300m² ,且经常有人停留或可燃物较多的地上房间。

b. 建筑面积大于 100m² 的地下或半地下丙类生产场所。

c. 除高温生产工艺的丁类厂房外,其他建筑面积大于 5000m² 的地上丁类生产场所。

d. 建筑面积大于 1000m² 的地下或半地下丁类生产场所。

e. 建筑面积大于 300m² 的地上丙类库房。

f. 设置在地下或半地下、地上第四层及以上楼层的歌舞娱乐放映游艺场所,设置在其他楼层且房间总建筑面积大于 100m² 的歌舞娱乐放映游艺场所。

g. 公共建筑内建筑面积大于 100m² 且经常有人停留的房间。

h. 公共建筑内建筑面积大于 300m² 且可燃物较多的房间。

i. 中庭。

j. 建筑高度大于 32m 的厂房或仓库内长度大于 20m 的疏散走道,其他厂房或仓库内长度大于 40m 的疏散走道,民用建筑内长度大于 20m 的疏散走道。

③ 除敞开式汽车库、地下一层中建筑面积小于 1000m² 的汽车库、地下一层中建筑面积小于 1000m² 的修车库可不设置排烟设施外,其他汽车库、修车库应设置排烟设施。

④ 通行机动车的一、二、三类城市交通隧道内应设置排烟设施。

⑤ 建筑中下列经常有人停留或可燃物较多且无可开启外窗的房间或区域应设置排烟设施。

a. 建筑面积大于 50m² 的房间。

b. 房间的建筑面积不大于 50m²，总建筑面积大于 200m² 的区域。

建筑物内烟气流动大体上取决于两种因素：一种是在火灾房间及其附近，烟气由于燃烧而产生热膨胀和浮力引起流动；另一种是因外部风力或在固有的热压作用下形成的比较强烈的对流气流，它能促使火灾后产生的大量烟气扩散而形成比较强烈的对流气流。

3.2.2　防火分区与防烟分区

1. 安全分区

当建筑房间发生火灾时，室内人员的疏散通道，一般是经过走廊、楼梯间前室、楼梯到达安全地点。把以上各部分用防火墙或防烟墙隔开，形成不同的安全分区并采取防火排烟措施，就可使室内人员在疏散过程中得到安全保护。室内疏散人员在从一个分区向另一个分区移动中需要花费一定的时间，因此，移动次数越多，就越要有足够的安全性。图 3.16 所示的分区中走廊是第一安全分区，楼梯间前室是第二安全分区，楼梯是第三安全分区。安全分区之间的墙壁，应采用气密性高的防火墙或防烟墙，墙上的门应采用防火门。

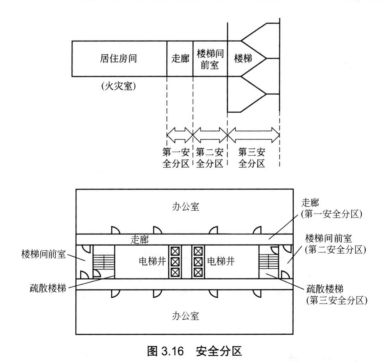

图 3.16　安全分区

2. 防火分区

在建筑设计中划分防火分区的目的是防止火灾的扩大，可根据房间用途和性质的不同对建筑物划分防火分区，分区内应该设置防火墙、防火门和防火卷帘等设备。通常规定楼梯间、通风竖井、风道空间、电梯、自动扶梯升降通路等形成竖井的部分要做防火分区。

我国《建筑防火通用规范》（GB 55037—2022）有如下规定。

① 一、二级耐火等级建筑内的商店营业厅，当设置自动灭火系统和火灾自动报警系统并采用不燃或难燃装修材料时，每个防火分区的最大允许建筑面积应符合下列规定。

a. 设置在高层建筑内时，不应大于 4000m²。

b. 设置在单层建筑内或仅设置在多层建筑的首层时，不应大于 10000m²。

c. 设置在地下或半地下时，不应大于 2000m²。

② 除有特殊要求的建筑、木结构建筑和附建于民用建筑中的汽车库外，其他公共建筑中每个防火分区的最大允许建筑面积应符合下列规定。

a. 对于高层建筑，不应大于 1500m²。

b. 对于一、二级耐火等级的单、多层建筑，不应大于 2500m²；对于三级耐火等级的单、多层建筑，不应大于 1200m²；对于四级耐火等级的单、多层建筑，不应大于 600m²。

c. 对于地下设备房，不应大于 1000m²；对于地下其他区域，不应大于 500m²。

d. 当防火分区全部设置自动灭火系统时，上述面积可以增加 1.0 倍；当局部设置自动灭火系统时，可按该局部区域建筑面积的 1/2 计入所在防火分区的总建筑面积。

> **特别提示**
>
> 高层建筑的竖直方向通常每层划分为一个防火分区，以楼板为分隔。对于在两层或多层之间设有各种开口，如设有开敞楼梯、自动扶梯的建筑，应把连通部分作为一个竖向防火分区的整体考虑，且连通部分各层面积之和不应超过允许的水平防火分区的面积。

3. 防烟分区

在建筑设计中划分防烟分区的目的则是对防火分区的细分化，防烟分区内不能防止火灾的扩大，它仅能有效地控制火灾产生的烟气流动。要在有发生火灾危险的房间和用作疏散通路的走廊间加设防烟隔断，在楼梯间设置前室，并设自动关闭门，作为防火、防烟的分界。此外还应注意竖井分区，如百货公司的中央自动扶梯处是一个大开口，应设置用烟感器控制的隔烟防火卷帘。

《建筑防火通用规范》（GB 55037—2022）规定：需设置排烟设施的走道、净高不超过 6m 的房间，应采用挡烟垂壁、隔墙或从顶棚下凸出不小于 0.5m 的梁划分防烟分区，如图 3.17 所示。每个防烟分区的面积不宜超过 500m²，且防烟分区的划分不能跨越防火分区。

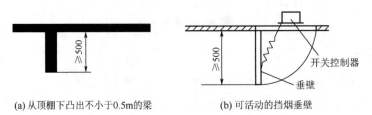

图 3.17 挡烟设施

【工程案例】某百货大楼的防火、防烟分区布置如图 3.18 所示，从图中可以看出它是将顶棚送风的空调系统和防火、防烟分区结合在一起考虑的。

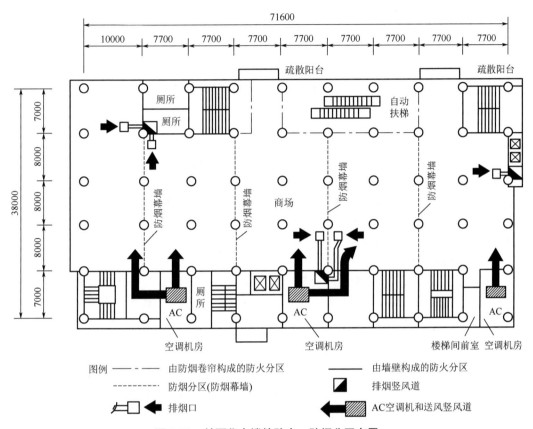

图 3.18　某百货大楼的防火、防烟分区布置

> **特别提示**
>
> 用途相同、楼层不同也可形成各自的防火、防烟分区。实践证明，应尽可能按不同用途在竖向做楼层分区，它比单纯依靠防火、防烟阀等手段所形成的防火分区更为可靠。

3.2.3　高层建筑的自然排烟

1. 自然排烟的概念

自然排烟是利用风压和热压作为动力的排烟方式。自然排烟方式的优点是结构简单，不需要电源和复杂的装置，运行可靠性高，平常可用于建筑物的通风换气等；其缺点是排烟效果受风压、热压等因素的影响，排烟效果不稳定，设计不当会适得其反。

目前，在我国，除建筑高度超过 50m 的一类公共建筑和建筑高度超过 100m 的居住建筑外，具有靠外墙的防烟楼梯间及其前室、消防电梯间前室和合用前室的建筑宜采用自然排烟。为了确保火灾发生时人员疏散和消防扑救工作的正常进行，高层建筑的防烟楼梯间和消防电梯间应设置前室或合用前室。其目的有以下4个。

（1）阻挡烟气直接进入防烟楼梯间或消防电梯间。

（2）作为疏散人员的临时避难场所。

（3）降低建筑物竖向通道产生的烟囱效应，以减小烟气在垂直方向的蔓延速度。

（4）作为消防人员到达着火层开展扑救工作的起始点和安全区。

2. 高层建筑的自然排烟方式

高层建筑的自然排烟方式主要有以下两种。

（1）用建筑物的阳台、凹廊或在楼梯间外墙上设置便于开启的外窗或排烟窗排烟

这种方式是利用高温烟气产生的热压和浮力，以及室外风压造成的抽力，把火灾产生的高温烟气通过阳台、凹廊或在楼梯间外墙上设置的外窗和排烟窗排至室外，如图3.19所示。应注意，采用自然排烟方式时，要结合相邻建筑物对风的影响，将排烟口设在建筑物常年主导风向的负压区内。

（2）用竖井排烟

这种方式是在高层建筑防烟楼梯间前室、消防电梯间前室或合用前室设置专用的排烟竖井和进风竖井，也是利用火灾时室内外温差产生的浮力或热压以及室外风压的抽力进行排烟的，如图3.20所示。

3. 通风空调系统的排烟措施

在采用自然排烟的高层建筑中，为了保证自然排烟的效果，除专门设计的防火排烟系统外，所有的通风空调系统都应有防火排烟措施，在火灾发生时，及时停止风机运行和减小竖向风道所造成的热压对烟气的扩散作用。

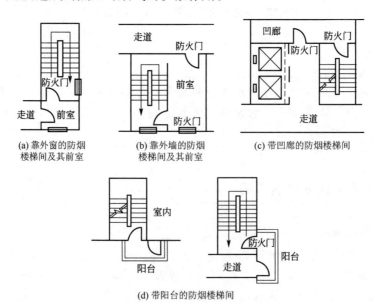

图3.19　用建筑物的阳台、凹廊或在楼梯间外墙上设置便于开启的外窗或排烟窗排烟

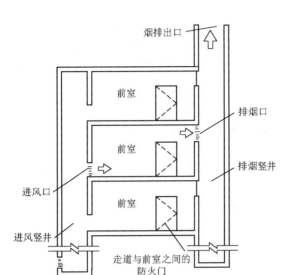

图 3.20　用竖井排烟

3.2.4　高层建筑的机械防烟

机械防烟是利用风机造成的气流和压力差来控制烟气流动方向的防烟技术。它是在火灾发生时用气流造成的压力差阻止烟气进入建筑物的安全疏散通道内，从而保证人员疏散和消防扑救的需要。

1. 烟气控制原理

烟气控制是利用风机造成的气流和压力差结合建筑物的墙、楼板、门等挡烟物体来控制烟气的流动方向，其原理如图 3.21 所示。图 3.21（a）中的高压侧是避难区或疏散通道，低压侧则暴露在火灾生成的烟气中，两侧的压力差可阻止烟气从门周围的缝隙渗入高压侧。当门等阻挡烟气扩散的物体开启时，气流就会通过打开的门洞流动。如果气流速度较小，烟气将克服气流的阻挡进入避难区或疏散通道，如图 3.21（b）所示。如果气流速度足够大，就可防止烟气的倒流，如图 3.21（c）所示。

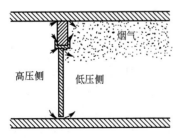
(a) 隔烟幕墙上的门关闭

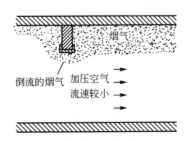
(b) 隔烟幕墙上的门开启，空气流速较小

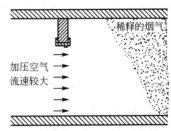
(c) 隔烟幕墙上的门开启，空气流速较大

图 3.21　用风机造成的气流和压力差隔烟

2. 机械加压送风方式

机械加压送风方式在各种烟气控制方式中应用最为广泛。它是采用机械送风系统向需要保护的地点，如疏散楼梯间及其封闭前室、消防电梯间前室、走道或非火灾层等，输送大量新鲜空气，如有烟气和回风系统时则关闭，从而形成正压区域，使烟气不能侵入其间，并在非正压区内将烟气排出。

机械加压送风主要有如下优点。

① 防烟楼梯间、消防电梯间、前室或合用前室处于正压状态，可避免烟气的侵入，为人员疏散和消防人员扑救提供了安全区。

② 如果在走廊等处设置机械排烟口，则可产生有利的气流流动形式，阻止火势和烟气向疏散通道扩散。

③ 防烟方式较简单、操作方便、可靠性高。

实践证明，它是高层建筑很有效的防烟方式之一，高层建筑中常用的一些机械加压送风方式如图3.22所示。

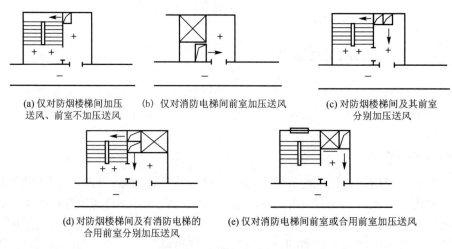

图 3.22　机械加压送风方式

3.2.5　高层建筑的机械排烟

1. 机械排烟原理

机械排烟方式是在各排烟区段内设置机械排烟装置，起火后关闭各区相应的开口部分，并开动排烟风机，将四处蔓延的烟气通过排烟系统排至建筑物外，以确保人员疏散时间和疏散通道安全。但是，当疏散楼梯间、前室等部位采用此方式排烟时，其墙、门等构件应有密封措施，以防止因负压而通过缝隙继续引入烟气。实践证明，当仅采用机械排烟而无自然进风或机械送风时，一般很难有效地把烟气排出室外。因此，同排烟相平衡的送风方式是非常重要的，从下部送风上部排烟，可获得良好效果。

2. 机械排烟系统

（1）走廊和房间的机械排烟系统

进行机械排烟设计时，需根据建筑面积的大小，水平或竖向分为若干个区域或系统。走廊的机械排烟系统宜竖向布置；房间的机械排烟系统宜按房间分区布置。面积较大、走廊较长的走廊排烟系统，可在每个防烟分区设置几个排烟系统，并将竖向风道布置在几处，以便缩短水平风道，提高排烟效果，如图3.23所示。对于房间排烟系统，当需要排烟的房间较多且竖向布置有困难时，可采用如图3.24所示的水平布置的房间排烟系统。

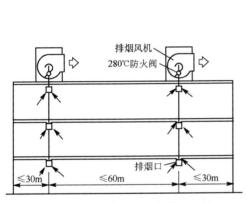

图3.23 竖向布置的走廊排烟系统

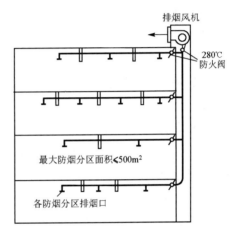

图3.24 水平布置的房间排烟系统

（2）中庭的机械排烟系统

中庭是指与两层或两层以上的楼层相通且顶部是封闭的筒体空间。火灾发生时，通过在中庭上部设置的排烟风机，把中庭作为失火楼层的一个大的排烟通道排烟，并使失火楼层保持负压，可以有效地控制烟气和火灾，如图3.25所示。

中庭的机械排烟口应设在中庭的顶棚上，或靠近中庭顶棚的集烟区。排烟口的最低标高应位于中庭最高部分门洞的上边。当中庭依靠下部的自然进风进行补风有困难时，可采用机械补风，补风量按不小于排风量的50%确定。

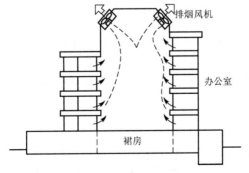

图3.25 中庭的机械排烟系统

项目 3.3　空气调节

3.3.1　空调系统的组成

空气调节是指对空气温度、湿度、空气流动速度及清洁度进行人工调节,以满足人体舒适和工艺生产过程的要求。

空调系统是指需要采用空调技术来实现的具有一定温度、湿度等参数要求的室内空间及所使用的各种设备的总称,通常由以下几部分组成。

1. 工作区（又称空调区）

工作区通常是指距地面 2m、离墙 0.5m 的空间。在此空间内,应保持所要求的室内空气参数。

2. 空气的输送和分配设施

空气的输送和分配设施主要由输送和分配空气的送、回风机,送、回风管和送、回风口等设备组成。

3. 空气的处理设备

空气的处理设备由各种对空气进行加热、冷却、加湿、减湿和净化等处理的设备组成。

4. 处理空气所需要的冷热源

处理空气所需要的冷热源是指为空气处理提供冷量和热量的设备,如锅炉房、冷冻站、制冷机组等。

3.3.2　空调系统的冷源及制冷机组

1. 空调系统的冷源

空调系统的冷源分为天然冷源和人工冷源。天然冷源一般是指深井水、山涧水、温度较低的河水等。这些温度较低的水可直接用泵抽取供空调系统使用,然后排放掉。采用深井水作冷源时,为了防止地面下沉,需要采用深井回灌技术。由于天然冷源往往难以获得,因此在实际工程中,主要是使用人工冷源。人工冷源是指采用制冷设备制取的冷量。当空调系统采用人工冷源制取的冷冻水或冷风来处理空气时,制冷机组是空调系统中消耗能量最大的设备。

2. 制冷机组

按照制冷设备所使用的能源类型的不同,蒸汽压缩式制冷机组是空调系统中使用最多、应用最广的制冷设备,下面简要介绍其工作原理、主要设备和制冷物质。

（1）蒸汽压缩式制冷原理

蒸汽压缩式制冷是利用液体汽化时要吸收热量的物理特性来制取冷量的，如图3.26所示。

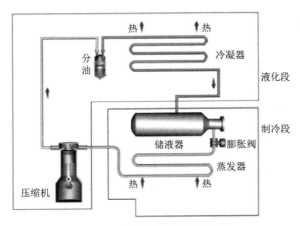

图3.26　蒸汽压缩式制冷原理

图3.26中右下角的部分是制冷段，储液器中高温高压的液态制冷剂经膨胀阀降温降压后进入蒸发器，在蒸发器中吸收周围介质的热量气化后回到压缩机。同时，蒸发器周围的介质因失去热量而温度降低。

图3.26中左上角的部分称为液化段，其作用是使在蒸发器中吸热气化的低温低压的气态制冷剂重新液化去制冷。方法是先用压缩机将低温低压的气态制冷剂压缩为高温高压的气态制冷剂，然后在冷凝器中利用外界常温下的冷却剂（如水、空气等）将其冷却为高温高压的液态制冷剂，重新回到储液器中用于制冷。

从图3.27中可见，蒸汽压缩式制冷系统通过制冷剂（如氨、氟利昂等）在压缩机、冷凝器、节流装置、蒸发器等热力设备中进行的压缩、放热、节流、吸热等热力过程，来实现一个完整的制冷循环。

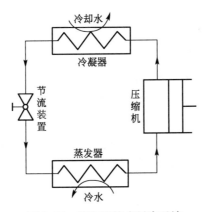

图3.27　蒸汽压缩式制冷系统

（2）蒸汽压缩式制冷循环的主要设备

①压缩机。压缩机的作用是从蒸发器中抽吸气态制冷剂，以保证蒸发器中具有一

定的蒸发压力和提高气态制冷剂的压力,使气态制冷剂在较高的冷凝温度下被冷却剂冷凝液化。

② 冷凝器。冷凝器的作用是把压缩机排出的高温高压的气态制冷剂冷却并使其液化。根据所使用冷却介质的不同,冷凝器可分为水冷冷凝器、风冷冷凝器、蒸发式冷凝器和淋激式冷凝器等类型。

③ 节流装置。节流装置的作用是对高温高压的液态制冷剂进行节流降温降压,保证冷凝器和蒸发器之间的压力差,以便蒸发器中的液态制冷剂在所要求的低温低压下吸热气化,制取冷量。

调整进入蒸发器的液态制冷剂的流量,以适应蒸发器热负荷的变化,可使制冷装置更加有效运行。

常用的节流装置有手动膨胀阀、浮球式膨胀阀、热力式膨胀阀和毛细管等。

④ 蒸发器。蒸发器的作用是使进入其中的低温低压的液态制冷剂吸收周围介质(水、空气等)的热量气化。同时,蒸发器周围的介质会因失去热量而温度降低。

(3) 制冷物质

制冷物质主要包括制冷剂、载冷剂和冷却剂等。

a. 制冷剂。制冷剂是在制冷装置中进行制冷循环的工作物质。目前常用的制冷剂有氨、氟利昂等。

b. 载冷剂。为了把制冷系统制取的冷量远距离输送到使用冷量的地方,需要有一种中间物质在蒸发器中冷却降温,再将所携带的冷量输送到其他地方使用。这种中间物质称为载冷剂。常用的载冷剂有水、盐水和空气等。

c. 冷却剂。为了在冷凝器中把高温高压的气态制冷剂冷凝为高温高压的液态制冷剂,需要用温度较低的物质带走制冷剂冷凝时放出的热量,这种工作物质称为冷却剂。常用的冷却剂有水(如井水、河水、循环冷却水等)和空气等。

3.3.3 空调系统分类

按空气处理设备的设置情况,空调系统可分为集中式空调系统、分散式空调系统和半集中式空调系统三类。

1. 集中式空调系统

集中式空调系统是指系统中的所有空气处理设备,包括风机、冷凝器、加热器、加湿器和过滤器等都设置在一个集中的空调机房里,空气经过集中处理后,再送往各个空调房间,空调房间内只装风口。

集中式空调系统属于典型的全空气系统。该系统的特点是服务面积大,处理的空气量多,技术上也比较容易实现,现在应用很广泛,如要求恒温恒湿工艺性空调、洁净室空调等的场合。

(1) 组成

集中式空调系统由冷水机组、热泵、冷热水循环系统、冷却水循环系统及末端空气处理设备,如空气处理机组、风机盘管等组成,如图3.28所示。

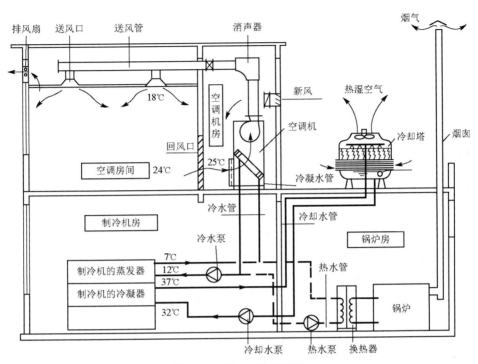

图 3.28 集中式空调系统

（2）分类

集中式空调系统按所处理的空气来源分为封闭式、直流式和混合式三类，如图 3.29 所示。

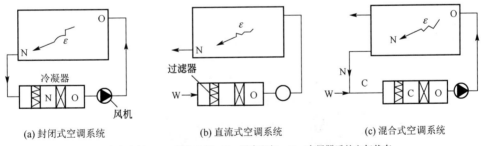

(a) 封闭式空调系统　　(b) 直流式空调系统　　(c) 混合式空调系统

N—室内空气；W—室外空气；C—混合空气；O—冷凝器后的空气状态。

图 3.29 集中式空调系统的三种形式

① 封闭式空调系统。它所处理的空气全部来自空调房间本身，没有室外新鲜空气补充，全部为再循环空气。这种系统冷、热耗量最小，但卫生条件很差。

② 直流式空调系统。与封闭式空调系统比较，直流式空调系统所处理的空气全部来自室外的新鲜空气，新鲜空气经过处理后送入室内，吸收了室内的余热、余湿后全部排出室外。这种系统适用于不允许采用回风的场合，冷、热耗量最大，但卫生条件好。

③ 混合式空调系统。从上述两种系统可见，封闭式空调系统不能满足卫生需求，直流式空调系统经济上不合理，所以两者都只是在特定情况下使用，对于绝大多数场合，为了减少空调耗能和满足室内卫生条件要求，通常采用混合一部分回风的空调系

统,即混合式空调系统。这种系统既能满足卫生要求,又经济合理,故现在广泛应用。

2. 分散式空调系统

分散式空调系统又称局部空调系统。这种系统把冷热源和空气处理设备、输送设备、控制设备等集中设置在一个箱体内,形成一个紧凑的空调机组。该机组可以按照需要,灵活而分散地设置在空调房间内,因此分散式空调系统不需要集中的机房。

分散式空调系统实际上是一个小型空调系统,它结构紧凑,占用机房面积小,安装方便,使用灵活,在许多需要空调的场所,特别在舒适性空调工程中是广泛应用的设备。其类型与构造如下。

(1) 按容量大小分类

① 窗式空调器。容量小,冷量一般小于 7kW,风量在 1200m^3/h 以下。

② 立柜式空调器。容量大,冷量一般为 7kW,风量在 20000m^3/h 以上。

(2) 按冷凝器的冷却方式分类

① 水冷式空调器。容量较大的机组,其冷凝器一般都用水冷却。用户要具备冷却水源。

② 风冷式空调器。容量较小的机组,如窗式空调器,其冷凝器部分设置在室外,借助风机用室外空气冷却冷凝器。容量较大的机组可将风冷冷凝器独立设置在室外。

(3) 按供热方式分类

① 普通式空调器。这种空调器冬季用电加热空气供暖。

② 热泵式空调器(图 3.30)。这种空调器在冬季仍然由制冷机工作,只是通过一个四通换向阀使制冷剂做供热循环。这时原来的蒸发器变为冷凝器,空气通过冷凝器时被加热送入房间。

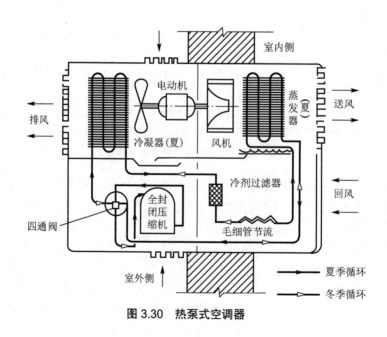

图 3.30　热泵式空调器

3. 半集中式空调系统

半集中式空调系统共分两种：一种是除集中空调机房外，还设有分散在各个房间里的二次设备（又称末端装置），其中多半设有冷热交换装置（也称二次盘管），它的功能主要是在空气进入空调房间之前，对来自集中处理设备的空气做进一步的补充处理，进而承担一部分冷热负荷；另一种是集中设置冷源和热源，分散在各空调房间设置风机盘管，即冷热源集中供给，新风单独处理和供给。

集中式空调系统由于具有系统大、风道粗、占用建筑面积和空间较多、系统的灵活性差等缺点，在许多民用建筑，特别是高层民用建筑的应用中受到限制。风机盘管空调系统是为了克服集中式空调系统这些不足而发展起来的一种半集中式空调系统。这种系统的冷热源集中供给，新风可单独处理和供给，其采用水作为输送冷热量的介质，具有占用建筑空间少、运行调节方便等优点，近年来得到广泛应用。风机盘管的构造如图3.31所示。

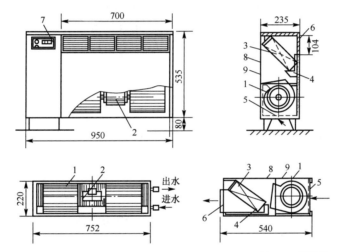

1—风机；2—电动机；3—盘管；4—凝结水盘；5—循环风进口及过滤器；6—出风格栅；7—控制器；8—吸声材料；9—箱体。

图3.31 风机盘管的构造

从风机盘管的结构特点来看，它的主要优点是布置灵活，各房间可独立地通过风量、水量或水温的调节来改变室内的温度和湿度，房间不住人时可方便地关闭风机盘管机组而不影响其他房间，从而比较省运转费用。此外，房间之间空气互不串通，又因风机多档变速，在冷量上能由使用者直接进行一定的调节。

风机盘管空调系统的新风供给方式主要有三种，如图3.32所示。

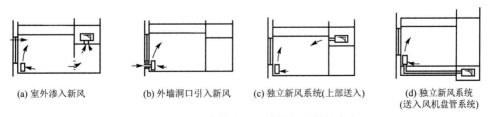

(a) 室外渗入新风　　(b) 外墙洞口引入新风　　(c) 独立新风系统(上部送入)　　(d) 独立新风系统(送入风机盘管系统)

图3.32 风机盘管空调系统的新风供给方式

3.3.4 房间气流分布形式

房间的气流分布是指通过空调房间送、回风口的选择和布置，使送入房间的空气合理地流动和分布，从而使房间的温度、湿度、清洁度和风速等参数满足生产工艺和人体舒适的要求。

影响空调房间气流分布的因素很多，主要有送风口的位置和形式、回风口的位置、房间的几何形状和送风射流参数等。

常见的气流分布形式有以下几种。

1. 上送下回气流分布形式

上送下回气流分布形式是指空气由空间上部送入由下部排出的气流分布形式，它是一种传统的、基本的气流分布形式。该气流分布形式适用于民用建筑、专用机房和大型娱乐场所等场合。图 3.33 所示为三种不同的上送下回气流分布形式，其中图 3.33（a）、图 3.33（c）可根据空间的大小扩大为双侧，图 3.33（b）可增加散流器的数目。采用上送下回气流分布形式时，送风气流不直接进入工作区，由于有较长的与室内空气混掺的距离，因此能够形成比较均匀的温度场和速度场。图 3.33（c）尤其适用于温度、湿度和洁净度要求高的场所。

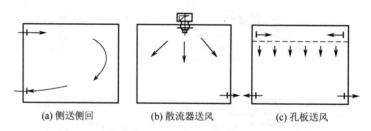

(a) 侧送侧回　　(b) 散流器送风　　(c) 孔板送风

图 3.33　上送下回气流分布形式

2. 上送上回气流分布形式

图 3.34 所示为三种不同的上送上回气流分布形式，其中图 3.34（a）为单侧上送上回，图 3.34（b）为异侧上送上回，图 3.34（c）为散流器上送上回。上送上回气流分布形式的特点是将送排（回）风管道集中于空间上部，图 3.34（b）还可设置吊顶使管道成为暗装。

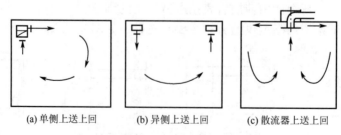

(a) 单侧上送上回　　(b) 异侧上送上回　　(c) 散流器上送上回

图 3.34　上送上回气流分布形式

3. 下送上回气流分布形式

图 3.35 所示为三种不同的下送上回气流分布形式，其中图 3.35（a）为地板送风，图 3.35（b）为末端装置（风机盘管或诱导器）送风，图 3.35（c）为下侧送风。除图 3.35（b）外，其余两种气流分布形式要求降低送风温差，控制工作区内的风速，但其排风温度高于工作区温度，故具有一定的节能效果，同时有利于提高工作区的空气质量。

(a) 地板送风　　　(b) 末端装置(风机盘管或诱导器)送风　　　(c) 下侧送风

图 3.35　下送上回气流分布形式

4. 中送风气流分布形式

对于厂房、车间等高大空间的场合，若实际工作区在下部，则不需将整个空间都作为控制调节的对象，因此从节省能量角度考虑，可采用中送风气流分布形式，如图 3.36 所示。图 3.36 中设在上部的排风是用于排走非空调区内的余热，防止其在送风射流的卷吸下向工作区扩散。但这种气流分布形式会造成空间竖向分布温度不均，存在着温度"分层"现象。

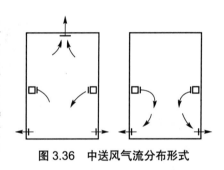

图 3.36　中送风气流分布形式

3.3.5　空气处理设备

空气处理设备包括喷水室、表面式换热器、电加热器、加湿器和空气过滤器等。

1. 喷水室

喷水室是空调系统中夏季对空气冷却除湿、冬季对空气加湿的设备。它通过水直接与被处理的空气接触来进行热湿交换，在喷水室中喷入不同温度的水，可以实现空气的加热、冷却、加湿和减湿等过程。用喷水室处理空气的主要优点是能够实现多种空气处理过程，冬夏季工况可以共用一套空气处理设备，具有一定的净化空气的能力，金属耗量小，容易加工制作；其缺点是对水质条件要求高，占地面积大，水系统复杂，耗电较多。在空调房间的温度、湿度要求较高的场合，如纺织厂等的工艺性空调系统中，喷水室得到了广泛的应用。

2. 表面式换热器

用表面式换热器处理空气时，对空气进行热湿交换的工作介质不与空气直接接触，而是通过换热器的金属表面与空气进行热湿交换。在表面式换热器中通入热水或蒸汽，可以实现空气的等湿加热过程,通入冷水或制冷剂,可以实现空气的等湿和减湿冷却过程。

3. 电加热器

电加热器是让电流通过电阻丝发热来加热空气的设备。它具有结构紧凑、加热均匀、热量稳定、控制方便等优点。但由于电费较贵,通常只在加热量较小的空调机组等场合采用。在恒温精度较高的空调系统中,电加热器常安装在空调房间的送风支管上,作为控制房间温度的调节加热器。裸线式电加热器如图3.37所示。

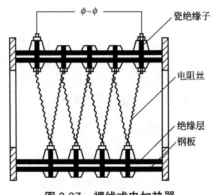

图 3.37 裸线式电加热器

4. 加湿器

加湿器是用于对空气进行加湿处理的设备,常用的有干蒸汽加湿器和电加湿器两种类型。

（1）干蒸汽加湿器

干蒸汽加湿器的构造如图3.38所示。它使用锅炉等加热设备生产的蒸汽对空气进行加湿处理。

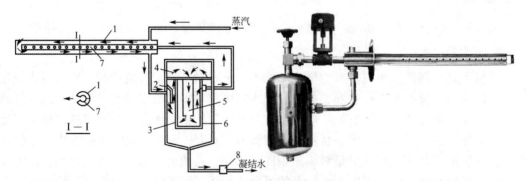

1—喷管外套；2—导流板；3—加湿器筒体；4—倒流箱；5—导流管；6—加湿器内筒体；7—加湿器喷管；8—疏水器。

图 3.38 干蒸汽加湿器

（2）电加湿器

电加湿器使用电能生产蒸汽来加湿空气。根据工作原理不同,电加湿器有电热式和电极式两种。电极式电加湿器的构造如图3.39所示。

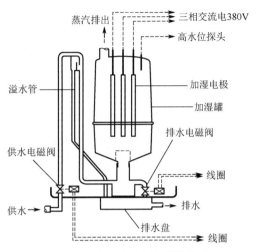

图 3.39　电极式电加湿器的构造

5. 空气过滤器

空气过滤器是用来对空气进行净化处理的设备，通常分为低效、中效和高效过滤器三种类型，如图 3.40 所示。

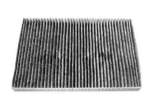   

(a) 无纺布或玻璃纤维板低效过滤器　　(b) 袋式中效过滤器　　(c) 超细纤维高效过滤器

图 3.40　空气过滤器

3.3.6　空调系统的消声与防振

噪声是指嘈杂刺耳的声音，对于某些工作有妨碍的声音也称为噪声。可产生噪声的噪声源很多，但对于空调系统来说，噪声主要是由通风机、制冷机、机械通风冷却塔等产生。

噪声的传播方式有通过空气传声、由振动引起的建筑结构的固体传声和通过风管传声三种。

1. 消声器

消声器是根据不同的消声原理设计成的管路构件，按所采用的消声原理可分为阻性消声器、抗性消声器、共振消声器和复合消声器等类型。

（1）阻性消声器

阻性消声器是把吸声材料固定在气流流动的管道内壁，或按一定的方式在管道内排列起来，利用吸声材料消耗声能降低噪声。其主要特点是对

中、高频噪声的消声效果好，对低频噪声的消声效果差。阻性消声器有许多类型，常用的有管式、片式和格式消声器，如图3.41所示。

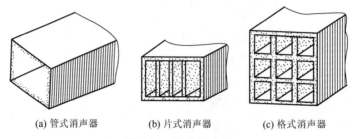

(a) 管式消声器　　(b) 片式消声器　　(c) 格式消声器

图3.41　阻性消声器

管式消声器是在风管的内壁面贴一层吸声材料，通过吸收声能降低噪声。其特点是结构简单、制作方便、阻力小，但只适用于截面直径在400mm以下的管道。当风管截面增大时，其消声效果会降低。

片式消声器和格式消声器实际上是一组管式消声器的组合，主要是为了解决管式消声器不能用于大断面风道的问题。片式消声器和格式消声器构造简单，阻力小，对中、高频噪声的吸声效果好，但是应注意这类消声器中的空气流速不能太高，以免气流产生的紊流噪声使消声器失效。格式消声器中每格的尺寸宜控制在200mm×200mm左右。片式消声器的片间距一般在100～200mm的范围内，当片间距增大时，消声量会相应地下降。

（2）抗性消声器

抗性消声器又称膨胀式消声器，它由一些小室和风管组成，如图3.42所示。其消声原理是利用管道内截面的突然变化，使沿风管传播的声波向声源方向反射，起到消声作用。这种消声方法对于中、低频噪声有较好的消声效果，但消声频率的范围较窄，要求风道截面的变化在4倍以上才较为有效。因此，在机房等建筑空间较小的场合，应用会受到限制。

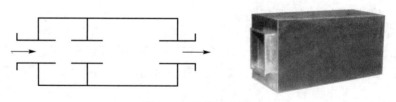

图3.42　抗性消声器

（3）共振消声器

共振消声器常用于低频噪声的吸声。如图3.43所示，共振消声器的金属板上开有一些小孔，金属板后是共振腔。当声波传到共振结构时，小孔孔径中的气体在声波压力作用下，会像活塞一样往复运动，通过孔径壁面的摩擦和阻尼作用，使一部分声能转化为热能消耗掉。

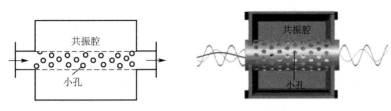

图 3.43 共振消声器

（4）复合消声器

复合消声器又称宽频带消声器，它是利用阻性消声器对中、高频噪声的消声效果好，抗性消声器和共振消声器对低频噪声消声效果好的特点，综合设计成从低频到高频噪声范围内，都具有较好的消声效果的消声器。常用的复合消声器有阻抗复合式消声器、阻抗共振复合式消声器和微穿孔板式消声器等类型。

2. 空调系统的减振

在空调系统中，除对风机、水泵等产生振动的设备应设置弹性减振支座外，为了防止与这些运转设备连接的管路的传声，还应在风机、水泵、压缩机等运转设备的进出口管路上设置隔振软管，在管道的支吊架、穿墙处做隔振处理。

减振器

3.3.7 通风空调管道安装

1. 通风空调管道

通风空调管道，简称风管，是经先进的机械一次性生产而成的新型管道。它由金属材料（为主）及镀锌板、不锈钢、铜、铝等材料制成，主要用于空调行业通风系统中。

（1）风管的分类

① 按截面形状，风管分为圆形和矩形两种。圆形风管适用于工业通风和防排烟系统中，宜明装；矩形风管利于与建筑协调，可明装，也可暗装于吊顶内，空调系统中多采用矩形风管。

② 按材质分，风管有薄钢板风管、不锈钢板风管、铝板风管、塑料风管、玻璃钢风管和复合风管等。

（2）风管的连接方式

风管的制作连接方式有咬口连接、铆钉连接和焊接连接。风管的安装连接方式有法兰连接和抱箍连接。

2. 通风管件

（1）导流叶片

导流叶片装设在弯管内，如图 3.44 所示。导流叶片的作用是保证气流在弯管内的流速。当矩形弯管弯曲半径 $R \leqslant 0.5A$（A 为矩形风管的长边尺寸）或 $R \leqslant 200mm$ 时，需装设导流叶片。

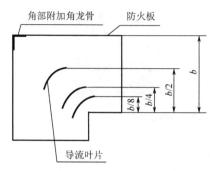
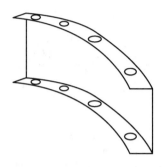

图 3.44　导流叶片

图 3.45　风管静压箱

（2）风管静压箱

风管静压箱（图 3.45）装在主风管转弯分支处，可以把部分动压变为静压使风吹得更远，降低噪声，还可使风量均匀分配，起到万能接头的作用。风管静压箱有时和消声器一起，合称消声静压箱。

3.通风部件

（1）调节阀

风管的调节阀主要有三通调节阀、多叶调节阀、蝶阀、防火阀、止回阀和定风量阀等。

① 三通调节阀：主要起调节风量、风压的作用，通常在矩形直通三通管或 Y 形三通管处使用，可调节支管的风量。三通调节阀有手柄式和拉杆式两种类型。

② 多叶调节阀：主要有开启和关闭、调节开度两个功能，一般用于通风空调系统管道中支管风量的调节，也可用于新风和回风的混合调节。

③ 蝶阀：是一种用于管道中控制气体流量的阀门。

④ 防火阀：风管穿过楼板和防火分区墙时安装的阀门。

⑤ 止回阀：安装在回风管上，用于防止回风倒流。

⑥ 定风量阀：安装在新风管上，用于控制风量。

（2）其他部件

风管的其他部件主要有软接头、测定孔、检查孔和风帽等。

① 软接头：用于风管与风机连接处，以降低风机振动对风管的影响。

② 测定孔：装在风管上，用于测定风管的风量、温度和湿度。

③ 检查孔：装在风管上，用于检修风管用。

④ 风帽：装在风管出口处，起到出风、挡雨、挡垃圾杂物的作用。

4.风管的布置

风管的布置应在进风口、送风口、排风口、空气处理设备、风机的位置确定之后进行。风管的布置应服从整个通风空调系统的总体布局，并与土建、生产工艺和给水排水等各专业互相协调、配合。

风管的布置原则如下。

① 应尽量缩短管线、减少分支、避免复杂的局部管件。

② 应便于安装、调节和维修。
③ 风管之间或风管与其他设备、管件之间应合理连接，以减少阻力和噪声。
④ 应尽量避免穿越沉降缝、伸缩缝和防火墙等。
⑤ 应使风管少占建筑空间，并不得妨碍生产操作。
⑥ 对于埋地风管，应避免与建筑物基础或生产设备底座交叉，并应与其他管线综合考虑。此外，尚需设置必要的检查口。
⑦ 风管在穿越火灾危险性较大房间的隔墙、楼板处，以及垂直和水平风管的交接处时，均应符合防火设计规范的规定。

5. 风管的敷设

风管多采用钢板制作，其尺寸应尽量符合《通风与空调工程施工质量验收规范》（GB 50243—2016）的规定，以利于机械加工风管和法兰，也便于配置标准阀门和配件。

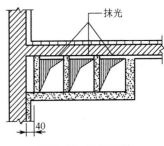

图 3.46 贴附风管

风管一般应设在隔墙内，如墙体较薄，可在外墙设贴附风管，如图 3.46 所示。各层楼内性质相同的一些房间的竖井风管可在顶部汇合在一起，并应符合防火设计规范的要求。

在某些情况下可以把风管和建筑物本身构造密切结合在一起。在居住和公用建筑中竖直的砖风管通常就砌筑在建筑物的内墙里。为了防止结露和影响自然通风的作用压力，竖直风管一般不允许设在外墙中，否则应设空气隔离层。

6. 风管的防腐与保温

（1）风管的防腐。钢板风管内表面和需要保温的风管外表面应刷防锈漆两遍，不保温风管外表面应刷一遍防锈底漆和两遍调和漆。镀锌钢板可不刷漆，但交口损坏处应刷漆，施工时发现锈蚀处应刷漆。

（2）风管的保温。在通风空调系统中，为提高冷热量的利用率，避免不必要的冷热量损失，保证通风空调系统的运行参数，应对通风空调风管进行保温。此外，当风管送冷风时，其表面温度可能低于或等于周围空气的露点温度，而使其表面结露，这会导致加速传热，同时也会对风管造成一定的腐蚀，因此应对风管进行保温。

风管的保温材料主要有软木、聚苯乙烯泡沫塑料、超细玻璃棉、玻璃纤维保温板、聚氨酯泡沫塑料、聚乙烯高发泡（PEF）板、发泡橡塑板等。

通常保温结构有四层。
① 防腐层：涂防腐漆或沥青。
② 保温层：粘贴、捆扎、用保温钉固定保温材料。
③ 防潮层：包塑料布、油毛毡、铝箔或刷沥青，以防止潮湿空气或水分进入保温层内破坏保温层或在其内部结露，降低保温效果。
④ 保护层：室内可用玻璃布、塑料布、木板、聚合板等作保护。

项目 3.4　通风空调施工图

3.4.1　通风空调施工图的组成与内容

通风空调施工图由文字部分与图示部分组成。文字部分包括图纸目录、设计施工说明、主要设备材料表。图示部分包括基本图和详图。基本图包括通风空调的平面图、剖面图、系统图（轴测图）、原理图等。详图包括设备、管道的安装详图，设备、管道的加工详图，设备、部件的结构详图等。

1. 文字部分

（1）图纸目录

图纸目录包括在工程中使用的标准图纸或其他工程图纸目录和该工程的设计图纸目录。在图纸目录中必须完整地列出该工程设计图纸名称、图号、工程号、图幅大小、备注等。

（2）设计施工说明

设计施工说明主要包括：通风空调的建筑概况；系统采用的设计气象参数；空调房间的设计条件（冬季、夏季空调房间的空气温度、相对湿度、平均风速、新风量、噪声等级、含尘量等）；空调系统的划分与组成（系统编号、系统所服务的区域、送风量、设计负荷、空调方式、气流分布等）；空调系统的设计运行工况；风管系统和水管系统的一般规定，风管材料及加工方法，管材，支吊架及阀门安装要求，保温、减振做法，水管系统的试压和清洗等；设备的安装要求；防腐要求；系统调试和试运行方法和步骤；应遵守的施工规范、规定；等等。

（3）主要设备材料表

设备与主要材料的型号、数量一般在主要设备材料表中给出，其主要内容包括序号、名称、型号、规格、单位、数量和备注等。

2. 图示部分

（1）平面图

平面图包括建筑物各层通风空调平面图、空调机房平面图、制冷机房平面图等。下面主要介绍前两种平面图。

① 通风空调平面图。

通风空调平面图主要说明通风空调系统的设备、系统风管、冷热水管道、凝结水管道的平面布置。它主要包括以下内容。

a. 风管系统。风管系统的构成、布置及风管上各部件、设备的位置，如异径管、三通接头、四通接头、弯管、检查孔、测定孔、调节阀、防火阀、送风口、排风口等，并注明系统编号、送回风口的空气流向，一般用双线绘制。

b. 水管系统。冷热水管道、凝结水管道的构成、布置及水管上各部件、仪表、设备的位置，如异径管、三通接头、四通接头、弯管、温度计、压力表、调节阀等，并注明各管道的介质流向、坡度，一般用单线绘制。

c. 空气处理设备。各处理设备的轮廓或位置。

d. 尺寸标注。各管道、设备、部件的尺寸大小、定位尺寸及设备基础的主要尺寸，还有各设备、部件的名称、型号、规格等。

除此之外，还应标明图纸中应用到的通用图、标准图索引号。

② 空调机房平面图。

空调机房平面图一般应包括空气处理设备、风管系统、水管系统、尺寸标注等内容。

a. 空气处理设备。应注明按产品样本要求或标准图集所采用的空调器组合段代号，空调箱内风机、表面式换热器、加湿器等设备的型号、数量及该设备的定位尺寸。

b. 风管系统。包括与空调箱连接的送风管、回风管、新风管的位置和尺寸，用双线绘制。

c. 水管系统。包括与空调箱连接的冷热水管道、凝结水管道的位置和尺寸，用单线绘制。

d. 其他的还有消声设备、柔性短管、防火阀、调节阀的位置尺寸。

（2）剖面图

剖面图是与平面图对应的，用来说明平面图上无法表明的情况。通风空调施工图中剖面图主要有系统剖面图、空调机房剖面图、制冷机房剖面图等，剖面图上的内容应与在平面图剖切位置上的内容对应一致，并标注设备、管道及配件的标高。

（3）系统图

系统图应包括系统中设备和配件的型号、尺寸、定位尺寸、数量，以及连接于各设备之间的管道在空间上的曲折、交叉、走向和尺寸、定位尺寸等，并应注明系统编号。系统图可用单线绘制也可用双线绘制，工程上多采用单线绘制系统图。

（4）原理图

原理图主要包括系统的原理和流程；空调房间的设计参数、冷热源、空气处理及输送方式；控制系统之间的相互连接；系统中的管道、设备、仪表、部件；整个系统控制点与测点之间的联系；控制方案及控制点参数；用图例表示的仪表、控制元件型号；等等。

（5）详图

详图是对图纸主题的详细阐述，是在其他图纸中无法表达却又必须表达清楚的内容。通风空调施工图中的详图主要有设备、管道的安装详图，设备、管道的加工详图，设备、部件的结构详图等。部分详图有标准图可供选用。

3.4.2 通风空调施工图识读

通风空调施工图识读时要切实掌握各图例的含义，把握风管系统与水管系统的独立性和完整性。识读时要搞清系统，摸清环路，分系统阅读。

1. 识读方法与步骤

① 认真阅读图纸目录。根据图纸目录了解该工程图纸张数、图纸名称、编号等概况。

②认真阅读领会设计施工说明。从设计施工说明中了解系统的形式、系统的划分及设备的布置等工程概况。

③仔细阅读有代表性的图纸。在了解工程概况的基础上，根据图纸目录找出反映通风空调系统布置、空调机房布置、制冷机房布置的平面图，从总平面图开始阅读，然后阅读其他平面图。

④辅助性图纸的阅读。平面图不能清楚地全面反映整个系统的情况，因此，应根据平面图上提示的辅助图纸（如剖面图、详图）进行阅读。对整个系统的情况，可配合系统图阅读。

⑤其他内容的阅读。在读懂整个系统的前提下，再回头阅读设计施工说明及主要设备材料表，了解系统的设备安装情况、零部件加工安装详图，从而把握图纸的全部内容。

2. 建筑通风空调施工图识读实例

【案例】现以项目引例中某综合楼的通风空调施工图（空施K-01～空施K-10）为例，介绍建筑通风空调施工图的识读。

◆ 工程实例

某综合楼建筑面积7331.10m^2，建筑物高度为室外地坪到檐口20.5m，建筑层数为地下室一层、地上五层，层高为地下室3.50m、首层4.50m、标准层4.0m，结构形式为混凝土框架结构，基础形式为预制混凝土管桩基础。地下室主要房间有电房（高压配电房、变压器房、低压配电房）、车库和空调机房，一至五层主要房间有办公室、活动室、空调机房、消防控制室、配电室和卫生间等。

【附图】某综合楼通风空调施工图（空施K-01～空施K-10），请扫二维码。

（1）施工图图纸简介

某综合楼通风空调施工图包括空调设计施工说明一张（空施K-01），空调图例一张（空施K-02），空调水系统图一张（空施K-03），空调平面图六张（空施K-04地下室空调平面图、空施K-05首层空调平面图、空施K-06二～五层空调平面图、空施K-07天面空调平面图、空施K-08首层空调水系统平面图、空施K-09二～五层空调水系统平面图），空调机房配管立面图一张（空施K-10）。

（2）某综合楼通风空调施工图识读

综合楼舒适性空调采用中央空调，由地下室空调机房的两台螺杆冷水机组、一至五层的新风机组PAU60通过风机盘管、吊顶式空调机AHU4供给，空调凝结水由给水排水专业预留排水管集中排放。地下室、办公室和公共卫生间设机械通风。

识读通风空调施工图时，应搞清楚通风空调施工图的特点。

①风管系统、水管系统环路的独立性。在通风空调施工图中，风管系统与水管系统按照它们的实际情况出现在同一张平面图、剖面图中，但在实际运行中，风管系统与水管系统具有相对独立性，因此，在阅读施工图时，首先应将风管系统与水管系统分开阅读，然后才综合起来阅读。

②风管系统、水管系统环路的完整性。在通风空调系统中，无论是水管系统还是风管系统，都可以称之为环路，这就说明风管系统、水管系统总是有一定来源的，并按

一定方向，通过干管、支管，最后与具体设备相接，多数情况下又将回到它们的来源处，从而形成一个完整的系统。

③ 通风空调系统的复杂性。通风空调系统中的主要设备，如冷水机组、空调箱等，其安装位置由土建决定，这使得风管系统与水管系统在空间中的走向往往纵横交错，在平面图上很难表示清楚，因此，通风空调系统的施工图中除了大量的平面图、立面图，还包括许多剖面图与系统图，它们对读懂图纸有重要帮助。

④ 与土建施工的密切性。安装通风空调系统中的各种管道、设备及各种配件都需要和土建的围护结构发生关联，同时，在施工中各种管道相互之间也要发生交叉碰撞，这就要求施工人员不仅能看懂本专业的图纸，还应适当掌握其他专业的图纸内容，避免施工中的麻烦。

识读工程施工图时，应将施工平面图、剖面图及系统图结合起来进行识读。

① 在通风空调系统的水管系统中，膨胀水管采用 $DN40$ 的无缝钢管，由屋顶的膨胀水箱引至地下室空调机房；冷却供水管、冷却回水管采用 $DN250$ 的无缝钢管，从屋顶冷却塔至冷水机组，再由冷水机组至屋顶冷却塔循环流动，形成一个完整的系统；冷冻水供水管、冷冻水回水管采用 $DN200$ 的无缝钢管，由冷水机组→供水总干管→供水立管→每层供水水平干管→供水支管→风机盘管→回水支管→每层回水水平干管→回水立管→回水大干管→水泵→冷水机组，来回循环，形成一个完整的系统。

② 在通风空调系统的风管系统中，风管采用优质镀锌钢板制作，厚度 $\delta \leqslant 1.2mm$ 时采用咬口连接，厚度 $\delta > 1.2mm$ 时采用焊接。通风中的一部分由新风口→新风风管→空调箱→送风干管→送风支管→房间送风口→房间→房间回风口→回风支管→回风干管→空调箱，来回循环，形成一个完整的系统；另一部分由新风口→新风风管→空调箱→送风干管→送风支管→房间送风口→房间→排风管→排风口排出。

知识梳理与总结

（1）建筑通风的任务是把室内被污染的空气直接或经过净化后排到室外，把室外新鲜空气或经过净化的空气补充进来，以保持室内的空气环境满足卫生标准和生产工艺的要求。

（2）在高层建筑的设计中，必须认真慎重地进行防火排烟设计，以便在火灾发生时，顺利地进行人员疏散和消防灭火工作，使室内人员在疏散过程中得到安全保护。

（3）空气调节是指对空气温度、湿度、空气流动速度及清洁度进行人工调节，以满足人体舒适和工艺生产要求。

（4）风管的布置应在进风口、送风口、排风口、空气处理设备、风机的位置确定之后进行。风管的布置应服从整个通风系统的总体布局，并与土建、生产工艺和给水排水等各专业互相协调、配合。

（5）通风空调施工图由文字部分与图示部分组成。文字部分包括图纸目录、设计施工说明、主要设备材料表。图示部分包括基本图和详图。基本图包括通风空调系统的平面图、剖面图、系统图（轴测图）、原理图等。详图包括设备、管道的安装详图，设备、管道的加工详图，设备、部件的结构详图等。

复习思考题

1. 建筑通风的主要任务是什么？
2. 建筑通风有哪些类型？各自的主要特点是什么？
3. 举例说明高层建筑中，需要设置防烟排烟设施的部位有哪些？
4. 高层建筑中防火分区和防烟分区的划分有什么不同？
5. 什么是高层建筑的自然排烟？简述其适用范围。
6. 什么是高层建筑的机械排烟？如何设置？
7. 什么是空气调节？一个空调系统通常由哪几部分组成？
8. 试说明集中式空调系统、分散式空调系统和半集中式空调系统的主要特点和适用场合。
9. 集中式空调系统按所处理的空气来源分为哪几种？各自有什么特点？
10. 制冷物质主要有哪些？说明各自的作用。
11. 分析蒸汽压缩式制冷的工作原理。
12. 影响空调房间气流分布的主要因素有哪些？
13. 常见的气流分布形式有哪几种？简述各自的主要特点和使用场合。
14. 阻性、抗性和共振消声器的消声原理和主要特点是什么？
15. 风管上的调节阀有哪些？简述各自的作用。
16. 如何布置风管？
17. 风管的防腐保温措施有哪些？
18. 通风空调施工图由哪些部分组成？
19. 如何识读通风空调施工图？

模块 4 建筑热水及燃气供应

教学导航

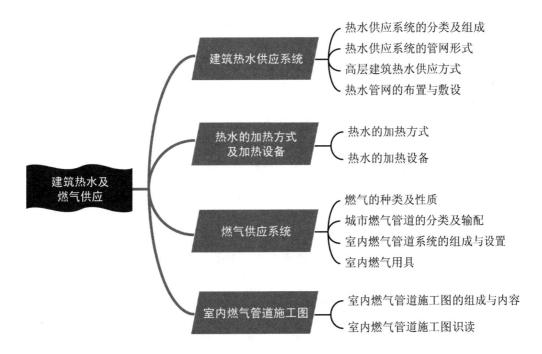

项目引例

某住宅楼,地上十一层,层高 3.00m,楼高 33.00m,框架-剪力墙结构,属高层建筑。该住宅楼为电梯洋房,一梯两户,户型为 B-1 型和 B-2 型,都是三房两厅,一厨两卫,管道燃气直通厨房、公共卫生间。

项目 4.1 建筑热水供应系统

建筑热水供应是对水的加热、储存和输配的总称。建筑热水供应系统主要供给生产、生活用户洗涤及盥洗用热水,并应能保证用户随时可以得到符合设计要求的水量、水温和水质。

知识链接

热水的水温水质要求

1. 热水水温要求

生活用热水的水温一般为 25~60℃,综合考虑水加热器到配水点系统管路不可避免的热损失,水加热器的出水温度一般不应超过 75℃。水温过低可能导致某些用水点不能得到温度适宜的热水;水温过高,管道易结垢,且易发生人体烫伤事故。

2. 热水水质要求

热水供应系统中管道和设备的腐蚀与结垢是两个较普遍的问题,它直接影响管道的使用寿命与投资维修费用。水中溶解氧的含量是腐蚀的主要因素,水垢的形成主要与水的硬度有关,因此,必须对水质指标有一定要求。对于水质要求,可以归纳为以下几点。

① 为了保证锅炉、热交换器等设备和管道内壁不结垢,以免影响安全运行,水中的硬度必须基本上去除。对于不同类型的锅炉,可以有不等的允许残余硬度。

② 热水供应系统中设备和部件的制作材料绝大部分是钢、不锈钢和铁,但也有少数设备,如空气加热器、热水加热器等热交换器,其部分部件采用黄铜或青铜之类的非铁金属。对于钢、不锈钢和铁来说,高 pH 能防止腐蚀。但是,黄铜和青铜等非铁金属在高 pH 的水中,则会因产生所谓除锌作用而引起一种特殊形式的腐蚀。

③ 必须从水中除去所有气体,特别是氧气及二氧化碳。这些气体在冷水进行化学处理过程的前后,往往都或多或少地存在于水中。水中溶有的氧和二氧化碳会对锅炉的受热面产生化学腐蚀。腐蚀到一定阶段,则会形成穿孔,造成事故。

4.1.1 热水供应系统的分类及组成

1. 热水供应系统的分类

建筑热水供应系统按其供应范围的大小可分为局部热水供应系统、集中热水供应系统和区域热水供应系统。

(1) 局部热水供应系统

局部热水供应系统是指采用各种小型加热器在用水场所就地加热，供局部范围内的一个或几个用水点使用的热水供应系统。例如，采用小型电热水器、燃气热水器给水加热，供给单个浴室、厨房等用水。在大型建筑内，也可采用多个局部热水供应系统分别对各个用水场所供应热水。

局部热水供应系统简单，不需要建造锅炉房，初期投资小，维护管理容易，各用户可按需加热水。但是该系统采用的都是小型加热器，热效率低，热水成本较高，系统投资较大。该系统一般适用于热水用水量小且用水分散的建筑，如单元式住宅、小型理发店等。

(2) 集中热水供应系统

集中热水供应系统就是在锅炉房、热交换站或加热间把水集中加热，然后通过热水管网输送给整幢或几幢建筑的热水供应系统。

集中热水供应系统设备集中，便于管理和维修，大型加热设备的热效率较高，热水成本低。但是该系统比较复杂，初期投资比较大，需配备专门的管理人员，且系统热损失大。该系统适用于热水用水量较大，用水点多且比较集中的建筑，如宾馆、医院等公共建筑。

(3) 区域热水供应系统

区域热水供应系统是把水在热电厂、热交换站或区域性锅炉房集中加热，再通过市政热水管网送至整个建筑群、居住区或整个工矿企业的热水供应系统。

区域热水供应系统采用大型锅炉房，热效率比较高，操作管理的自动化程度高，同时减少了环境污染。但是该系统的设备、系统复杂，需敷设室外配水、回水管网，初期投资比较大，且需要专门的技术管理人员。该系统适用于建筑布置比较集中，热水用水量大的城市和大型工业企业。

2. 热水供应系统的组成

目前我国采用比较多的是集中热水供应系统，因此本书主要介绍集中热水供应系统的组成，如图4.1所示。

集中热水供应系统的工作原理是：锅炉生产的蒸汽，经热媒管道送入水加热器加热冷水，蒸汽遇冷变成凝结水由凝结水管排至凝结水池，锅炉用水由凝结水池旁的凝结水泵压入。水加热器中所需要的冷水由冷水箱供给，水加热器产生的热水由配水管送至各个用水点。对于带有循环管路的管网，不配水时，配水管和回水管中仍循环流动一定量的循环热水，用以补偿配水管路在此期间的热损失。

基于以上工作原理，集中热水供应系统的组成如下。

(1) 第一循环系统（热媒循环系统）

它是连接锅炉（发热设备）和水加热器之间的管道系统。如果热媒为蒸汽，就不存在循环管道，而是蒸汽管和凝结水管及其他设备，但习惯上也称热媒循环管道。

(2) 第二循环系统（配水循环系统）

它是连接水加热器和配水龙头之间的管道，由热水配水管网和回水管网组成。根据使用要求，系统可设计成不循环系统、半循环系统和全循环系统。

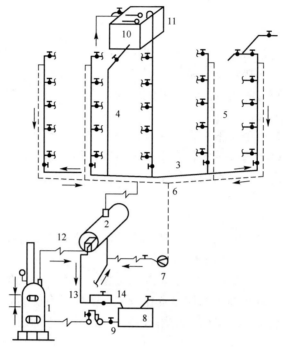

1—锅炉；2—水加热器；3—配水干管；4—配水立管；5—回水立管；6—回水干管；
7—循环泵；8—凝结水池；9—凝结水泵；10—冷水箱；11—通气管；12—蒸汽管；13—潜水管；14—疏水器。

图 4.1　集中热水供应系统（开式热水供应方式，热媒为蒸汽）

（3）附件

由于热媒循环系统和配水循环系统中控制、连接的需要，以及由温度的变化而引起水的体积膨胀、超压，气体的分离和排除，都需要设置附件。常用的附件有温度自动控制装置、疏水器、减压阀、安全阀、膨胀水箱、管道补偿器、自动排气阀等。

4.1.2　热水供应系统的管网形式

热水供应系统的管网形式，按管网压力工况特点可分为闭式和开式热水供应方式，按设置循环管网的情况可分为全循环、半循环和无循环热水供应方式，按照循环动力的不同可分为自然循环和机械循环热水供应方式，按照配水干管的布置位置可分为上行下给式、下行上给式和分区式热水供应方式。

1. 闭式和开式热水供应方式

（1）闭式热水供应方式

闭式热水供应方式（图 4.2）的热水管网不与大气相通，在所有配水点关闭后，整个系统与大气隔绝，形成密闭系统。闭式热水供应方式的优点是水质不易受外界污染，但为避免水加热膨胀而引起水压超高，需设置隔膜式压力膨胀罐或安全阀。

（2）开式热水供应方式

开式热水供应方式（图 4.1）设有高位热水箱或开式膨胀水箱或膨胀管，在所有配水点关闭后,系统内的水仍与大气相连通。开式热水供应方式的优点是热水供应系统的水压稳定,与给水水压基本相当。

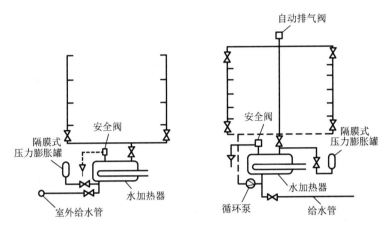

图 4.2 闭式热水供应方式

2. 全循环、无循环、半循环热水供应方式

(1)全循环热水供应方式

全循环热水供应方式(图4.3)是指对热水干管、立管和支管均设相应的回水管道,能保证用水点随时获得设计温度的热水管网。全循环热水供应方式适用于建筑标准较高的宾馆、医院、疗养院等建筑。

(2)无循环热水供应方式

无循环热水供应方式(图4.4)是指不设回水管道的热水管网。无循环热水供应方式适用于连续用水的建筑,如公共浴室、某些工业企业的生产和生活用热水等。

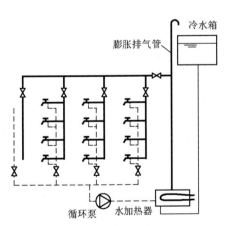

图 4.3 全循环热水供应方式

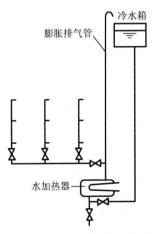

图 4.4 无循环热水供应方式

（3）半循环热水供应方式

半循环热水供应方式有立管循环方式和干管循环方式之分。立管循环方式［图 4.5（a）］是指热水干管和热水立管均设有回水管，保持热水循环，打开配水龙头时只需放掉热水支管中少量的存水，就能获得规定水温的热水。立管循环方式多用于设有全日供应热水的建筑和设有定时供应热水的高层建筑中。干管循环方式［图 4.5（b）］是指仅热水干管设置回水管，保持热水循环。干管循环方式多用于采用定时供应热水的建筑中，在热水供应前，先用循环泵把干管中已冷却的存水循环加热，当打开配水龙头时只需放掉立管和支管内的冷水就可以流出符合要求的热水。

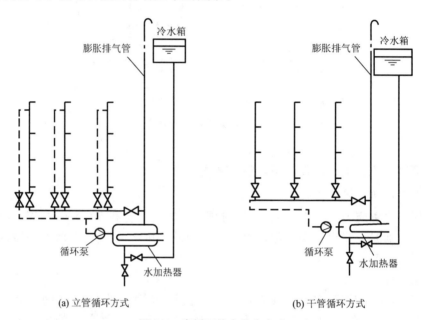

图 4.5　半循环热水供应方式

3. 自然循环和机械循环热水供应方式

（1）自然循环热水供应方式

自然循环热水供应方式（图 4.6）是利用配水管和回水管中的水温差所形成的压力差，使管网维持一定的循环流量，以补偿配水管道的热损失，保证用户对热水温度的要求。因一般配水管与回水管内的温差仅为 10～15℃，自然循环作用水头值很小，所以对于中、大型建筑采用自然循环热水供应方式有一定的困难。

（2）机械循环热水供应方式

机械循环热水供应方式（图 4.7）是利用循环泵强制水在热水管网内循环，产生一定的循环流量，以补偿管网的热损失，维持一定的水温。目前实际运行的热水供应系统，多数采用这种方式。

4. 上行下给式、下行上给式、分区式热水供应方式

按照热水管网中配水干管的布置位置，可将热水供应方式分为上行下给式（图 4.3）、下行上给式（图 4.4）和分区式（图 4.8）。

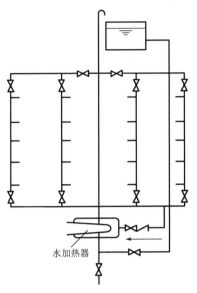
图 4.6 自然循环热水供应方式

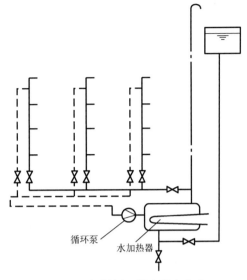
图 4.7 机械循环热水供应方式

4.1.3 高层建筑热水供应方式

高层建筑热水供应方式主要有集中式热水供应方式和分散式热水供应方式两种。

1. 集中式热水供应方式

集中式热水供应方式各区热水配水循环管网自成系统，加热设备、循环泵集中设在底层或地下设备层，各区加热设备的冷水分别来自各区冷水水源，如冷水箱等，如图 4.8 所示。该方式的优点是各区供水自成系统，互不影响，供水安全可靠，且设备集中设置，便于维修、管理。其缺点是高区水加热器和配水、回水主立管需承受高压，设备和管材费用较高。所以该分区方式不宜用于多于 3 个分区的高层建筑。

2. 分散式热水供应方式

分散式热水供应方式各区热水配水循环管网也自成系统，但各区的加热设备和循环泵分散设置在各区的设备层中，如图 4.9 所示。图 4.9（a）所示为各区系统均为上行下给式热水供应方式，图 4.9（b）所示为各区系统采用上行下给式与下行上给式混设的热水供应方式。该方式的优点是供水安全可靠，水加热器按各区水压选用，承压均衡，且回水立管短。其缺点是设备分散设置不但要占用一定的建筑面积，

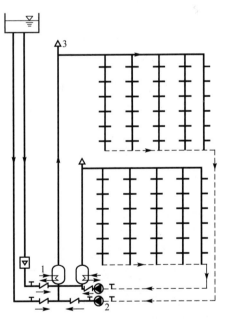
1—水加热器；2—循环泵；3—排气阀。

图 4.8 集中设置水加热器、分区设置热水管网的供应方式

维修管理也不方便，且热媒管线较长。

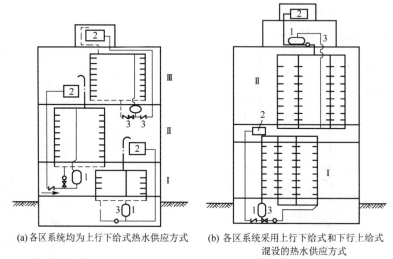

(a) 各区系统均为上行下给式热水供应方式　　(b) 各区系统采用上行下给式和下行上给式混设的热水供应方式

1—水加热器；2—冷水箱；3—循环泵。

图 4.9　分散设置水加热器、分区设置热水管网的供应方式

4.1.4　热水管网的布置与敷设

热水管网的布置与敷设除了应满足给（冷）水管网的要求，还应注意由于水温高带来的体积膨胀、管道伸缩补偿、保温和排气等问题。

1. 热水供应系统的管材和管件

热水供应系统管材和管件的选用应符合以下要求。

① 热水供应系统采用的管材和管件，应符合现行产品标准的要求。

② 热水管道的工作压力和工作温度不得大于产品标准标定的允许工作压力和工作温度。

③ 热水管道应选用耐腐蚀、安装连接方便可靠、符合饮用水卫生要求的管材及相应的配件。一般可采用薄壁铜管、薄壁不锈钢管、铝塑复合管、交联聚乙烯（PE）管、三型无规共聚聚丙烯（PP-R）管等。

④ 设备机房内的管道不应采用塑料热水管，定时供应热水的系统因其水温周期性变化大，不宜采用对温度变化较敏感的塑料热水管。

2. 热水管道的布置与敷设

热水管道的布置与敷设与给水排水管道的敷设有所不同，应注意以下几个方面。

① 热水管网同给（冷）水管网，有明设和暗设两种敷设方式。铜管、薄壁不锈钢管、衬塑钢管等可根据建筑、工艺要求暗设或明设。塑料热水管宜暗设，明设时立管宜布置在不受撞击处，如不可避免时，应在管外加防紫外线照射、防撞击的保护措施。

② 热水管道暗设时，其横干管可敷设于地下室、技术设备层、管廊、吊顶或管沟内，其立管可敷设在管道竖井或墙壁竖向管槽内，支管可埋设在地面、楼板面的垫层

内，但铜管和聚丁烯（PB）管埋于垫层内时宜设保护套。暗设管道在便于检修的地方装设法兰，装设阀门处应留检修门，以利于管道更换和维修。管沟内敷设的热水管道应置于冷水管之上，并且进行保温。

③ 热水管道穿过建筑物的楼板、墙壁和基础处应加套管，穿越屋面及地下室外墙时应加防水套管，以免管道膨胀时损坏建筑结构和管道设备。当热水管道穿过有可能发生积水的房间地面或楼板面时，套管应高出地面 5～10cm。热水管道在吊顶内穿墙时，可预留孔洞。

④ 上行下给式配水干管的最高点应设排气装置（自动排气阀、带手动放气阀的集气罐和膨胀水箱），下行上给式热水供应系统可利用最高配水点进行放气。

⑤ 下行上给式热水供应系统的最低点应设泄水装置（泄水阀或丝堵等），有时也可利用最低配水点进行泄水。

⑥ 下行上给式热水供应系统设有循环管道时，其回水立管应在最高配水点以下约 0.5m 处与配水立管连接。上行下给式热水供应系统只需将循环管道与各立管连接。

⑦ 热水横管均应保持有不小于 0.3% 的坡度，配水横干管应沿水流方向下降，以便于检修时泄水和排除管内污物。这样布置还可保持配、回水管坡向一致，方便施工安装。

⑧ 热水立管与横管连接时，为避免管道伸缩应力破坏管网，应采用乙字弯的连接方式，如图 4.10 所示。

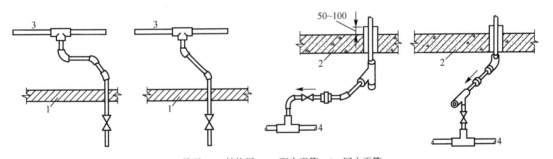

1—吊顶；2—结构层；3—配水干管；4—回水干管。

图 4.10 热水立管与横管的连接方式

⑨ 室外热水管道一般为管沟敷设，当不可能时，也可直埋敷设，其保温材料为聚氨酯硬质泡沫塑料，外做玻璃钢管壳，并做伸缩补偿处理。直埋管道的安装与敷设还应符合有关直埋供热管道工程技术规程的规定。

⑩ 热水管道应设固定支架，一般设于补偿器或自然补偿管道的两侧，其间距长度应满足管段的热伸长量不大于补偿器所允许的补偿量。固定支架之间宜设导向支架。

⑪ 为调节平衡热水管网的循环流量和检修时缩小停水范围，在配、回水管连接的分干管上，配水立管和回水立管的端点，以及居住建筑和公共建筑中每一用户或单元的热水支管上，均应装设阀门。

3. 高层建筑热水管网的布置与敷设

一般高层建筑热水供应的范围大，热水供应系统的规模也较大，为确保系统运行时的良好工况,进行管网布置与敷设时,应注意以下几个方面。

① 当分区范围超过 5 层时,为使各配水点随时得到设计要求的水温,应采用全循环或立管循环方式;当分区范围小,但立管数多于 5 根时,应采用干管循环方式。

② 为防止循环流量在系统中流动时出现短流,影响部分配水点的出水温度,可在循环管上设置阀门,通过调节阀门的开启度来平衡各循环管路的水头损失和循环流量。若循环管系统大,循环管路长,用阀门调节效果不明显,则可采用同程式管网布置形式,如图 4.11 和图 4.12 所示,这样能使循环流量通过各循环管路的流程相当,可避免短流现象,以利于保证配水点所需的水温。

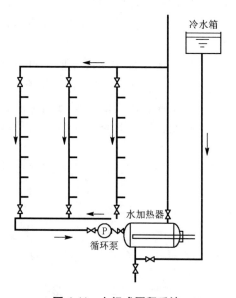

图 4.11 上行式同程系统

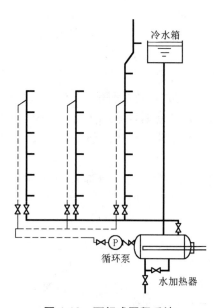

图 4.12 下行式同程系统

知识链接

饮用水供应

饮用水供应包括开水供应和直饮水供应。

1. 开水供应

开水器的热源可采用电、蒸汽和煤,按目前国内情况,一般优先采用电开水器,以方便使用。在设计时,开水器的溢流管不得与泄水管直接连接。在民用建筑中,几乎不采用集中制备开水、用管道输送开水的系统,一般采用饮用净水(直饮水)系统。

2. 直饮水供应

直饮水适用于新建住宅小区、公共建筑等。

(1)水质

直饮水的原水应采用市政给水水源,经过深度处理后送到各饮用水点,用户水龙头出水水质应符合《饮用净水水质标准》(CJ 94—2005)和《生活饮用水卫生标准》

（GB 5749—2022）的要求。

（2）水量与水压

住宅直饮水主要用于人员饮用，也有的用于煮饭、淘米、洗涤瓜果和餐具等，用水量的多少与经济水平、生活习惯和当地气候条件等因素有关，用于饮用的水量为 2~3L/(人·天)，加上烹饪用的水量为 3~6L/(人·天)，住宅等建筑的水量为 4~7L/(人·天)，饮用水专用水嘴额定流量为 0.04L/s，最低工作压力为 0.03MPa。

（3）系统

① 直饮水管网应独立设置，不得与非饮用水管网相连。

② 宜采用变频调速泵组直接给水方式，避免高位水箱贮水不利于保证循环效果和水质输送过程中被污染；且循环管网内水的停留时间不宜超过6h，管内回水应经再消毒处理后重新进入供水管。

③ 高层建筑饮用水系统应竖向分区，各分区最低配水点静水压力不宜大于0.35MPa，且不得大于0.45MPa，有条件时可增加分区，减小各分区的压力，以利于节约用水。

（4）管材与附件

① 直饮水系统管材应选用耐腐蚀、内表面光滑和符合食品级卫生要求的薄壁不锈钢管、薄壁铜管、优质塑料管。开水管应选用许用温度大于100℃的金属管材。

② 所有阀门、水表、管道连接件、密封材料、配水水嘴等选用材质均应符合食品级卫生要求，并与管材相匹配。分户水表采用容积式水表（或带远传信号装置），水表应具有启动流量小、计量精度高的要求。

③ 饮水点不得设置在易污染的地点，位置应便于取用、检修和清扫，并应有良好的通风和照明设施。

项目 4.2　热水的加热方式及加热设备

4.2.1　热水的加热方式

热水的加热方式有直接加热方式和间接加热方式两种。

1. 直接加热方式

直接加热也称一次换热，是利用以燃气、燃油、燃煤为燃料的热水锅炉，把冷水直接加热到所需要的温度，或是将蒸汽直接通入冷水混合制备热水。热水锅炉直接加热具有热效率高、节能的特点。蒸汽直接加热方式的优点是设备简单、热效率高、无须冷凝水管；其缺点是噪声大，对蒸汽质量要求高，而且由于冷凝水不能回收而使锅炉的补充水量增大，导致水质处理费用大大增加。直接加热方式仅适用于具有合格的蒸汽热媒且对噪声无严格要求的公共浴室、洗衣房、工矿企业等场所。

2. 间接加热方式

间接加热也称二次换热，是将热媒通过水加热器把热量传递给冷水从而达到加热冷水的目的，在加热过程中热媒与被加热水不直接接触。间接加热方式的优点是回收的冷凝水可重复利用，只需对少量补充水进行软化处理，运行费用低，且加热时不产生噪声，蒸汽不会对热水产生污染，供水安全稳定。间接加热方式适用于要求供水稳定、安全、噪声低的宾馆、住宅、医院、写字楼等建筑。

4.2.2 热水的加热设备

1. 燃油、燃气热水锅炉

燃油热水锅炉通过燃烧器向正在燃烧的炉膛内喷射呈雾状的油，燃油迅速燃烧且燃烧比较完全。该锅炉具有构造简单、体积小、热效率高、排污总量小的优点。该锅炉还可改用燃气作为燃料，成为燃气热水锅炉，如图 4.13 所示。目前，城市对环境的要求在提高，燃油、燃气热水锅炉的应用已较广泛。

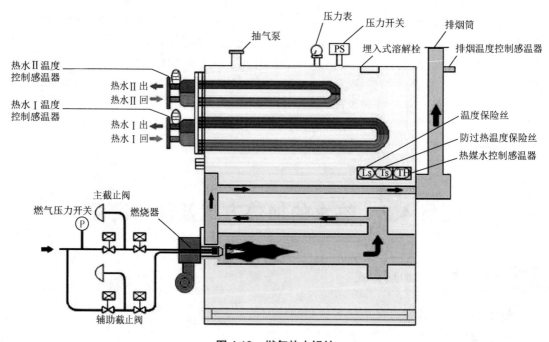

图 4.13 燃气热水锅炉

2. 容积式水加热器

容积式水加热器是一种间接加热器设备，内部设有加热管束，并具有一定储热容积，既可加热冷水又可储备热水，其热媒为蒸汽或高温水，有立式和卧式之分。图 4.14 所示为卧式容积式水加热器。

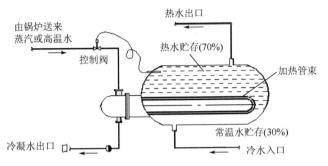 

图 4.14　卧式容积式水加热器

容积式水加热器适用于供水温度要求均匀、无噪声的医院、饭店、旅馆、住宅等建筑。容积式水加热器的优点是具有较大的储存和调节能力，被加热水通过时压力损失较小，出水水温较为稳定；其缺点是传热系数小，热交换效率低，且体积庞大，占用过多的建筑空间，尤其是卧式容积式水加热器所占用的建筑面积过大。

3. 快速式水加热器

快速式水加热器是通过提高热媒与被加热水的流动速度进行快速换热的一种间接式加热器。新型快速式水加热器通过增加热媒与被加热水流动中的湍流脉动运动，减小了传热边界层厚度，使传热系数得以提高，传热效果得到强化。

根据热媒的不同，快速式水加热器有汽-水（热媒为蒸汽）和水-水（热媒为高温水）两种类型。快速式水加热器已由传统的管式水加热器（图 4.15）改型出螺旋管式水加热器、波节管式水加热器、板式水加热器等新型快速式水加热器。

图 4.15　管式水加热器

4. 加热水箱

加热水箱多为开式，一般设在建筑物的上部，是一种简单的热水加热器。水箱顶部应加盖，并设有溢流管、泄水管和通气管，同时还设冷水补给水箱。

在水箱中安装蒸汽多孔管或蒸汽喷射器，可构成直接加热水箱。在水箱内安装排管或盘管，即构成间接加热水箱。加热水箱适用于公共浴室等用水量大而均匀的定时热水供应系统。

（1）多孔管加热

多孔管加热如图 4.16 所示，蒸汽直接通入设在水箱中的多孔管，将水箱中的冷水加热，蒸汽也随着凝结成水。多孔管是在钢管壁面上钻上若干个直径为 2～3mm 的小孔，小孔的总面积约为多孔管断面的 2～3 倍，其末端封死。多孔管宜设在开式的或闭式的加热水箱底部。为防止停止送汽时水箱中的水倒流入蒸汽管内，蒸汽管应从被加热水水位 0.5m 以上处引入为宜。多孔管加热，方法比较简单，热效率高，维护管理方便，但噪声很大，常用于小型加热水箱或浴池水的加热。

（2）盘管加热

在水箱底部装有钢盘管，热媒流经盘管将水加热，加热水箱盘管面积根据实际需要确定，如图 4.17 所示。这种加热方式一般用于小型浴室、食堂、洗衣房等用水量较小的热水供应系统。

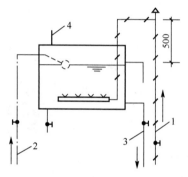

1—蒸汽管；2—冷水进水管；
3—热水出水管；4—通气管。

图 4.16 多孔管加热

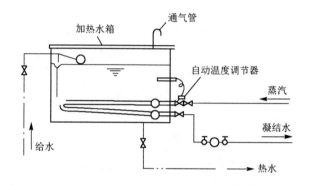

图 4.17 盘管加热

5. 汽-水喷射器

汽-水喷射器是由喷嘴、引水室、混合室和扩压管组成，如图 4.18 所示。汽-水喷射器的加热原理是：当具有一定压力的蒸汽通过喷嘴时形成高速喷射，由于动压急剧增大，静压大大降低，致使喷嘴出口附近产生负压，这样冷水便经过引水室被吸入。至混合室时，蒸汽与水混合，进行动能与热能的交换，使冷水温度升高并形成高速水流，直至扩压管过水断面逐渐扩大，流速逐渐降低，也就是动压降低、静压升高，从而将经过加热的水以一定的压力送入系统中。由于汽-水喷射器结构紧凑、加工容易、噪声较小，因此常用于较大的水箱或浴室大池水的加热。

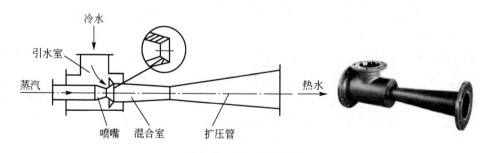

图 4.18 汽-水喷射器

汽-水喷射器加热如图 4.19 所示。汽-水喷射器可以装在水箱内 [图 4.19（a）]，也可以装在水箱外［图 4.19（b）］，蒸汽通过汽 – 水喷射器将水加热。

6. 电热水器

电热水器是把电能通过电阻丝变为热能加热冷水的设备，一般以成品在市场上销售。电热水器产品分快速式和容积式两种。

① 快速式电热水器无储水容积或储水容积很小，不需在使用前预先加热，在接通水路和电源后即可得到被加热的热水。该种热水器具有体积小、质量轻、热损失少、效率高、容易调节水量和水温、安装使用简便等优点，但其耗电量大，尤其在一些缺电地区使用会受到限制。目前市场上该种热水器种类较多，适合家庭和工业、公共建筑等单个热水供应点使用。

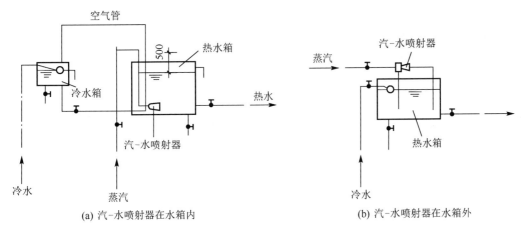

图 4.19　汽 – 水喷射器加热

② 容积式电热水器具有一定的储水容积。该种热水器在使用前需预先加热，可同时供几个热水用水点在一段时间内使用，具有耗电量较小、管理集中的优点，但其配水管段比快速式电热水器长，热损失也较大，一般适用于局部供水和管网供水系统。

7. 太阳能热水器

太阳能作为一种新能源①，已被广泛应用于我们的日常生活中。太阳能热水器是将太阳能转换成热能并将水加热的装置，可提供 30 ~ 60℃的热水。其优点是结构简单、维护方便、节省燃料、运行费用低、不存在环境污染问题。其缺点是受天气、季节、地理位置等影响，不能连续稳定运行，为满足用户要求需配置储热和辅助加热设施，占地面积较大，布置受到一定限制。

太阳能热水器按热水循环方式分自然循环和机械循环两种。自然循环太阳能热水器是靠水温差产生的热虹吸作用进行水的循环加热的。该种热水器运行安全可靠、不需用电、不需专人管理，但其储水箱必须装在集热器上面，同时使用的热水会受到时间和天

---

① 党的二十大报告"四、加快构建新发展格局，着力推动高质量发展""（二）建设现代化产业体系"中提出要"构建新一代信息技术、人工智能、生物技术、新能源、新材料、高端装备、绿色环保等一批新的增长引擎"。

气的影响。机械循环太阳能热水器是利用水泵强制水进行循环的系统。该种热水器储水箱和水泵可放置在任何部位，系统制备热水效率高，产水量大。为克服天气对热水加热的影响，可增加辅助加热设备，如煤气加热、电加热和蒸汽加热等措施，适用于大面积和集中供应热水场所。

按所供热水的范围不同，太阳能热水系统可分为集中供热水系统、集中-分散供热水系统、分散供热水系统，目前后两种较为常用。

（1）集中供热水系统

集中供热水系统是采用集中的太阳能集热器和集中的储水箱供给一幢或几幢建筑物所需热水的系统。

（2）集中-分散供热水系统

集中-分散供热水系统是采用集中的太阳能集热器和分散的储水箱供给一幢建筑物所需热水的系统，如图 4.20 所示。

（3）分散供热水系统

分散供热水系统是采用分散的太阳能集热器和分散的储水箱供给各个用户所需热水的小型系统，目前应用广泛。

分散供热水系统按运行方式可分为自然循环直接系统、自然循环间接系统、强制循环间接系统几种。图 4.21 所示为自然循环直接系统。

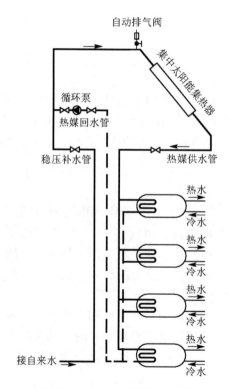

图 4.20　集中-分散供热水系统

模块 4 建筑热水及燃气供应

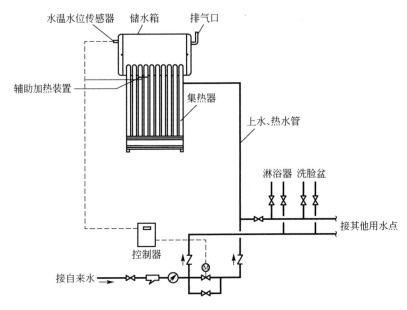

图 4.21 自然循环直接系统

8. 其他热水器

① 半容积式水加热器是带有适量贮存与调节容积的内藏式容积型水加热器,由贮热水罐、快速换热器和内循环泵三个主要部分组成。其中贮热水罐与快速换热器隔离,被加热水在快速换热器内迅速加热后,通过热水配水管进入贮热水罐,当管网中热水用量低于设计用水量时,热水的一部分落到贮热水罐底部,与补充水(冷水)一起经内循环泵升压后再次进入快速换热器加热。半容积式水加热器贮热容积比同等加热能力的容积式水加热器减少 2/3,具有体形小、加热快、换热充分、供水温度稳定、节水节能的优点,但由于内循环泵不间断地运行,因此需要有极高的质量保证。

② 半即热式水加热器是带有超前控制,具有少量贮存容积的快速式水加热器。其传热系数大,换热速度快,又具有预测温控装置,所以其热水贮存容量小,仅为半容积式水加热器的 1/5。同时由于盘管内外温差的作用,盘管不断收缩、膨胀,可使传热面上的水垢自动脱落。

③ 可再生低温能源的热泵热水器,合理应用水源热泵、空气源热泵等制备生活热水,具有显著的节能效果。热泵热水器主要由蒸发器、压缩机、冷凝器和膨胀阀等部分组成,通过让介质不断完成蒸发、压缩、冷凝、节流、再蒸发的热力循环过程,从而将环境里的热量转移到水中。

9. 加热设备的选择

加热设备是热水供应系统的核心组成部分,应根据热源条件、建筑物功能及热水用水规律、耗热量和维护管理等因素综合比较后确定。

(1)选用局部热水供应设备时,应符合下列要求。

① 需同时供给多个卫生器具或设备热水时,宜选用带贮热容积的加热设备。

② 当地太阳能资源充足时,宜选用太阳能热水器或太阳能热水器辅以电热水器。

③ 热水器不应安装在易燃物堆放或对燃气管、表或电气设备产生影响及有腐蚀性气体和灰尘多的地方。

④ 燃气热水器、电热水器必须带有保证使用安全的装置。严禁在浴室内安装直接排气式燃气热水器等在使用空间内容易积聚有害气体的加热设备。

（2）集中热水供应系统的加热设备选择，应符合下列要求。

① 热效率高、换热效果好、节能、节省设备用房。

② 生活热水侧阻力损失小，有利于整个系统冷热水压力的平衡。

③ 安全可靠、构造简单、操作维修方便。

④ 具体选择水加热设备时，应遵循下列原则。

a. 当采用自备热源时，宜采用直接供应热水的蒸汽、燃油（气）热水机组，亦可采用间接供应热水的自带换热器的热水机组或外配容积式、半容积式水加热器的热水机组。

b. 热水机组除满足上述①、②、③基本要求外，还应具备燃料燃烧完全、消烟除尘、自动控制水温、火焰传感、自动报警等功能。

c. 当采用蒸气、高温水为热媒时，应结合用水的均匀性、给水水质硬度、热媒的供应能力、系统对冷热水压力平衡稳定的要求，以及设备所带温控安全装置的灵敏度、可靠性等经综合技术经济比较后选择间接水加热设备。

d. 当热源为太阳能时，宜采用热管或真空管太阳能热水器。

e. 在电源供应充沛的地方可采用电热水器。

f. 选用可再生低温能源时，应注意其适用条件及配备质量可靠的热泵机组。

项目 4.3　燃气供应系统

燃气是指可以作为燃料的气体，通常是以可燃气体为主要成分的、多组分的混合气体。20 世纪 50 年代以前，燃气普遍采用煤加工生产，人们习惯称为"煤气"，但随着社会生产的发展，燃气的来源、生产方式及组分等都有了很大变化，"燃气"具有更广泛的含义和适用性。

燃气作为气体燃料，它与固体、液体燃料相比，有许多优点：使用方便，燃烧完全，热效率高，燃烧温度高，易调节、控制；燃烧时没有灰渣，清洁卫生；可以利用管道和瓶装供应。在人们日常生活中采用燃气作为燃料，对改善人民的生活条件，减少空气污染和保护环境，都具有重大的意义。但燃气易引起燃烧或爆炸，火灾危险性较大。人工煤气具有强烈的毒性，容易引起中毒事故。所以，对于燃气设备及管道的设计、加工和敷设，都有严格的要求，同时必须加强维护和管理，防止漏气。

4.3.1　燃气的种类及性质

燃气的种类较多，按照其来源及生产方式分为四大类：天然气、人工煤气、液化石油气和沼气。其中天然气、人工煤气、液化石油气可作为城镇供应气源，沼气热值低、二氧化碳含量高，不宜作为城镇气源。

1. 天然气

天然气热值高，容易燃烧且燃烧效率高，是优质、清洁的气体燃料，是理想的城市气源。天然气一般可分四种：从气井开采出来的纯天然气（或称气田气）、随石油一起开采出来的石油伴生气、含石油轻质馏分的凝析气田气、从井下煤层抽出的矿井气（又称矿井瓦斯）。

知识链接

天然气从地下开采出来时压力很大，有利于远距离输送。但天然气需经降压、分离、净化（脱硫、脱水），才能作为城市燃气的气源。天然气还可作为民用燃料或作为汽车清洁燃料使用。天然气经过深度制冷，在 −160℃的情况下就变成液态成为液化天然气，液态天然气的体积为气态时的 1/600，有利于储存和运输，特别是远距离越洋输送。

天然气的主要成分是甲烷，比重比空气轻，无毒无味，但是极易与空气混合形成爆炸混合物。由于空气中含有 5%～15% 的天然气泄漏量时，遇明火就会发生爆炸，因此供气部门在天然气中加入少量加臭剂乙硫醇，泄漏量只要达到 1%，用户就会闻到臭味，避免发生中毒或爆炸等事故。

2. 人工煤气

人工煤气是指以固体或液体可燃物为原料加工制取的可燃气体。一般将以煤为原料加工制成的燃气称为煤制气，简称煤气；用石油及其副产品（如重油）制取的燃气称为油制气。我国常用的人工煤气有干馏煤气、气化煤气、油制气。

知识链接

① 干馏煤气。对煤进行干馏，将煤隔绝空气加热到一定温度，所获得的煤气称为干馏煤气，其主要成分为氢、甲烷、一氧化碳等。

② 气化煤气。将煤或焦炭在高温下与氧化剂（如空气、氧、水蒸气等）相互作用，通过化学反应使其转变为可燃气体，此过程称为固体燃料的气化，由此得到的燃气称为气化煤气，其主要成分为氢、甲烷。

③ 油制气。利用重油（炼油厂提取汽油、煤油和柴油之后所剩的油品）制取的城市煤气称为油制气，其主要成分为氢、甲烷和一氧化碳。

人工煤气有强烈的气味及毒性，含有硫化氢、烯苯、氨和焦油等杂质，容易腐蚀及堵塞管道，因此出厂前均需经过净化。煤制气只能采用储气罐气态储存和管道输送。

3. 液化石油气

液化石油气是石油开采和炼制过程中，作为副产品而获得的一部分碳氢化合物。其分为两种：一种是在油田或气田开采过程中获得的，称为天然石油气；另一种是来源于炼油厂，是在石油炼制加工过程中获得的副产品，称为炼厂石油气。

液化石油气的主要成分是丙烷、丁烷、丙烯、丁烯等。液化石油气常温常压下呈气态，常温加压或常压降温时，很容易转变为液态，以方便储存和运输，升温或减压即可气化使用。从液态转变为气态其体积可扩大 250～300 倍。气态液化石油气比重比空气大，约为空气的 1.5 倍。液化石油气可进行管道输送，也可采用加压液化灌瓶供应。随着我国石油工业的发展，液化石油气已成为城市燃气的重要气源之一。

4. 沼气

沼气的主要组分为甲烷（约占 60%）、二氧化碳（约占 35%），此外有少量的氢、氧、一氧化碳等。在农村，利用沼气池将薪柴、秸秆及人畜粪便等原料发酵，产生人工沼气，可提供农户炊事所需燃料，偏远无电力供应的地区还可使用沼气灯照明。

> **特别提示**
>
> 燃气虽然是一种清洁方便的理想气源，但是如果不了解它的性质或使用不当，也会带来严重后果。燃气和空气混合到一定比例时，极易引起燃烧和爆炸，火灾危害性大，且人工煤气有剧烈的毒性，容易引起中毒事故。因而，所有制备、输送、储存和使用煤气的设备及管道，都要有良好的密封性，它们对设计、加工、安装和材料选用都有严格的要求，同时必须加强维护和管理工作，防止漏气。

4.3.2 城市燃气管道的分类及输配

目前城市燃气的供应方式有两种：一种是管道输送，另一种是瓶装供应。这里先介绍城市燃气管道的分类及输配。

1. 城市燃气管道的分类

城市燃气管道可根据输气压力、敷设方式、管网形状进行分类。

（1）根据输气压力分类

城市燃气管道漏气可能导致火灾、爆炸、中毒或其他事故，因此其气密性与其他管道相比有特别的要求。城市燃气管道中的压力 p 越高，危险性越大。管道内燃气的压力不同，对管道材质、安装质量、检验标准和运行管理的要求也不同。

我国城市燃气管道根据输气压力分级如下。

① 低压管道：$p < 0.01 \text{MPa}$。
② 中压 B 管道：$0.01 \text{MPa} < p \leq 0.2 \text{MPa}$。
③ 中压 A 管道：$0.2 \text{MPa} < p \leq 0.4 \text{MPa}$。
④ 次高压 B 管道：$0.4 \text{MPa} < p \leq 0.8 \text{MPa}$。
⑤ 次高压 A 管道：$0.8 \text{MPa} < p \leq 1.6 \text{MPa}$。
⑥ 高压 B 管道：$1.6 \text{MPa} < p \leq 2.5 \text{MPa}$。
⑦ 高压 A 管道：$2.5 \text{MPa} < p \leq 4 \text{MPa}$。

居民和小型公共建筑用户一般直接由低压管道供气。中压 B 管道和中压 A 管道必须通过区域调压站或用户专用调压站，才能给城市分配管网中的低压管道和中压管道供气，或给工业企业、大型公共建筑用户或锅炉房供气。

（2）根据敷设方式分类

城市燃气管道根据敷设方式分为埋地管道和架空管道。

（3）根据管网形状分类

城市燃气管道根据管网形状分为环状管网、枝状管网和环枝状管网。环状管网是城镇输配管网的基本形式，在同一环中，输气压力处于同一级制。枝状管网在城镇管网中一般不单独使用。环枝状管网是将环状与枝状混合使用，是工程设计中常用的管网形式。

2. 城市燃气管道输配

城市燃气供应系统由长距离输送系统、城市燃气输配系统和室内燃气供应系统构成。这里先介绍长距离输送系统和城市燃气输配系统，室内燃气供应系统由下个任务介绍。

（1）长距离输送系统

长距离输送系统如图 4.22 所示。其任务是连接气源及远离气源的用气区，为用气区供应燃气并满足用气区对燃气量、燃气压力的要求。

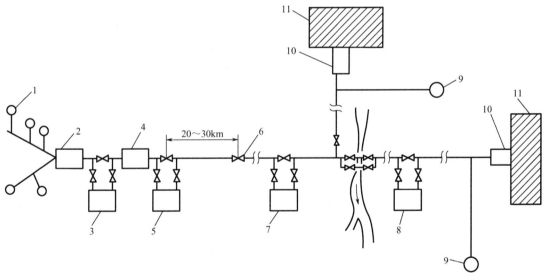

1—井场装置；2—集气站；3—矿场压气站；4—天然气处理厂；5—起点站（或起点压气站）；
6—管线上阀门；7—中间压气站；8—终点压气站；9—储气设备；10—燃气分配站；11—城镇或工业基地。

图 4.22 长距离输送系统

（2）城市燃气输配系统

城市燃气输配系统一般由门站、储配站、输配管网、调压站，以及运行管理操作和控制设施等共同组成。门站和储配站具有接受气源来气、控制供气压力、分配气量、计量等功能，储配站还具有储存燃气的功能。输配管网的任务是将门站（接收站）的燃气输送至各储配站、调压站、燃气用户，并保证沿途输气安全可靠，它包括了市政燃气管网和小区燃气管网。调压站能将较高的入口压力调至较低的出口压力，并随着燃气需用量的变化自动地保持其出口压力的稳定，通常由调压器、阀门、过滤器、安全装置、旁通管及测量仪表等组成。

城市燃气输配系统的主要部分是燃气管网，根据所采用的管网压力级制不同可分为一级系统、二级系统、三级系统和多级系统四种。

① 一级系统。

一级系统是指只有一个压力级制，即仅用一级压力的输送、分配和供应燃气的管网系统，过去多指低压单级系统。

② 二级系统。

二级系统是具有两个压力级制的管网系统。二级系统一般是指中压和低压两种压力的管网系统，有中压B-低压系统和中压A-低压系统两种形式。

中压B-低压系统如图4.23所示。它采用的气源是人工煤气或低压储气罐储气。它的特点是供气范围比一级系统大，压力较低，一般适用于人口密集、街道狭窄的老城区。

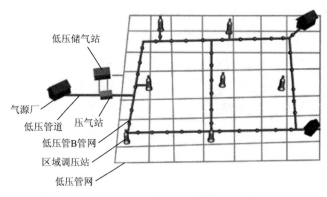

图4.23　中压B-低压系统

中压A-低压系统如图4.24所示。它采用的气源是天然气或长输管线末段储气。它的特点是供气范围比中压B-低压系统大，压力较高，一般适用于街道宽阔、建筑物密度较小的大中城市。

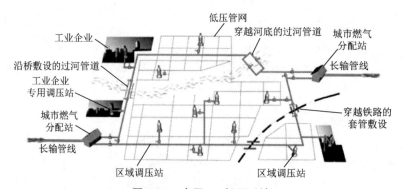

图4.24　中压A-低压系统

③ 三级系统。

三级系统由高、中、低压三级管网级制构成，如图4.25所示。它采用的气源是天然气、加压气化煤气和高压储气罐储气。它的特点是供气范围比中压 A- 低压系统大，压力较高。

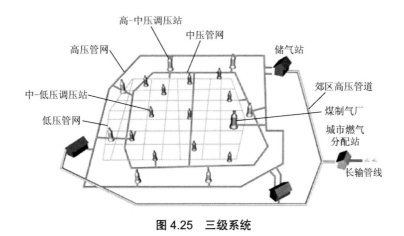

图 4.25　三级系统

④ 多级系统。

多级系统由三个以上级制的管网构成，如图 4.26 所示。它采用的气源是天然气、加压气化煤气和高压储气罐储气。它的特点是供气范围比三级系统大，压力较高。

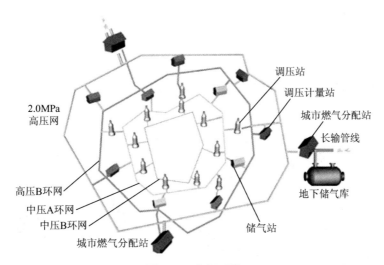

图 4.26　多级系统

（3）城市燃气管道的设置

城市燃气管道应按规划道路布线，并应与道路轴线或建筑物的前沿平行，尽可能避免在高级路面下敷设。燃气管道埋设的最小覆土厚度（路面至管顶）见表 4.1。燃气管道穿越铁路、高速公路、电车轨道和城市交通干道时，一般采用地下穿越。若在矿区和工厂区，一般采用架空敷设。

表 4.1 燃气管道埋设的最小覆土厚度

序号	项目	最小覆土厚度 /m
1	埋设在车行道下	≥ 0.9
2	埋设在非车行道（含人行道）下	≥ 0.6
3	埋设在庭院内、绿化带及载货车不能通过之处	≥ 0.3
4	埋设在水田下	≥ 0.8

在大城市里，市政燃气管网大都布置成环状，只是边缘地区才采用枝状管网。燃气由街道高压管网或次高压管网，经过调压站，进入市政中压管网。然后，经过区域调压站，进入市政低压管网，再经小区管网接入用户。靠近街道的建筑物也可直接由小区管网引入。在小城市里，一般采用中低压或低压燃气管网。

由市政中压管网直接引入小区管网，或直接接入大型公共建筑物内时，需设置专用调压室。调压室内设有调压器、过滤器、安全水封及阀门等，因此，调压室宜为地上独立的建筑物。要求其净高不小于 3m，与一般房屋的水平净距不小于 6m，与重要公共建筑物的净距不应小于 25m。

小区管网即庭院燃气管网 [图 4.27（a）]，是指燃气总阀门井以后至各建筑物前的户外管路，应根据建筑群的总体布置进行敷设。管网宜与建筑物轴线平行，一般敷设在人行便道或绿化带内。为了保证在施工和检修时互不影响，也为了避免由于泄漏出的燃气影响相邻管道的正常运行，甚至逸入建筑物内，燃气管不能与其他室外地下管道同沟敷设。地下燃气管道与建筑物、构筑物或相邻管道之间应保持必要的水平净距，具体见表 4.2。根据燃气的性质及含湿状况，当有必要排除管网中的冷凝水时，管道应有不小于 0.3% 的坡度坡向凝水器 [图 4.27（b）]，凝结水应定期排除。

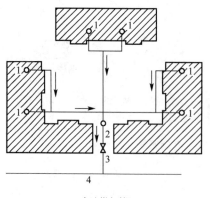
(a) 庭院燃气管网

(b) 凝水器

1—燃气立管；2—凝水器；3—阀门井；4—小区管网。

图 4.27 庭院燃气管网及凝水器

表4.2 地下燃气管道与建筑物、构筑物或相邻管道之间的水平净距　　单位：m

序号	项目		地下燃气管道				
			低压	中压		次高压	
				B	A	B	A
1	建筑物	基础	0.7	1.0	1.5	—	—
		外墙面（出地面处）	—	—	—	4.5	6.5
2	给水管		0.5	0.5	0.5	1.0	1.5
3	污水、雨水排水管		1.0	1.2	1.2	1.5	2.0
4	电缆	直埋	0.5	0.5	0.5	1.0	1.5
		在导管内	1.0	1.0	1.0	1.0	1.5
5	热力管	直埋	1.0	1.0	1.0	1.5	2.0
		在管沟内（至外壁）	1.0	1.5	1.5	2.0	4.0

小区燃气管道材料可选用普通铸铁管、无缝钢管、聚乙烯（PE）管和钢骨架聚乙烯复合管等，一般应根据燃气的性质、系统压力、施工要求及材料供应情况等来选用，并满足机械强度、抗腐蚀、抗压及气密性等各项基本要求。普通铸铁管耐腐蚀，但脆性大。无缝钢管性能优良，施工时应做好防腐措施。聚乙烯管耐腐蚀、流动阻力小、有一定的柔性、易绕过障碍物，是目前埋地管较为广泛使用的新材料。钢骨架聚乙烯复合管是以钢丝作为加强骨架，用高密度聚乙烯材料和钢丝网均匀复合在一起的复合管，具有金属和塑料两者的优点，在燃气工程中被广泛采用。

聚乙烯燃气管道的连接

知识链接

目前我国液化石油气多采用瓶装供应（也可采用管道输送）。瓶装供应具有应用方便、适应性强的特点。一般是将石油炼厂生产的液化石油气用火车或汽车槽车运到使用城市的灌瓶站，利用油泵卸入球形储罐。

无论是钢瓶还是槽车式储罐，其盛装液化石油气的充满度都不允许超过容积的85%。钢瓶的规格分为10kg、15kg（主要为家庭用）和20kg、25kg（工业或服务部门用）几种。各种钢瓶的容积和内径见表4.3。

表4.3 各种钢瓶容积和内径

装重/kg	10	15	20	50
容积/L	23.5	35.3	47	118
内径/mm	314	314	314	400

钢瓶的放置地点要考虑便于换瓶和检查，但不得装于卧室及没有通风设备的走廊、地下室及半地下室。为了防止钢瓶过热和压力过高，钢瓶与燃气用具、设备采暖炉及散热器等的距离至少应为1m。钢瓶与燃气用具之间用耐油耐压软管连接，软管长度不得大于2m。

钢瓶在运送、装卸中，应严格遵守操作规程，严禁乱扔乱甩。

4.3.3 室内燃气管道系统的组成与设置

1. 室内燃气管道系统的组成

室内燃气管道系统属低压管道系统，由管道、附件、燃气计量表、用具连接管和燃气用具组成，如图4.28所示。管道包括引入管、干管（立管和水平干管）、用户支管等，附件有阀门及其他配件。安装在室内的燃气管道，若室内通风不良，往往有中毒、燃烧、爆炸的危险。

2. 室内燃气管道的设置

（1）引入管

引入管是室内燃气系统的始端，指小区或庭院低压燃气管网和一栋建筑物室内燃气管道连接的管段。引入管有地下管、地上管等多种形式。

燃气地下引入管穿过墙壁、基础或管沟时，均应设在套管内，并应考虑沉降的影响，常见做法是在穿墙处预留管洞，管洞与敷设的燃气管管顶的间隙应不小于建筑物的最大沉降量，两侧应保留一定的间隙，并用沥青油麻堵严，如图4.29所示。对于高层建筑等沉降量较大的地方，还应采取柔性接管等更有效的补偿措施。在室内引入管上距地0.5m处安装 $DN20$ 或 $DN25$ 的斜三通作为清扫口。引入管采用无缝钢管。

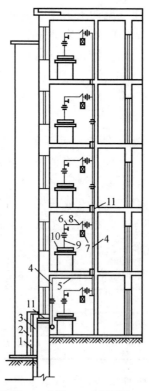

1—引入管；2—砖台；3—保温层；4—立管；5—水平干管；6—用户支管；7—燃气计量表；
8—软管；9—用具连接管；10—燃气用具；11—套管

图4.28 室内燃气管道系统的组成

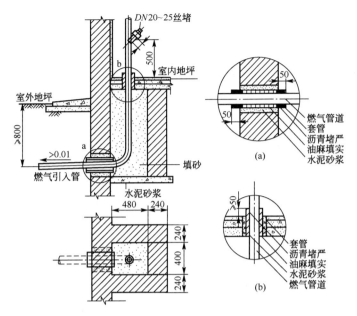

图 4.29 燃气地下引入管做法

图 4.30 所示为燃气地上引入管做法，地上引入管穿墙处理做法同地下引入管的做法。

引入管应设在厨房或走廊等便于检修的非居住房间内。当设置确有困难时，可从楼梯间引入，此时引入管阀门宜设在室外。引入管不得敷设在卧室、浴室、地下室、易燃易爆品仓库、有腐蚀性介质的房间、配电间、变电室、电缆沟、烟道和进风道等地方。输送湿燃气的引入管，埋设深度应在土壤冰冻线以下 0.1～0.2m 处，并且应有不小于 1% 的坡度坡向凝水缸或燃气分配管道。引入管的最小公称直径：当输送人工煤气和矿井气等燃气时，不应小于 25mm；当输送天然气和液化石油气等燃气时，不应小于 15mm。

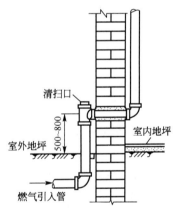

图 4.30 燃气地上引入管做法

（2）室内燃气管道的设置要求

① 室内燃气管道应明设，且应涂以黄色的防腐识别漆。

② 室内燃气管道可设置在专用管道井内，不得与电线、电缆、氧气等易燃或助燃管道设置在同一管道井内。室内燃气管道应每隔 2～3 层设置与楼板耐火极限等同的隔断层。

③ 室内燃气管道不应敷设在潮湿或有腐蚀性介质的房间内。

④ 室内燃气管道不得穿过易燃易爆品仓库、配电间、变电室、电缆沟、烟道和进风道等地方，严禁引入卧室。

⑤ 当室内燃气管道穿过楼板、楼梯平台、墙壁和隔墙时，必须安装在套管中。

⑥ 室内燃气管道在有人行走的地方，敷设高度不应小于 2.2m。

⑦ 输送干燃气的室内燃气管道可不设置坡度。输送湿燃气的室内燃气管道，其敷设坡度不应小于 0.3%。

⑧ 立管一般敷设在厨房、走廊或楼梯间内。每一立管的顶端和底端均设带丝堵的三通，作清洗用，其直径不小于 25mm。立管穿楼板的套管上部应高出楼板 30～50mm，下部与楼板齐平。立管在一幢建筑物中一般不改变管径。

⑨ 燃气燃烧设备与室内燃气管道的连接宜采用硬管（如镀锌钢管）连接。当燃气燃烧设备与室内燃气管道为软管连接时，其连接软管的长度不应超过 2m，并不应有接口；燃气用软管应采用耐油橡胶管；软管不得穿墙、窗和门。

⑩ 室内燃气管道安装完成后应做严密性试验，低压管道试验压力不应小于 5kPa，在试验时间内（居民用户为 15min，商业和工业用户为 30min），观察压力表，无压力降为合格。

> **知识链接**

住宅厨房燃气管道及设备泄漏保护装置

燃气是易燃、易爆气体，一旦泄漏会造成人员中毒或燃烧、爆炸事故。厨房面积小又通风不良，由于燃气泄漏和使用不当而造成的事故时有发生。当前，新建住宅大多是独门独户，一家发生燃气事故，邻居很难及时发现，因此，一般要在厨房内安装燃气泄漏保护装置。燃气泄漏报警器是一种能够检测燃气泄漏并及时发出警报的燃气泄漏保护装置，使用时应选用经国家或地方安全设备检测部门检测的、符合有关标准的产品，声响强度要大于 75dB。

4.3.4 室内燃气用具

1. 燃气常用仪表

（1）湿式气体流量计

湿式气体流量计简称湿式表，常用于实验室中用来校正民用燃气计量表。

（2）家用膜式燃气表

家用膜式燃气表由皮膜装配式气体流量计、滑阀、皮袋盒、计数器等部件组成。常用的家用膜式燃气表规格为 1.6～6.0m³/h，通常是一户一表，使用量最多。

（3）家用 IC 卡燃气计量表

家用 IC 卡燃气计量表（图 4.31）是一种具有预付费及控制功能的新型膜式燃气表，它是在原来的燃气表上加一个电子部件、一个阀门，以及在机械计数器的某一位字轮处加一个脉冲发生器，机械计数器字轮每转一周就发出一个脉冲信号送入 CPU，CPU 根据编制的程序进行计数和运算，再将计算结果与设定值比较，当比较结果达到一定范围时发出报警信号及开关进气阀等指令。

IC 卡是有价卡。将 IC 卡插入 IC 卡插卡口，燃气表内的阀门即会开启，燃气即可使用，并在燃气表上、下两个窗口显示燃气使用量和卡内货币的使用数；抽出 IC 卡，燃气表内阀门即行关闭。当卡内货币即将用完前，会以光和声进行提示。当提示后卡内货币用完仍不换卡，燃气表将自动切断气源。

家用 IC 卡燃气计量表的特点是计量精确，安装方便，付费用气，避免入户抄表。

（4）家用远传信号模式燃气计量表

为了不入户即能抄到居民使用燃气的消费量，在有条件的居民小区设置了一个计算机终端（如设置在物业管理办公室内），用电子信号将每一燃气用户的燃气消费量远传至计算机终端。这不仅可解决入户抄表的难题，而且能准确、及时地抄到所有燃气用户的燃气消费量。家用远传信号模式燃气计量表是目前家庭燃气用户计量燃气消费量的理想仪表。

家用膜式燃气表、家用 IC 卡燃气计量表及家用远传信号模式燃气计量表适用于人工煤气、液化石油气、天然气、沼气、空气和其他无腐蚀性气体的计量。

燃气表宜安装在通风良好的非燃结构的房间内，严禁安装在卧室、浴室、危险物品和易燃物品存放地及类似地方。当燃气表安装在灶具上方时，燃气表与炉灶之间的水平距离应大于 30cm。公共建筑和工业企业生产用气的计量装置宜设置在单独的房间内。

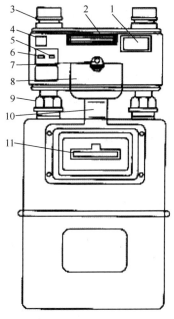

1—液晶显示；2—IC 卡插卡口；3—通气对接口；
4—防爆标志；5—查询键；6—应急键；
7—电池盒盖螺钉；8—电池盒盖；9—对接螺母；
10—过线桥；11—计数器。

图 4.31　家用 IC 卡燃气计量表

2. 燃气灶

家用燃气灶一般有单眼灶、双眼灶、三眼灶和四眼灶等，可根据需要来选用。目前一般家庭住宅配置双眼燃气灶。公共建筑可采用三眼灶、四眼灶、六眼灶等。

不同种类燃气的发热值和燃烧特性各不相同，所以燃气灶喷嘴和燃烧器头部的结构尺寸也不同，燃气灶与燃气要匹配才能使用。人工煤气灶具、天然气灶具或液化石油气灶具是不能互相代替使用的；否则，轻则燃烧情况恶劣，满足不了使用要求，重则出现危险事故，甚至根本无法使用。

3. 燃气热水器

燃气热水器分为燃气快速热水器和燃气容积式热水器两大类。

（1）燃气快速热水器

燃气快速热水器是当前居家主要用以供热水的燃气用具，它装有水气联动装置，通水后自动打开燃气快速热水器的气通路，在短时间内使流过热交换器的冷水被加热后迅速而连续地以设定温度的热水流出。燃气快速热水器比燃气容积式热水器体积小，连续出水能力大，但燃气容积式热水器较使用同等热水量的燃气快速热水器的耗气量要小。

燃气快速热水器根据其进、排气方式可分为直接排气式、强制排气式、烟道排气式和平衡式热水器。直接排气式热水器耗气量很小，热水的出水量很小，燃烧烟气排放在安装处所，故严禁安装在浴室内。强制排气式热水器和烟道排气式热水器原理基本相同，前者主体内装有鼓风机强制排烟，后者靠自然排烟。平衡式热水器其燃烧所需空气和燃烧后所产生的废气均由进、排气口直接吸入和排出室外，故使用安全，可以安装在浴室内。

（2）燃气容积式热水器

燃气容积式热水器是一种大容量热水器，由一个储水箱和水、燃气供应系统组成。燃气容积式热水器分为常压容积式热水器和容积式热水器两种。两种热水器的结构基本相同，前者水箱是通大气的，水箱内压力不会升高，一般在宿舍、学校、医院等公共场所使用；后者水箱是密闭的，热水可以远距离输送，并可用来采暖，一般适用于较大面积的住宅，尤其是别墅住宅。

燃气热水器不宜直接设在浴室内，可装在厨房或通风良好的过道内，但不宜安装在室外。燃气热水器应安装在不燃的墙壁上，安装在难燃的墙壁上时，应垫以隔热板。燃气热水器的安装高度以燃气热水器的观火孔与人眼高度平齐为宜，一般距地面1.5m。

项目 4.4　室内燃气管道施工图

4.4.1　室内燃气管道施工图的组成与内容

1. 室内燃气管道施工图的组成

室内燃气管道施工图由文字部分和图示部分组成。文字部分包括图纸目录、设计施工说明、图例和主要设备材料表。图示部分包括平面图、系统图、详图。

2. 室内燃气管道施工图的内容

（1）设计施工说明

设计施工说明主要内容有：燃气工程的总体概况，图纸中用图形无法表达的设计意图和施工要求，如管材及连接方式、管道防腐保温做法、管道附件及附属设备类型、施工注意事项、系统吹扫和试压要求、施工应执行的规范规程、标准图集号等。

（2）图纸目录

图纸目录包括设计人员绘制部分和所选用的标准图部分。

（3）图例和主要设备材料表

为了使施工准备的材料和设备符合图纸要求，并且便于备料，设计人员应编制图例和主要设备材料表，包括序号、图例、名称、型号规格、单位、数量、备注等项目，施工图中涉及的设备、管道及附件等均列入表中。

（4）平面图

平面图主要内容如下。

① 准确表示引入管的位置，标明与建筑物的相对位置。

② 室内管道、表具、灶具的平面位置，标明与建筑物轴线的相对尺寸。

③ 地下燃气管道与建筑物、构筑物或相邻管道之间应保持必要的水平净距（表 4.2），并应标明相邻管道的管中心尺寸。

④ 标明安装阀门的平面位置及特殊管道附件（如放散管等）的平面位置等。

⑤ 当燃气管道采用钢管时，钢管固定件的最大间距必须符合表 4.4 的规定。

表 4.4 钢管固定件的最大间距

管道公称直径 /mm	无保温层固定件的最大间距 /m	管道公称直径 /mm	无保温层固定件的最大间距 /m
15	2.5	100	7
20	3	125	8
25	3.5	150	10
32	4	200	12
40	4.5	250	14.5
50	5	300	16.5
65	6	350	18.5
80	6.5	400	20.5

（5）系统图

系统图是室内燃气管道的主要设计图纸，其表明管径、管道走向、坡向、标高和阀门、管件的位置，由于是三相视图，因此一目了然。

（6）详图

在平面图和系统图上表达不清楚、用文字也无法说明的地方，可用详图画出。

详图是局部放大比例的施工图，因此也叫大样图，如管道穿墙、穿楼板套管做法详图，补偿器详图等。

4.4.2 室内燃气管道施工图识读

1. 室内燃气管道施工图的识读方法

识读室内燃气管道施工图，首先应熟悉施工图纸，对照图纸目录，核对整套图纸是否完整，确认无误后再正式识读。识读的方法没有统一的规定，识读时应注意以下几点。

（1）认真阅读施工图的设计施工说明

识图之前应先仔细阅读设计施工说明，通过文字说明了解燃气工程的总体概况，了解图纸中用图形无法表达的设计意图和施工要求。

（2）以系统为单位进行识读

识读时以系统为单位，可按燃气的输送方向，按用户引入管、水平干管、立管、用户支管、下垂管、燃气用具等顺序读图。

（3）平面图与系统图对照识读

识读时应将平面图与系统图对照起来看，以便于相互补充和说明，以全面、完整地理解设计意图。

（4）仔细阅读安装详图

安装详图多选用全国通用的燃气安装标准图集，也可单独绘制，用来详细表示工程中某一关键部位，或平面图及系统图无法表达清楚的部位，以便正确指导施工。

2. 室内燃气管道施工图识读实例

【案例】现以项目引例中某十一层住宅楼的室内燃气管道施工图为例，介绍室内燃气管道施工图的识读。

某十一层住宅楼室内燃气管道施工图

◆工程实例

某住宅楼，地上十一层，层高3.00m，楼高33.00m，框架－剪力墙结构，属高层建筑。电梯洋房，一梯两户，户型为B-1型和B-2型，都是三房两厅，一厨两卫，管道燃气直通厨房、公共卫生间。

【附图】某十一层住宅楼内燃气管道施工图，请扫二维码。

（1）施工图图纸简介

本套图纸包括设计施工说明一张、图例和主要设备材料表一张、平面图三张（一层燃气平面图、二～十层燃气平面图、十一层燃气平面图）、系统图一张、详图一张。所示图样为本工程截取的部分图样。

（2）工程概况

本工程为十一层的住宅楼，层高3.00m，室内外高差为0.45m，室外地面标高为-0.450m。本工程采用天然气，气源为小区中压燃气管道，经室外燃气调压柜调至低压后，由室外燃气干管引至单元用户引入管，穿外墙引至室内，通过立管供应给各燃气用户。每户按一台双眼燃气灶和一台燃气热水器设计。

（3）施工图识读

识读时先看设计施工说明，了解工程概况；然后粗看系统图，了解管道的走向和大致的空间位置；将平面图与系统图对照起来看，按燃气的流向，从室外燃气干管→各单元用户引入管→立管→用户支管→燃气表→下垂管，按介质的顺序识读，查阅各管段的管径、标高、位置等。

① 室外燃气干管。从一层燃气平面图和系统图中可以看出，本住宅楼燃气接自小区燃气管道，接管在㉕轴线与Ⓚ轴线交叉处，管径为$DN50$，标高为-1.200m，由右向左引至外墙外侧的中低压悬挂式调压柜。从图例和主要设备材料表中可以看出，该调压柜箱底安装高度为1.2m。经调压后，低压燃气管道由调压柜下部接出，向下至标高-0.800m处后，由前向后，至Ⓝ轴线处折向左到㉒轴线处向上穿出地面。从二～十层燃气平面图和系统图可以看出，管道升高至标高为3.500m处沿外墙向左敷设。从设计施工说明中可以看出，室外燃气干管采用无缝钢管，焊接连接。

② 各单元用户引入管。从一层燃气平面图和燃气管道系统图可以看出，各用户引入管从室外燃气干管接入，引入管的标高为2.500m，管径均为$DN32$，穿外墙处设套管，并且用户引入管在室外水平管段处设快速切断球阀。从设计施工说明中可以看到，快速切断阀需设置保护箱，引入管穿墙做法在详图中有明确表示。从设计施工说明中得知，引入管在室外部分采用无缝钢管，焊接连接；过外墙皮后采用镀锌钢管，螺纹连接。

③立管。从平面图和系统图中可以看出，本套施工图中有两根立管，编号分别为RL_3和RL_4。立管沿各户厨房外墙角设置，立管上下均设丝堵，供气由下向上。六层及六层以下部分管径为$DN32$，七层及七层以上部分管径为$DN25$，变径管设在六楼三通之上。穿越楼板处均设套管，套管的节点做法在详图中有详细表示。每根立管在七层设补偿器一个，补偿器的做法见详图。从设计施工说明中可以看出，立管及室内的其他燃气管道均采用镀锌钢管，螺纹连接。

④用户支管。根据平面图和系统图，每层的用户支管在每层地面以上2.2m立管处接出，各楼层用户支管管径均为$DN15$，用户支管上设一密封性能好的旋塞阀。

⑤燃气表。每户设IC卡燃气表，从图例和主要设备材料表中可以看出，燃气表的流量为$2.5m^3/h$，采用右进左出的膜式燃气表，挂墙安装。

⑥下垂管。根据系统图，下垂管由燃气表左边接出，管径均为$DN15$，下降至地面1.2m处设三通，三通的水平段各设一球阀，分别接用户的燃气灶和燃气热水器。

⑦其他。住宅楼每户厨房内安装燃气泄漏报警器，燃气热水器必须选用强排式或强制平衡式，排气管接至室外。

知识梳理与总结

（1）建筑热水供应系统按其供应范围的大小可分为局部热水供应系统、集中热水供应系统和区域热水供应系统。热水供应系统的管网形式，按管网压力工况特点可分为闭式和开式热水供应方式。按设置循环管网的情况可分为全循环方式、半循环方式和无循环方式。根据循环动力的不同可分为自然循环方式和机械循环方式。按照配水干管的布置位置可分为上行下给式、下行上给式和分区式热水供应方式。

（2）高层建筑热水供应方式主要有集中式和分散式两种。

（3）热水管网的布置与敷设除了满足给（冷）水管网的要求外，还应注意由于水温高带来的体积膨胀、管道伸缩补偿、保温和排气等问题。

（4）根据热水加热方式的不同有直接加热和间接加热两种。加热设备是热水供应系统的核心组成部分，应根据热源条件、建筑物功能及热水用水规律、耗热量和维护管理等因素综合比较后确定。

（5）燃气作为气体燃料，它与固体、液体燃料相比，有许多优点：使用方便，燃烧完全，热效率高，燃烧温度高，易调节、控制；燃烧时没有灰渣，清洁卫生；可以利用管道和瓶装供应。在人们日常生活中采用燃气作为燃料，对改善人民的生活条件，减少空气污染和保护环境，都具有重大的意义。但燃气易引起燃烧或爆炸，火灾危险性较大。人工煤气具有强烈的毒性，容易引起中毒事故。所以，对于燃气设备及管道的设计、加工和敷设，都有严格的要求；同时必须加强维护和管理，防止漏气。

（6）燃气的种类较多，按照其来源及生产方式分为四大类：天然气、人工煤气、液化石油气和沼气。其中天然气、人工煤气、液化石油气可作为城镇供应气源。沼气热值低、二氧化碳含量高，不宜作为城镇气源。

（7）室内燃气用具主要有燃气表、燃气灶和燃气热水器。

（8）室内燃气管道施工图由文字部分和图示部分组成。文字部分包括图纸目录、设计施工说明、图例和主要设备材料表。图示部分包括平面图、系统图、详图。应正确识读施工图，并将其应用到土建施工、设备安装、工程预算、建筑装饰、工程监理和工程验收等相关工程中。

复习思考题

1. 举例说明热水供应系统有哪些类型。
2. 建筑热水供应系统的主要组成部分有哪些？
3. 建筑热水系统的管网形式有哪几种？简述各种管网形式的使用条件。
4. 热水加热方式有哪几种？各有何特点？
5. 热水的加热设备有哪些？各有何特点？
6. 太阳能热水器有何优缺点？按其循环方式可以分为哪几种？
7. 高层建筑热水供应方式有哪些？简述其优缺点。
8. 热水管道的布置与敷设与给水排水管道的敷设有所不同，应注意哪些方面？
9. 如何选择加热设备？
10. 简述燃气的种类及其特点。
11. 室内燃气管道布置时应注意哪些方面？
12. 燃气管上哪些部位应设置阀门？
13. 室内燃气管道由哪些管道组成？
14. 室内燃气管道应明装，明装燃气管道与墙面的净距有哪些要求？
15. 室内燃气管道的设置有什么要求？
16. 燃气常用仪表有哪些？简述其用途。
17. 建筑燃气施工图由哪些部分组成？
18. 怎样识读建筑燃气施工图？

模块 5　建筑采暖

教学导航

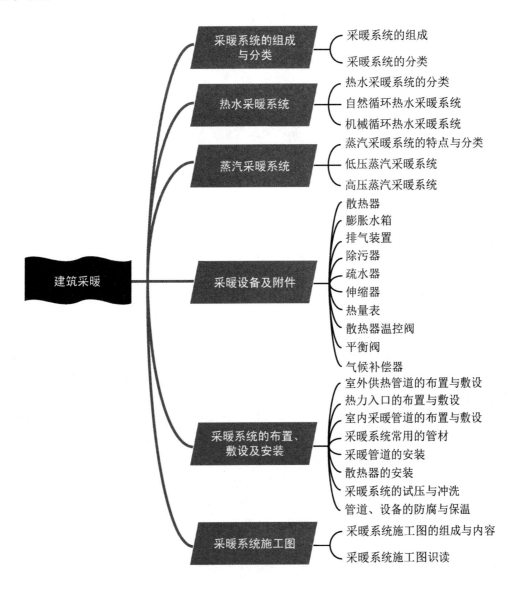

建筑设备与识图

项目引例

某学校实训楼，地上二层，框架结构。该学校实训楼主要房间为办公室、多媒体室、小型构件展览室、综合识图模型室、钢结构实训室、电子电工操作室、给水排水实训室、装饰实验室、建筑智能化实训室和暖通实训室等。在冬季，北方的室外温度大大低于室内温度，因此房间里的热量不断地传向室外，为了保证人们日常生活、工作所需要的环境温度，就必须设置建筑采暖系统向室内供给相应的热量。

项目 5.1 采暖系统的组成与分类

在冬季，人们用一定的方式向房间补充热量，以维持热平衡来保证日常生活、工作和生产活动所需要的环境温度，这就是采暖系统的任务。

5.1.1 采暖系统的组成

采暖系统由热源、管道系统和散热设备三部分组成。
① 热源：是指使燃料产生热能并将热媒加热的部分，如锅炉。
② 管道系统：是指热源和散热设备之间的管道。热媒通过管道系统将热能从热源输送到散热设备。
③ 散热设备：是将热量散入室内的设备，如散热器、暖风机、辐射板等。

5.1.2 采暖系统的分类

采暖系统可按下述方法分类。

1. 按热媒的不同分类

在采暖系统中，用以传递热量的媒介物质称为热媒。采暖系统中常用的热媒是热水、蒸汽、热空气、烟气等，因此采暖系统可分为以下四种类型。
① 热水采暖系统：以热水为热媒，把热量带给散热设备的采暖系统。当热水采暖系统的供水温度为 95℃、回水为 70℃时，称为低温热水采暖系统；当供水温度高于 100℃时，称为高温热水采暖系统。低温热水采暖系统多用于民用建筑的采暖系统，高温热水采暖系统多用于生产厂房。
② 蒸汽采暖系统：以蒸汽为热媒，把热量带给散热设备的采暖系统。蒸汽相对压力不高于 70kPa 的，称为低压蒸汽采暖系统；蒸汽相对压力为 70~300kPa 的，称为高压蒸汽采暖系统。蒸汽采暖系统主要应用于工业建筑。
③ 热风采暖系统：以热空气为热媒，即把空气加热到适当的温度（一般为 30~50℃），直接送入房间来满足采暖要求的采暖系统。根据需要和实际情况，可设独立的热风采暖系统或与通风和空调结合的系统。热风采暖系统主要应用于大型工业车间。
④ 烟气采暖系统：以燃料燃烧时产生的烟气为热媒，把热量带给散热设备（如火

炕、火墙等）的采暖系统。

2. 按供暖的作用范围分类

① 局部采暖系统：热源、管道系统和散热设备在构造上连成一个整体的采暖系统，如火炉采暖、火墙采暖、火炕采暖、电热采暖和燃气采暖等。

② 集中采暖系统：锅炉在单独的锅炉房内，热媒通过管道系统将热量送至一幢或几幢建筑物的采暖系统。

③ 区域采暖系统：由一个锅炉房供给全区许多建筑物采暖、生产和生活用热的采暖系统。

项目 5.2　热水采暖系统

在热水采暖系统中，热媒是热水。热源产生热水，经过输热管道流向采暖房间的散热器中，散出热量后经管道流回热源，重新被加热。

5.2.1　热水采暖系统的分类

热水采暖系统，可按下列方法分类。

（1）按热水采暖循环动力的不同，可分为自然循环热水采暖系统和机械循环热水采暖系统。

① 自然循环热水采暖系统：热水采暖系统中的水是靠供、回水温差产生的压力循环流动的。

② 机械循环热水采暖系统：热水采暖系统中的水是靠水泵强制循环的。

（2）按供、回水方式的不同，可分为单管系统和双管系统。

① 单管系统：热水经供水立管或水平供水管顺序通过多组散热器，并顺序地在各散热器中冷却的系统。

② 双管系统：热水经供水立管或水平供水管平行地分配给多组散热器，冷却后的回水自每个散热器直接沿回水立管或水平回水管流回热源的系统。

（3）按系统管道敷设方式的不同，可分为垂直式系统和水平式系统。

（4）按热媒温度的不同，可分为低温热水采暖系统和高温热水采暖系统。

5.2.2　自然循环热水采暖系统

图5.1所示为自然循环热水采暖系统。该系统由热源（锅炉）、散热设备（散热器）、供水管道和回水管道组成。为了使系统更好地运行，通常在系统最高处还设有一个膨胀水箱，用来容纳系统水受热后膨胀的体积。在系统运行前，整个系统要充满冷水。系统工作时，水在锅炉中加热，密度变小，热水沿着供水管道上升流入散热器，在散热器内热水释放热量后温度降低，密度变大，再沿回水管道流回锅炉。

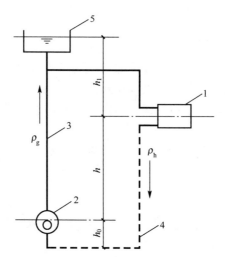

1—散热器；2—锅炉；3—供水管道；4—回水管；5—膨胀水箱。

图 5.1　自然循环热水采暖系统

假设热水在管道中损失的热量可以忽略不计，在散热器中心和锅炉中心以下两边水的密度相同，实际上水温只在锅炉和散热器两处发生变化，如图 5.1 所示，h 为散热器中心和锅炉中心的高差，ρ_h 为回水密度，ρ_g 为供水密度，g 为重力加速度，则其循环作用力可简化为 $gh(\rho_h-\rho_g)$，即散热器中心和锅炉中心之间这段高度内的水柱密度差便能促使系统产生循环流动。

自然循环热水采暖系统具有装置简单、操作方便、维护管理省力、不耗费电能、不产生噪声等优点，但是由于系统作用压力有限，管路流速偏小，致使管径偏大，造成初次投资较高，应用范围受到一定程度的限制。自然循环热水采暖系统由于循环压力较小，其作用半径（总立管至最远立管的水平距离）不宜超过 50m，因此只能在单幢建筑物中使用。

5.2.3　机械循环热水采暖系统

对于管路较长，建筑面积和热负荷都较大的建筑物，则要采用机械循环热水采暖系统。在机械循环热水采暖系统中，通常设置水泵为系统提供循环动力。由于水泵的作用压力大，使得机械循环热水采暖系统的采暖范围扩大很多，既可以负担单幢、多幢建筑物的采暖，还可以负担区域范围内的采暖，这是自然循环热水采暖系统力不能及的。机械循环热水采暖系统目前已经成为应用最为广泛的采暖系统。机械循环热水采暖系统常用的管网有如下形式。

1. 机械循环双管上供下回式热水采暖系统

机械循环双管上供下回式热水采暖系统如图 5.2 所示。机械循环双管上供下回式热水采暖系统除膨胀水箱的连接位置与自然循环热水采暖系统不同外，还增加了循环水泵和排气装置。机械循环双管上供下回式热水采暖系统的供水干管设在系统的顶部，回水干管设在系统的下部，一般设在地沟内，散热器的供水管和回水管分别设置，每组散热器都能组成一个循环环路,且供水温度基本是一致的,各组散热器可自行调节热媒流量,互相不受影响。

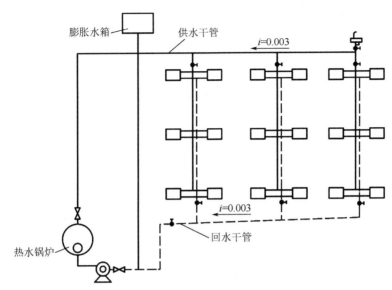

图 5.2　机械循环双管上供下回式热水采暖系统

在机械循环双管上供下回式热水采暖系统中,水流速度较高,供水干管应按水流方向设上升坡度,使气泡随水流方向流动汇集到系统的最高点,通过在最高点设置的排气装置,将空气排出系统外。回水干管的坡向为顺坡,坡度宜采用 0.3%。

> **特别提示**
>
> 在机械循环双管上供下回式热水采暖系统中,热水的循环主要依靠水泵的作用压力,同时也存在着自然作用压力,各层散热器与锅炉间形成独立的循环,因而从上层到下层,散热器中心与锅炉中心的高差逐层减小,各层循环压力也出现由大到小的现象,上层作用压力大,流经散热器的流量大,下层作用压力小,流经散热器的流量小,因而造成上热下冷的"垂直失调"现象,楼层越多,失调现象越严重。因此机械循环双管上供下回式热水采暖系统不宜在 4 层以上的建筑物中采用。

2. 机械循环单管上供下回式热水采暖系统

机械循环单管上供下回式热水采暖系统散热器的供、回水立管共用一根管,把立管上的散热器串联起来构成一个循环环路,又称机械循环单管顺流式热水采暖系统,如图 5.3 立管Ⅲ所示。从上到下各楼层散热器的进水温度不同,温度依次降低,每组散热器的热媒流量不能单独调节。为了克服机械循环单管上供下回式热水采暖系统不能单独调节热媒流量,且下层散热器热媒入口温度过低的弊病,又产生了机械循环单管跨越式热水采暖系统,如图 5.3 立管Ⅳ、Ⅴ所示。热水在散热器前分成两部分,一部分流入散热器,另一部分流入跨越管内。

对机械循环单管上供下回式热水采暖系统,由于各层的散热器串联在一个循环管路上,从上而下逐渐冷却过程中所产生的压力可以叠加在一起形成一个总压力,因此机械循环单管上供下回式热水采暖系统不存在机械循环双管上供下回式热水采暖系统的垂直失调问题。即使最底层散热器低于锅炉中心,也可以使水循环流动。由于下层散热器入口的热媒温度低,因此下层散热器的面积要比上层多。在多层和高层建筑中,宜采用机械循环单管上供下回式热水采暖系统。

3.机械循环双管下供下回式热水采暖系统

机械循环双管下供下回式热水采暖系统如图5.4所示。该系统一般适用于顶层难以布置干管的场合,以及有地下室的建筑。当无地下室时,供、回水干管一般敷设在底层地沟内。

与机械循环双管上供下回式热水采暖系统比较,机械循环双管下供下回式热水采暖系统的供、回水干管均敷设在地沟或地下室内,管道保温效果好,热损失少。该系统的供、回水干管都敷设在底层散热器下面,系统内空气的排除较为困难,其排气方法主要有两种:一种是通过顶层散热器的冷风阀,手动分散排气;另一种是通过专设的空气管,手动或集中自动排气。

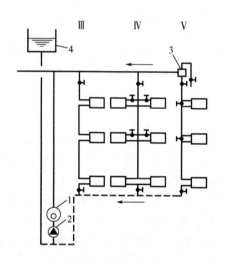

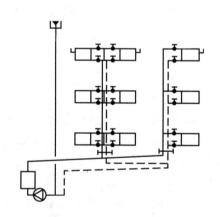

1—锅炉;2—水泵;3—集气罐;4—膨胀水箱。

图5.3 机械循环单管上供下回式热水采暖系统　　图5.4 机械循环双管下供下回式热水采暖系统

4.机械循环中供式热水采暖系统

机械循环中供式热水采暖系统如图5.5所示。该系统的水平供水干管敷设在系统的中部,上部系统可用上供下回式,也可用下供下回式,下部系统则用上供下回式。

机械循环中供式热水采暖系统减轻了上供下回式楼层过多而易出现垂直失调的现象,同时可避免顶层梁底高度过低导致供水干管挡住顶层窗户而妨碍其开启的现象。该系统可用于加建楼层的原有建筑物。

5. 机械循环下供上回式热水采暖系统

机械循环下供上回式热水采暖系统如图5.6所示。该系统的供水干管设在所有散热器的下面，回水干管设在所有散热器的上面，膨胀水箱连接在回水干管上，回水经膨胀水箱流回锅炉房，再被循环水泵送入锅炉。该系统具有如下特点。

① 水在系统内的流动方向是自下而上，与空气流动方向一致，可通过膨胀水箱排除空气，无须设置集中排气罐等排气装置。

② 对热损失大的底层房间，由于底层供水温度高，底层散热器的面积减小，因此便于布置。

③ 当采用高温热水采暖系统时，由于供水干管设在底层，因此可降低防止高温水汽化所需的水箱标高，减少布置高架水箱的困难。

④ 供水干管在下部，回水干管在上部，无效热损失小。

⑤ 这种系统的缺点是散热器的放热系数比机械循环上供下回式热水采暖系统低，散热器的平均温度几乎等于散热器的出口温度，这样就增加了散热器的面积。但用于高温水采暖时，这一特点却有利于满足散热器表面温度不致过高的卫生要求。

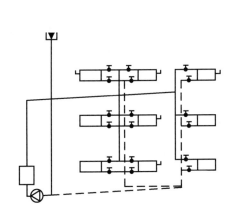

图 5.5　机械循环中供式热水采暖系统

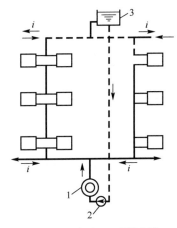

1—锅炉；2—水泵；3—膨胀水箱。

图 5.6　机械循环下供上回式热水采暖系统

6. 机械循环上供中回式热水采暖系统

机械循环上供中回式热水采暖系统将回水干管设置在一层顶板下或楼层夹层中，省去了地沟，如图5.7所示。安装时，在立管下端设泄水丝堵，以方便泄水及排放管道中的杂物。回水干管末端需设置自动排气阀或其他排气装置。该系统适合不宜设置地沟的多层建筑。

7. 单管水平串联式热水采暖系统

单管水平串联式热水采暖系统如图5.8所示。该系统按照供水管与散热器的连接方式可分为顺流式和跨越式两种，这两种方式在机械循环和自然循环系统中都可以使用。该系统的优点是：系统简洁，安装简单，少穿楼板，施工方便；系统的总造价较垂直式低；对各层有不同使用功能和不同温度要求的建筑物，便于分层调节和管理。

单管水平串联式热水采暖系统串联散热器很多时，运行中易出现前端过热、末端过冷的水平失调现象。一般每个环路串联散热器数量以 8～12 组为宜。

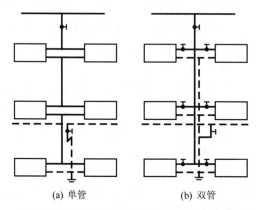

图 5.7　机械循环上供中回式热水采暖系统

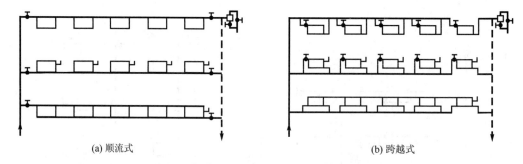

图 5.8　单管水平串联式热水采暖系统

8. 异程式采暖系统与同程式采暖系统

在采暖系统供、回水干管布置上，通过各个立管的循环环路的总长度不相等的布置形式称为异程式采暖系统［图 5.9（a）］，而通过各个立管的循环环路的总长度相等的布置形式则称为同程式采暖系统［图 5.9（b）］。

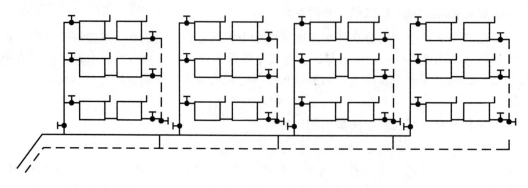

图 5.9　异程式采暖系统与同程式采暖系统

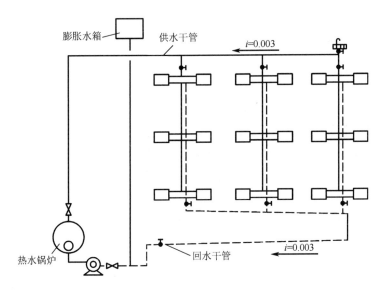

(b) 同程式采暖系统

图 5.9 异程式采暖系统与同程式采暖系统（续）

在机械循环热水采暖系统中，由于作用半径较大、连接立管较多，异程式采暖系统各立管的循环环路长短不一，各立管的循环环路和压力损失较难平衡，会出现近处立管流量超过要求，而远处立管流量不足，由于流量失调而引起在水平方向冷热不均的现象，称为系统的"水平失调"。为了消除或减轻系统的水平失调，可采用同程式采暖系统，通过最近立管的循环环路与通过最远立管的循环环路的总长度都相等，因而压力损失易于平衡。由于同程式采暖系统具有上述优点，所以在较大的建筑物中，常采用同程式采暖系统，但其管道的消耗量要多于异程式采暖系统。

9. 分户计量热水采暖系统

对于新建住宅采用热水集中采暖系统时，应设置分户热计量和室温控制装置，实行供热计量收费。分户热计量是指以户（套）为单位进行采暖热量的计量，每户需安装热量表和散热器温控阀。

（1）双管上供上回式分户计量热水采暖系统

图 5.10 所示的双管上供上回式分户计量热水采暖系统适用于旧房改造工程。该系统的供、回水干管均设于系统上方，管材用量大，供、回水管道设在室内，虽然影响美观，但能单独控制某组散热器，有利于节能。

（2）双管下供下回式分户计量热水采暖系统

如图 5.11 所示，该系统适用于新建住宅，供、回水干管埋设在地面层内，但由于暗埋在地面层内的管道有接头，因此一旦漏水，其维修较复杂。

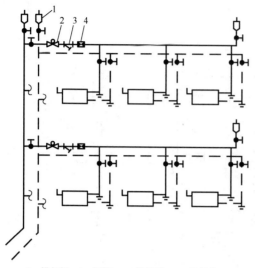
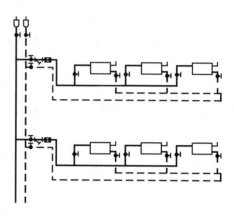

1—排气阀；2—阀门；3—除污器；4—热量表。

图 5.10 双管上供上回式分户计量热水采暖系统　　图 5.11 双管下供下回式分户计量热水采暖系统

（3）水平双管放射式分户计量热水采暖系统

如图 5.12 所示，该系统可用于新建住宅，供、回水干管均暗埋于地面层内，暗埋管道没有接头。但该系统管材用量大，且需设置分水器和集水器。

（4）带跨越管的单管系统分户计量热水采暖系统

如图 5.13 所示，该系统可用于新建住宅，干管暗埋于地面层内，系统简单，但需加散热器温控阀。

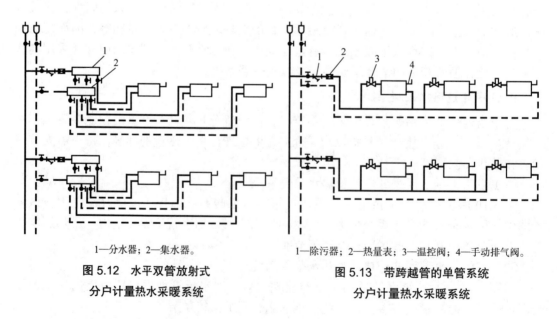

1—分水器；2—集水器。　　　　　　　　1—除污器；2—热量表；3—温控阀；4—手动排气阀。

图 5.12　水平双管放射式　　　　　　　　图 5.13　带跨越管的单管系统
分户计量热水采暖系统　　　　　　　　　　分户计量热水采暖系统

10. 低温热水辐射采暖系统

低温热水辐射采暖系统具有节能、卫生、舒适、不占室内面积等特点，近年来在国内发展迅速。低温热水辐射采暖一般指加热管理设在建筑构件内的采暖形式,有墙壁式、顶棚式和地板式三种。目前我国主要采用的是地板式,称为低温热水地板辐射采暖系统,如图 5.14 所示。低温热水地板辐射采暖系统的供、回水温差不宜大于 10℃,民用建筑的供水温度不应超过 60℃。

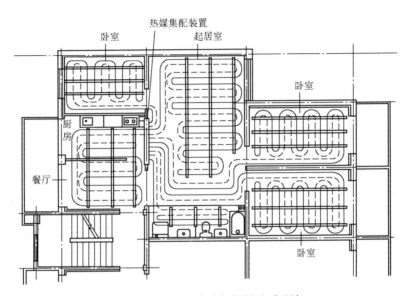

图 5.14　低温热水地板辐射采暖系统

项目 5.3　蒸汽采暖系统

5.3.1　蒸汽采暖系统的特点与分类

1. 蒸汽采暖系统的特点

蒸汽采暖系统以蒸汽作为热媒,应用极为广泛。图 5.15 所示为蒸汽采暖系统原理图。水在蒸汽锅炉里被加热成为具有一定压力和温度的水蒸气,水蒸气靠自身压力通过管道流入散热设备放出热量,蒸汽由于放出热量而凝结成水,经疏水器沿凝结水管道流入凝结水箱,再经凝结水泵注入锅炉重新加热成蒸汽,不断循环。蒸汽采暖系统与热水采暖系统相比,具有如下一些特点。

① 热水在系统散热设备中,靠其

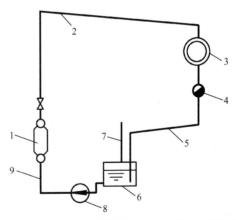

1—热源;2—蒸汽管路;3—散热设备;4—疏水器;5—凝结水管路;
6—凝结水箱;7—空气管;8—凝结水泵;9—凝结水管。

图 5.15　蒸汽采暖系统原理图

温度降低放出热量，而且热水的相态不发生变化。蒸汽在系统散热设备中，靠水蒸气凝结成水放出热量，相态发生了变化。蒸汽凝结放出汽化潜热比水通过有限的温降放出的热量大得多，因此，对同样的热负荷，蒸汽采暖时所需的蒸汽质量流量要比热水质量流量少得多。

② 热水在封闭系统内循环流动，其参数变化很小。蒸汽和凝结水在系统管路内流动时，其状态参数变化比较大，还会伴随相态变化。例如，湿饱和蒸汽沿管路流动时，由于管壁散热产生沿途凝结水，会使输送的蒸汽量有所减少；当湿饱和蒸汽经过阻力较大的阀门时，蒸汽被绝热节流，压力下降，体积膨胀，同时，温度一般要降低。湿饱和蒸汽可成为节流后压力下的饱和蒸汽或过热蒸汽。在这些变化中，蒸汽的密度会随着发生较大的变化。又例如，从散热设备流出的饱和凝结水，通过疏水器后在凝结水管路中压力下降，沸点改变，凝结水部分重新汽化，形成所谓的"二次蒸汽"，以两相流的状态在管路内流动。

③ 在热水采暖系统中，散热设备内热媒温度为热水和流出散热设备回水的平均温度。蒸汽在散热设备中凝结放热，散热设备的热媒温度为该压力下的饱和温度。蒸汽采暖系统散热设备热媒平均温度一般都高于热水采暖系统的热媒平均温度。因此，对同样的热负荷，蒸汽供热要比热水供热节省散热设备的面积。但蒸汽采暖系统散热设备表面温度高，易烧烤沉积在散热器上的有机灰尘，产生异味，卫生条件相对较差。

④ 蒸汽采暖系统中的蒸汽比容较热水比容大得多，因此，蒸汽在管道中的流速通常比热水流速高得多。

⑤ 由于蒸汽具有比容大、密度小的特点，因而在高层建筑采暖时，不会像热水采暖系统那样产生很大的静水压力。此外，蒸汽采暖系统的热惰性小，供汽时热得快，停汽时冷得也快，特别适宜于间歇供热的用户。

2. 蒸汽采暖系统的分类

① 按照供汽压力的大小，蒸汽采暖系统可分为三类：高压蒸汽采暖系统，供汽的表压力 >70kPa；低压蒸汽采暖系统，供汽的表压力 ≤70kPa；真空蒸汽采暖系统，压力低于大气压力。

② 按照蒸汽干管布置的不同，蒸汽采暖系统可分为上供式、中供式、下供式三种。

③ 按照立管的布置特点，蒸汽采暖系统可分为单管式和双管式两种。目前国内绝大多数蒸汽采暖系统采用双管式。

5.3.2　低压蒸汽采暖系统

1. 低压蒸汽采暖系统的特点

如图 5.16 所示，蒸汽锅炉产生的蒸汽通过供汽干管、立管及散热设备支管进入散热器，蒸汽在散热器中放出热量后变成凝结水，凝结水经疏水器沿凝结水管流回凝结水箱，由凝结水泵将凝结水送回锅炉重新加热。低压蒸汽采暖系统具有如下一些特点。

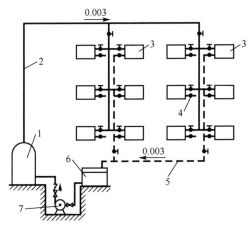

1—蒸汽锅炉；2—蒸汽管道；3—散热器；4—疏水器；5—凝结水管；6—凝结水箱；7—凝结水泵。

图 5.16　低压蒸汽采暖系统（双管上供下回式）

① 为使凝结水可以顺利地流回凝结水箱，凝结水箱应设在低处，同时，为了保证凝结水泵正常工作，避免凝结水泵吸入口处压力过低而使凝结水汽化，凝结水箱的位置应高于凝结水泵。

② 为了防止凝结水泵停止工作时，水从蒸汽锅炉倒流入凝结水箱，在蒸汽锅炉和凝结水泵之间应设止回阀。要使蒸汽采暖系统正常工作，必须将系统内的空气及凝结水顺利、及时地排出，还要阻止蒸汽从凝结水管窜回蒸汽锅炉。疏水器的作用就是阻汽疏水，凡蒸汽管路抬头处，均应设相应的疏水器，及时排除凝结水。蒸汽在输送过程中，也会逐渐冷却而产生部分凝结水，为将这部分凝结水顺利排出，蒸汽干管应有沿流向下降的坡度。

③ 为了减少设备投资，在设计中多是在每根凝结水立管下部装一个疏水器，以代替每个凝结水支管上的疏水器。这样可保证凝结水干管中无蒸汽流入，但凝结水立管中会有蒸汽。

④ 当系统调节不良时，空气会被堵在某些蒸汽压力过低的散热器内，这样蒸汽就不能充满整个散热器而影响放热。所以最好在每一个散热器上安装自动排气阀，以随时排净散热器内的空气。

2. 低压蒸汽采暖系统的分类

（1）双管上供下回式低压蒸汽采暖系统

图 5.16 所示为双管上供下回式低压蒸汽采暖系统。该系统的蒸汽管与凝结水管完全分开，每组散热器都可以单独调节。蒸汽干管设在顶层房间的屋顶下，通过蒸汽立管分别向下送汽，回水干管敷设在底层房间的地面上或地沟里。疏水器可以每组散热器或每个环路设一个。增加疏水器数量是节约能源的一个措施，但是投资及维修工作量也大。

（2）双管下供下回式低压蒸汽采暖系统

图 5.17 所示为双管下供下回式低压蒸汽采暖系统。当采用双管上供下回式低压蒸汽采暖系统蒸汽干管不好布置时，也可采用双管下供下回式低压蒸汽采暖系统。它与双管上供下回式低压蒸汽采暖系统所不同的是蒸汽干管布置在所有散热器之下，蒸汽通过立

管由下向上送入散热器。当蒸汽沿着立管向上输送时，沿途产生的凝结水由于重力作用会向下流动，与蒸汽流动的方向正好相反。由于蒸汽的运动速度较大，会携带许多水滴向上运动，并撞击弯头、阀门等部件，导致产生振动和噪声，这就是常说的水击现象。

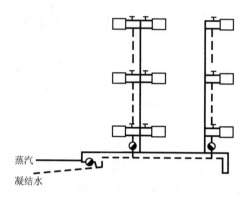

图 5.17　双管下供下回式低压蒸汽采暖系统

（3）双管中供下回式低压蒸汽采暖系统

图 5.18 所示为双管中供下回式低压蒸汽采暖系统。当多层建筑的采暖系统在顶层天棚下面不能敷设干管时可以采用该系统。

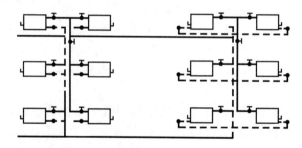

图 5.18　双管中供下回式低压蒸汽采暖系统

（4）单管上供下回式低压蒸汽采暖系统

图 5.19 所示为单管上供下回式低压蒸汽采暖系统。由于立管中汽水同向流动，因此运行时不会产生水击现象。该系统适用于多层建筑，可节约钢材。

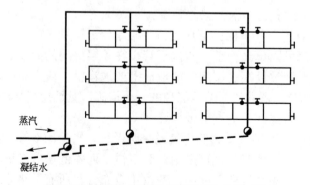

图 5.19　单管上供下回式低压蒸汽采暖系统

5.3.3 高压蒸汽采暖系统

高压蒸汽采暖系统的热媒为相对压力大于 70kPa 的蒸汽，如图 5.20 所示。高压蒸汽采暖系统由蒸汽锅炉、蒸汽管道、减压阀、散热器、凝结水管道、疏水器、凝结水箱和凝结水泵等组成。

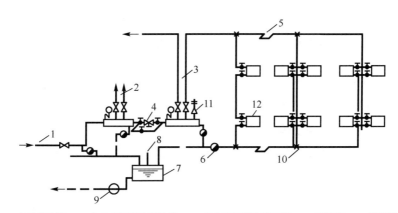

1—室外蒸汽管；2—室内高压蒸汽供热管；3—室内高压蒸汽采暖管；4—减压阀；5—补偿器；6—疏水器；7—凝结水箱；8—空气管；9—凝结水泵；10—固定支点；11—安全阀；12—散热器。

图 5.20 高压蒸汽采暖系统

高压蒸汽采暖系统具有如下一些特点。

① 由于高压蒸汽的压力及温度均较高，因此在热负荷相同的情况下，高压蒸汽采暖系统的管径和散热器片数都少于低压蒸汽采暖系统。这就显示了高压蒸汽采暖系统有较好的经济性。高压蒸汽采暖系统的缺点是卫生条件差，并容易烫伤人，因此这种系统一般只在工业厂房应用。

② 工业企业的锅炉房，往往既供应生产工艺用汽，同时也供应高压蒸汽采暖系统所需要的蒸汽。由于这种锅炉房送出的蒸汽压力常常很高，因此将这种蒸汽送入高压蒸汽采暖系统之前，通常要用减压装置将蒸汽压力降至所要求的数值。一般情况下，高压蒸汽采暖系统的蒸汽压力不应超过 300kPa。

③ 和低压蒸汽采暖系统一样，高压蒸汽采暖系统亦有上供、下供和单管、双管系统之分，但是为了避免高压蒸汽和凝结水在立管中反向流动所发出的噪声，一般高压蒸汽采暖均采用双管上供下回式系统。

④ 高压蒸汽采暖系统在启动和停止运行时，管道温度的变化要比热水采暖系统和低压蒸汽采暖系统都大，故应充分注意管道的伸缩问题。另外由于高压蒸汽采暖系统的凝结水温度很高，它在通过疏水器减压后，会重新汽化，产生二次蒸汽。也就是说，在高压蒸汽采暖系统的凝结水管中输送的是凝结水和二次蒸汽的混合物。在有条件的地方，要尽可能将二次蒸汽送到附近低压蒸汽采暖系统或热水采暖系统中加以利用。

项目 5.4 采暖设备及附件

5.4.1 散热器

散热器是采暖系统的主要散热设备，是通过热媒把热源的热量传递给室内的一种散热设备。通过散热器的散热，室内的得失热量达到平衡，从而维持房间需要的空气温度，达到采暖的目的。

散热器按材质可分为铸铁、钢制、合金散热器；按结构形式分为柱型、翼型、管型、板式、排管式散热器等；按其对流方式分为对流型和辐射型散热器。

1. 铸铁散热器

铸铁散热器具有结构简单、防腐性好、使用寿命长、适用于各种水质、造价低、热稳定性好等优点，长期以来，广泛使用于低压蒸气采暖系统和热水采暖系统中。

铸铁散热器有柱型、翼型和柱翼型三种形式。

（1）柱型铸铁散热器

柱型铸铁散热器是呈柱状的中空立柱单片散热器。其外表面光滑，每片各有几个中空的立柱相互连通，如图 5.21 所示。根据散热面积的需要，柱型铸铁散热器可以进行相应的组装。

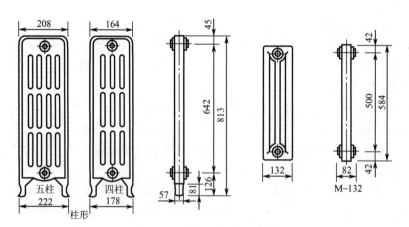

图 5.21 柱型铸铁散热器

（2）翼型铸铁散热器

翼型铸铁散热器分圆翼型和长翼型两类。圆翼型铸铁散热器是一根内径 75mm 的管子外面带有许多圆形肋片，管子两端配置法兰。长翼型铸铁散热器的外表面具有许多竖向肋片，如图 5.22 所示。

（3）柱翼型铸铁散热器

柱翼型铸铁散热器介于柱型铸铁散热器和翼型铸铁散热器之间，如图 5.23 所示。

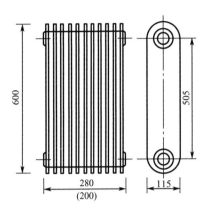

图 5.22 长翼型铸铁散热器

图 5.23 柱翼型铸铁散热器

2. 钢制散热器

常用的钢制散热器有以下几种。

（1）钢制柱型散热器

钢制柱型散热器的结构形式和柱型铸铁散热器相似，每片也有几个中空的立柱，它是用 1.5～2.0mm 厚的普通冷轧钢板经冲压加工焊接而成，如图 5.24 所示。其外形尺寸（高×宽）有 600mm×120mm、600mm×130mm、600mm×140mm、640mm×120mm 等几种。综合分析其热工性能，以 600mm×120mm 外形尺寸的性能最佳。

钢制柱型散热器传热性能较好，承压能力较强，表面光滑易清扫积灰，但其制造工艺复杂、造价较高、对水质要求高、易腐蚀，故使用年限短。

（2）钢制扁管散热器

钢制扁管散热器是由数根矩形钢制扁管叠加焊接成排管，再与两端联箱形成水流通路，如图 5.25 所示。

图 5.24 钢制柱型散热器

图 5.25 钢制扁管散热器

（3）钢制钢串片对流散热器

钢制钢串片对流散热器是用联箱连通两根平行管，并在钢管外面串上许多弯边长方形肋片而成的散热器，如图 5.26 所示。由于串片上下端是敞开的，形成了许多相互平行的竖直空气通道，具有较大的对流散热能力，故也把这种散热器称为对流散热器。钢制钢串片对流散热器体积小、质量轻、承压高、占地小，但使用时间较长时会出现串片与钢管的连接不紧或松动、接触不良等现象，会大大影响散热器的传热效果。

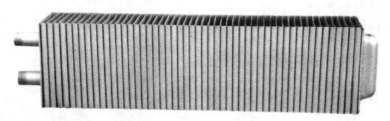

图5.26 钢制钢串片对流散热器

（4）装饰型散热器

随着人们生活水平越来越高，近几年，钢制散热器不断发展，其中以装饰型散热器发展尤为突出，出现了更多造型别致、色彩鲜艳、美观的散热器，如图5.27所示。

图5.27 装饰型散热器

钢制散热器与铸铁散热器相比，有以下特点。
① 钢制散热器的金属耗量少。
② 钢制散热器的耐压强度高。
③ 钢制散热器外形美观，占地面积小，便于布置。
④ 钢制散热器耐腐蚀性差，使用寿命短。

3. 合金散热器

（1）铝合金散热器

铝合金散热器是近年来我国工程技术人员在总结吸收国内外经验的基础上，潜心开发的一种新型、高效的散热器。其造型美观大方，线条流畅，占地面积小，富有装饰性；质量约为铸铁散热器的1/10，便于运输安装；金属热强度高，约为铸铁散热器的6倍；节省能源，采用内防腐处理技术。

（2）复合材料型铝制散热器

复合材料型铝制散热器是普通铝制散热器发展的一个新阶段。随着科技发展和技术进步，从21世纪开始，铝制散热器迈向主动防腐方向。所谓主动防腐，主要有两个办法：一个是规范供热运行管理，控制水质，对钢制散热器主要控制水中含氧量，停暖时充水密闭保养；对铝制散热器主要控制水的 pH。另一个办法是采用耐腐蚀的材质，如铜、钢、塑料等。目前铝制散热器已经发展到复合材料型，如铜-铝复合、钢-铝复合、铝-塑复合材料等。这些新产品适用于任何水质，耐腐蚀、使用寿命长，是轻型、高效、节材、节能、美观、耐用、环保的优良产品。

5.4.2　膨胀水箱

1. 膨胀水箱的作用及类型

膨胀水箱的作用是容纳水受热膨胀而增加的体积；在自然循环上供下回式热水采暖系统中，膨胀水箱连接在供水总立管的最高处，具有排除系统内空气的作用；在机械循环热水采暖系统中，膨胀水箱连接在回水干管循环水泵入口前，可以恒定循环水泵入口压力，保证采暖系统压力稳定。

膨胀水箱有圆形和矩形两种形式，一般是由薄钢板焊接而成的。

2. 膨胀水箱的配管

膨胀水箱上接有膨胀管、循环管、溢流管、信号管和排污管。

（1）膨胀管

膨胀水箱设在系统的最高处，系统的膨胀水量通过膨胀管进入膨胀水箱。自然循环热水采暖系统的膨胀管接在供水总立管的上部；机械循环热水采暖系统的膨胀管接在回水干管循环水泵入口前，如图 5.28 所示。膨胀管上不允许设置阀门，以免偶然关断使系统内压力增高而发生事故。

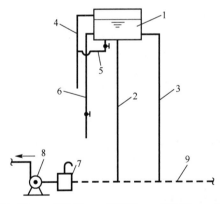

1—膨胀水箱；2—膨胀管；3—循环管；4—溢流管；5—排污管；6—信号管；7—除污器；8—水泵；9—回水干管。

图 5.28　膨胀水箱与采暖系统连接示意图

（2）循环管

当膨胀水箱设在不采暖的房间内时，为了防止水箱内的水冻结，膨胀水箱需设置循环管。机械循环热水采暖系统的循环管接至定压点前的水平回水干管上，如图 5.28 所示。连接点与定压点之间应保持 1.5～3m 的距离，以使热水能缓慢地在循环管、膨胀管和水箱之间流动。自然循环热水采暖系统的循环管接到供水干管上，与膨胀管也应有一段距离，以维持水的缓慢流动。循环管上也不允许设置阀门，以免水箱内的水冻结。

（3）溢流管

溢流管用来控制系统的最高水位。当水的膨胀体积超过溢流管管口时，水溢出就近排入排水设施中。溢流管上也不允许设置阀门，以免偶然关断导致水从入孔处溢出。

（4）信号管

信号管用来检查膨胀水箱水位，决定系统是否需要补水。信号管用来控制系统的最低水位，应接至锅炉房内或人们容易观察的地方。信号管末端应设置阀门。

（5）排污管

排污管清洗、检修时用来放空水箱。排污管可与溢流管一起就近接入排水设施中，其上应安装阀门。

> **特别提示**
> 区别膨胀水箱与给水水箱的作用及其配管的作用与设置要求。

5.4.3　排气装置

系统的水被加热时，会分离出空气。在系统停止运行时，通过不严密处也会渗入空气，充水后，有些空气会残留在系统内。系统中如果积存空气，就会形成气塞，影响水的正常循环。因此，系统中必须设置排除空气的装置。目前常见的排气装置主要有集气罐、自动排气阀和手动放风阀等几种。

1. 集气罐

集气罐一般用直径 100～200mm 的钢管焊制而成，分为立式和卧式两种，如图 5.29 所示。集气罐顶部连接直径 $DN15$ 的排气管，排气管应引到附近的排水设施处，排气管另一端装有排气阀，排气阀应设在便于操作的地方。

集气罐一般设于系统供水干管末端的最高点处，供水干管应向集气罐方向设上升坡度，以使管中水流方向与空气气泡的浮升方向一致，这样有利于空气汇集到集气罐的上部，以定期排除。当系统充水时，应打开集气罐上的排气阀，直至有水从管中流出，方可关闭排气阀。系统运行期间，应定期打开排气阀排除空气。

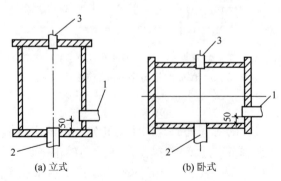

1—进水口；2—出水口；3—排气管。

图 5.29　集气罐

2. 自动排气阀

自动排气阀是靠阀体内的启闭机构自动排除空气的装置。它安装方便，体积小巧，且避免了人工操作管理的麻烦，在热水采暖系统中被广泛采用。目前国内生产的自动排气阀，大多采用浮球启闭机构，当阀内充满水时，浮球升起，排气口自动关闭；当阀内空气量增加时，水位降低，浮球依靠自重下垂，排气口打开排气，如图 5.30 所示。自动排气阀常会因水中污物堵塞而失灵，需要拆下清洗或更换，因此，排气阀前需加装一个截止阀、闸阀或球阀，此阀门常年开启，只在排气阀失灵需检修时临时关闭。

自动排气阀

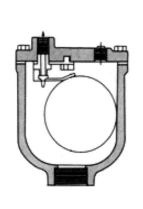

图 5.30 自动排气阀

3. 手动放风阀

手动放风阀用于排除散热器或分集水器中积存的空气。它适合用于工作压力不大于 0.6MPa、温度不超过 130℃ 的热水及蒸汽采暖散热器或管道上。

> **特别提示**
>
> 手动放风阀多为铜制，用于热水采暖系统时，应装在散热器上部丝堵上；用于低压蒸汽采暖系统时，则应装在散热器下部 1/3 的位置上。
> 应结合建筑物情况及管道布置情况确定排气装置的设置位置，并根据排气装置的设置位置确定管道的坡度及坡向。

5.4.4 除污器

除污器的作用是阻留管网中的污物，以防造成管路堵塞，一般安装在用户入口的供水管道上或循环水泵之前的回水总管上，并设有旁通管道，以便定期清洗检修。

除污器为圆筒形钢制筒体，有卧式和立式（图 5.31）两种。其工作原理是：水由进水管进入除污器内，水流速度突然减小，使水中污物沉降到

除污器

筒底，较清洁的水由带有大量小孔（起过滤作用）的出水管流出。

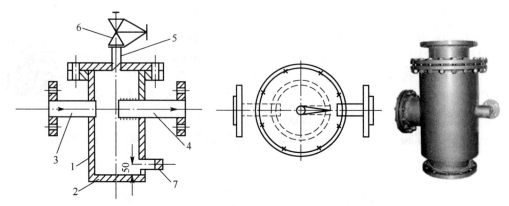

1—筒体；2—底板；3—进水管；4—出水管；5—排水管；6—阀门；7—排污丝堵。

图 5.31　立式除污器

图 5.32 所示为 Y 形除污器，该除污器体积小、阻力小、滤孔细密、清洗方便，一般不需装设旁通管。清洗时关闭前后阀门，打开排污盖，取出滤网即可。滤网清洗干净原样装回，通常只需几分钟。Y 形过滤器的排污盖一般应朝下方或 45° 斜下方安装，并留有抽出滤网的空间。安装时应注意介质流向，不可装反。

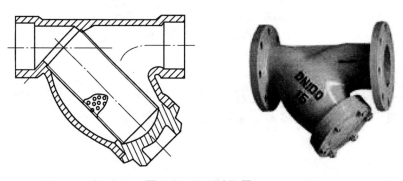

图 5.32　Y 形除污器

5.4.5　疏水器

在蒸汽采暖系统中，散热设备及管网中的凝结水和空气通过疏水器能自动而迅速地排出，同时阻止蒸汽逸漏。

疏水器种类繁多，按其工作原理可分为机械型、热力型和恒温型三种，如图 5.33 所示。

机械型疏水器是依靠蒸汽和凝结水的密度差，利用凝结水的液位进行工作的，主要有浮桶式、钟形浮子式、倒吊桶式等形式。热力型疏水器是利用蒸汽和凝结水的热动力学特性来工作的，主要有脉冲式、热动力式、孔板式等形式。机械型和热力型疏水器均属高压疏水器。恒温型疏水器是利用蒸汽和凝结水的温差引起恒温元件变形来工作的，具有工作性能好、使用寿命长的特点，适用于低压蒸汽采暖系统。

(a) 倒吊桶式机械型疏水器　　(b) 热动力式热力型疏水器　　(c) 波纹管式恒温型疏水器

图 5.33　疏水器

5.4.6　伸缩器

伸缩器又称补偿器。在采暖系统中，金属管道会因受热而伸长，每米钢管本身的温度每升高 1℃时，便会伸长 0.012mm。当平直管道的两端都被固定不能自由伸长时，管道就会因伸长而弯曲；当伸长量很大时，管道的管件就有可能因弯曲而破裂。因此需要在管道上补偿管道的热伸长，同时还可以补偿因冷却而缩短的长度，使管道不致因热胀冷缩而遭到破坏。常用的伸缩器有以下几种。

1. L 形和 Z 形伸缩器

L 形和 Z 形伸缩器利用管道自然转弯和扭转处的金属弹性，使管道具有伸缩的余地，如图 5.34（a）、（b）所示。进行管道布置时，应尽量考虑利用管道自然转弯做伸缩器，当自然补偿不能满足要求时可采用其他伸缩器。

2. 方形伸缩器

方形伸缩器如图 5.34(c) 所示。它是在直管道上专门增加的弯曲管道，管径小于或等于 40mm 时用焊接钢管，直径大于 40mm 时用无缝钢管弯制。方形伸缩器具有构造简单、制作方便、补偿能力大、严密性好、不需要经常维修等特点，但其占地面积大，大管径不易弯制。

方形伸缩器

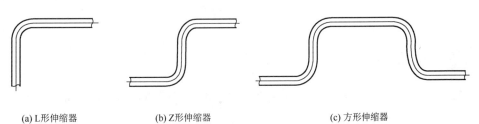

(a) L形伸缩器　　　　(b) Z形伸缩器　　　　(c) 方形伸缩器

图 5.34　伸缩器

3. 套筒伸缩器

套筒伸缩器是由直径不同的两段管子套在一起制成的。填料圈可保证两段管子之间接触严密，不漏水（或汽），填料圈用浸过煤焦油的石棉绳加些润滑油后安放进去。当热媒温度高、压力大时，一般用聚四氟乙烯填料圈。套筒伸缩器管径大，通常用法兰连接。套筒伸缩器的优点是外形尺寸小，补偿量大；其缺点是造价高，易漏水、漏汽，需经常维修和更换填料。

4. 波形伸缩器

波形伸缩器是用金属片焊接成的像波浪形的装置。它的工作原理是利用这些波片的金属弹性来补偿管道热胀冷缩的长度，减轻管道热应力作用。波形伸缩器补偿能力较小，一般用于压力较低的蒸汽管道和热水管道上。

为使管道产生的伸长量能合理地分配给波形伸缩器，使之不偏离允许的位置，在波形伸缩器之间应设固定卡。

5.4.7　热量表

热量表是用于测量及显示热载体为水时，流过热交换系统所释放或吸收的热量的仪表。它由流量传感器、一对温度传感器和积算仪组成。常用的热量表有楼栋用热量表和户用热量表（图 5.35）。户用热量表的流量传感器宜安装在供水管上。热量表前应设过滤器，安装热量表和温控阀的热水采暖系统不宜采用水流通道内含有黏砂的铸铁等散热器。

(a) 楼栋用热量表

(b) 户用热量表

图 5.35　热量表

5.4.8　散热器温控阀

散热器温控阀（图 5.36）是一种自动控制进入散热器热媒流量的设备，它由阀体部分和温控元件控制部分组成。

图 5.36　散热器温控阀

散热器温控阀的控温范围在 13～28℃ 之间，控温误差为 ±1℃。散热器温控阀具有恒定室温、节约热能等优点，但其阻力较大。

5.4.9　平衡阀

平衡阀包括静态平衡阀、自力式流量控制阀和自力式压差控制阀。

1. 静态平衡阀

静态平衡阀［图 5.37（a）］有精确的开度指示；有开度锁定功能，非工作人员不能随意改变开度；阀体上有两个测压孔，测压装置与其连接可测出阀门前后的压差，并进而计算流量；既可安装在供水管上，也可安装在回水管上。根据流体力学原理，在管路上阻力不改变的情况下，系统总流量变化时各管段及各用户的流量成比例变化。静态平衡阀根据热负荷的大小调节系统总流量，使用户的流量成比例地增大或减小，也就能使各用户得到相应的调节。

2. 自力式流量控制阀

自力式流量控制阀［图 5.37（b）］的名称较多，如自力式流量平衡阀、动态流量平衡阀等。自力式流量控制阀由一个手动调节阀组和一个自动平衡阀组组成。手动调节阀组的作用是设定流量，自动平衡阀组的作用是维持流量恒定。工作时，将手动调节阀组调到某一位置，当系统流量增大时，手动调节阀组前后压差会超过允许的给定值，此时通过感压膜和弹簧作用可使自动平衡阀组自动关小，直到流量重新维持到设定流量；反之亦然。与静态平衡阀一样，自力式流量控制阀具有开度指示和锁定功能，可装在供水管上，也可安装在回水管上。

3. 自力式压差控制阀

自力式压差控制阀［图 5.37（c）］根据结构不同分为供水式和回水式两种，对应安装在供水管和回水管上，两者不能互换。自力式压差控制阀由阀体、双节流阀座、阀瓣、感压膜、弹簧及压差调整装置等组成。其工作原理是利用阀体内部的感压膜和阀瓣的上下移动来调节阀门的开度，进而控制压差。

(a) 静态平衡阀　　　　　　　(b) 自力式流量控制阀　　　　　　(c) 自力式压差控制阀

图 5.37　平衡阀

5.4.10　气候补偿器

气候补偿器（图 5.38）一般安装在采暖系统的热源处，当室外温度降低时，气候补偿器会自动调整，增大电动阀的开度，使进入换热器的蒸汽或高温水的流量增大，从而使进入采暖用户的供水温度升高；反之，减小电动阀的开度，使进入换热器的蒸汽或高温水的流量减小，从而使进入采暖用户的供水温度降低。

气候补偿器

图 5.38　气候补偿器

项目 5.5　采暖系统的布置、敷设及安装

5.5.1　室外供热管道的布置与敷设

因为室外供热管网是集中供热系统中投资最多、施工最繁重的部分，所以合理地选

择供热管道的敷设方式以及做好管网平面的定线工作，对节省投资、保证供热管网安全可靠运行和施工维修方便等，都具有重要的意义。

1. 室外供热管道的布置

室外供热管道应尽量经过热负荷集中的地方，且以线路短、便于施工为宜。管线应尽量布置在地势较平坦、土质良好、地下水位低的地方，同时还要考虑和其他地上管线的相互关系。

地下供热管道的埋设深度一般不考虑冻结问题，对于直埋管道，在车行道下为 0.8~1.2m，在非车行道下为 0.6m 左右；管沟顶上的覆土深度一般不小于 0.3m，以避免直接承受地面的作用力。架空管道设于人和车辆稀少的地方时采用低支架敷设，设于交通频繁之处时采用中支架敷设，穿越主干道时采用高支架敷设。埋地管线坡度应尽量采用与自然地面相同的坡度。

2. 室外供热管道的敷设

室外供热管道的敷设方式可分为管沟敷设、埋地敷设和架空敷设三种。

（1）管沟敷设

厂区或街区交通特别频繁以致管道架空有困难或影响美观时，或在蒸汽采暖系统中凝结水是靠高差自流回收时，适于采用地下敷设。管沟是地下敷设管道的维护构筑物，其作用是承受土压力和地面荷载并防止水的侵入。根据管沟内人行通道的设置情况，管沟分为通行管沟、半通行管沟和不通行管沟，如图 5.39 所示。

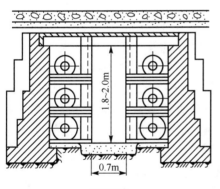
(a) 通行管沟

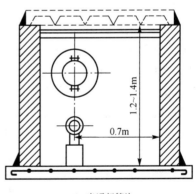
(b) 半通行管沟

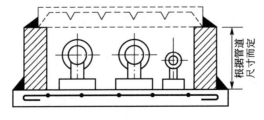
(c) 不通行管沟

图 5.39 管沟

① 通行管沟。通行管沟是操作人员可以在管沟内直立通行的管沟，可采用单侧或双侧两种布管方式。通行管沟人行通道的高度不低于 1.8m、宽度不小于 0.7m，并应允许管沟内管径最大的管道通过通道。管沟内若装有蒸汽管道，应每隔 100m 设一个事故入口；无蒸汽管道应每隔 200m 设一个事故入口。管沟内设自然通风或机械通风设备，管沟内空气温度按工人检修条件的要求不应超出 40～50℃。安全方面还要求管沟内设照明设施，照明电压不高于 36V。通行管沟的主要优点是操作人员可在管沟内进行管道的日常维修及大修更换管道，但其土方量大、造价高。

② 半通行管沟。在半通行管沟内，留有高度为 1.2～1.4m、宽度不小于 0.5m 的人行通道。操作人员可以在半通行管沟内检查管道和进行小型修理工作，但更换管道等大修工作仍需挖开地面进行。从工作安全方面考虑，半通行管沟只宜用于低压蒸汽管道和温度低于 130℃的热水管道。在决定敷设方案时，应充分调查当时当地的具体条件，征求管理和运行人员的意见。

③ 不通行管沟。不通行管沟的截面较小，只需保证管道施工安装的必要尺寸。不通行管沟的造价较低，占地面积较小，是城镇供热管道经常采用的管沟敷设方式。其缺点是检修时必须掘开地面。

（2）埋地敷设

对于公称直径小于或等于 500mm 的热力管道均可采用埋地敷设（一般敷设在地下水位以上的土层内）。埋地敷设是将保温后的管道直接埋于地下，从而节省了大量建造管沟的材料、工时和空间。埋地敷设的管道应有一定的埋深，外壳顶部的埋深应满足覆土厚度的要求。此外，还要求保温材料除热导率低外，还应吸水率低、电阻率高，并有一定的机械强度。为了防水、防腐蚀，保温结构应连续无缝，形成整体。

（3）架空敷设

架空敷设在工厂区和城市郊区应用广泛，它是将供热管道敷设在地面上的独立支架或带纵梁的管架以及建筑物的墙壁上。架空敷设的管道不受地下水的侵蚀，因而管道寿命长；由于空间通畅，故管道坡度易于保证，所需放气与排水设备量少，而且通常有条件使用工作可靠、构造简单的方形补偿器；因为只有支撑结构基础的土方工程，故施工土方量小，造价低；在运行中，易于发现管道事故，维修方便，是一种比较经济的敷设方式。架空敷设的缺点是占地面积较大，管道热损大，在某些场合下不够美观。

按照支架的高度不同，可把架空敷设分为下列三种形式。

① 低支架敷设［图 5.40（a）］。在不妨碍交通以及不妨碍厂区、街区扩建的地段，供热管道可采用低支架敷设。低支架敷设最好是沿工厂的围墙或平行于公路、铁路来布线。低支架上管道保温层的底部与地面间的净距通常为 0.5～1.0m，两个相邻管道保温层外面的间距一般为 0.1～0.2m。

② 中支架敷设［图 5.40（b）］。在行人出行频繁处，可采用中支架敷设。中支架的净空高度为 2.5～4.0m。

③ 高支架敷设［图 5.40（b）］。在跨越公路或铁路处，可采用高支架敷设。高支架的净空高度为 4.5～6.0m。

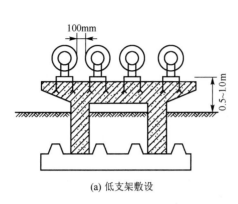 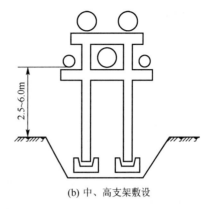

(a) 低支架敷设　　(b) 中、高支架敷设

图 5.40　支架敷设

5.5.2　热力入口的布置与敷设

室内采暖系统与室外供热管道的连接处，叫作室内采暖系统的热力入口。热力入口处一般装有必要的设备和仪表。

图 5.41 所示为室内采暖系统热力入口示意图。热力入口处设有温度计、压力表、调压板、旁通管、除污器、阀门等。温度计用来测量采暖供水和回水的温度；压力表用来测量供水和回水的压力差或调压板前后的压力差；当室外供热管网和室内采暖系统的工作压力不平衡时，调压板就用来调节压力，使室外供热管网与室内采暖系统的压力达到平衡；旁通管只在室内停止采暖或管道检修而外网仍需运行时打开，以使引入用户的支管中的水可以继续循环流动，防止外网支路被冻结。

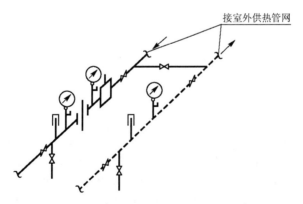

图 5.41　室内采暖系统热力入口示意图

5.5.3　室内采暖管道的布置与敷设

室内采暖系统的种类和形式应根据建筑物的使用特点和要求来确定，一般是在选定了系统的种类（热水采暖系统还是蒸汽采暖系统）和形式（上供还是下供、单管还是双管、同程还是异程）后进行系统的管网布置。

1. 热水采暖系统管路的布置与敷设

系统管路布置会直接影响系统造价和使用效果，因此，系统管路布置应合理，以节省管材，便于调节和排除空气，而且要求各并联环路的阻力损失易于平衡。

热水采暖系统的引入口一般宜设在建筑物中部。系统应合理地设若干支路，而且尽量使各支路的阻力易于平衡。

在布置热水采暖系统管网时，一般先在建筑平面图上布置散热器，然后布置干管，再布置立管，最后绘出管网系统图。布置系统时力求管道最短，便于管理，并且不影响房间的美观。

采暖管道的安装方法，有明装和暗装两种。采用明装还是暗装，要依建筑物的要求而定，一般民用建筑、公共建筑以及工业厂房都采用明装，装饰要求较高的建筑物采用暗装。

（1）干管的布置

对于上供式热水采暖系统，供热干管暗装时应布置在建筑物顶部的设备层中或吊顶内；明装时可沿墙敷设在窗过梁和顶棚之间的位置。布置供热干管时应考虑供热干管的坡度、集气罐的设置要求。有门顶的建筑物，供热干管、膨胀水箱和集气罐都应设在门顶层内，回水或凝结水干管一般敷设在地下室顶板之下或底层地面以下的采暖地沟内。

对于下供式热水采暖系统，供热干管和回水或凝结水干管均应敷设在建筑物地下室顶板之下或底层地面以下的采暖地沟内，也可以沿墙明装在底层地面上。当干管穿越门洞时，可局部暗装在沟槽内。无论是明装还是暗装，回水干管均应保证设计坡度的要求。采暖地沟断面的尺寸应由沟内敷设的管道数量、管径、坡度及安装检修的要求确定，沟底应有 0.3% 的坡度坡向热水采暖系统引入口用以排水。

> **特别提示**
>
> 采暖供水干管和回水干管要结合建筑物具体情况布置，并结合排水和泄空要求设置合理的坡向和坡度，无论是热水采暖系统还是蒸汽采暖系统，坡度都要引起重视。

（2）立管的布置

立管可布置在房间、窗间墙或墙身转角处，对于有两面外墙的房间，立管宜设置在温度低的外墙转角处。楼梯间的立管应尽量单独设置，以防结冻后影响其他立管的正常采暖。要求暗装时，立管可敷设在墙体内预留的沟槽中，也可敷设在管道竖井内。管道竖井每层应用隔板隔断，以减少管道竖井中空气对流而形成无效的立管传热损失。

（3）支管的布置

支管的布置与散热器的位置、进水口和出水口的位置有关。支管与散热器的连接方式有三种：上进下出式、下进上出式和下进下出式。散热器支管的进水口、出水口可以布置在同侧，也可以布置在异侧。设计时应尽量采用上进下出、同侧连接方式，这种连接方式具有传热系数大、管路最短、外形美观的优点。下进下出的连接方式散热效果较差，但在水平串联系统中可以使用，因为它安装简单，对分层控制散热量有利。下进上出的连接方式散热效果最差，但这种连接方式有利于排气。

连接散热器的支管应有坡度以利排气,当支管全长小于或等于500mm时,坡度值为5mm;当支管全长大于500mm时,坡度值为10mm。进、回水支管均沿流向顺坡。

> **特别提示**
> 考虑到支管的热胀冷缩因素,支管必须采用乙字管连接散热器和立管。

2. 蒸汽采暖系统管路的布置与敷设

蒸汽采暖系统管路布置的基本要求与热水采暖系统相同,但是还要注意以下几点。

① 水平敷设的供汽和凝结水管道必须有足够的坡度并尽可能地使汽、水同向流动。

② 布置蒸汽采暖系统时应尽量使系统作用半径小,流量分配均匀。系统规模较大、作用半径较大时宜采用同程式布置,以避免远近不同的立管环路因降压不同造成环路凝结水回流不畅。

③ 合理地设置疏水器。为了及时排除蒸汽采暖系统中的凝结水,除应保证管道必要的坡度外,还应在适当位置设置疏水器,一般低压蒸汽采暖系统在每组散热设备的出口或每根立管的下部设置疏水器,高压蒸汽采暖系统在环路末端设置疏水器。水平敷设的供汽干管,为了减少敷设深度,每隔30～40m需要局部抬高,局部抬高的低点处应设置疏水器和泄水装置。

④ 为避免蒸汽管路中的沿途凝结水进入立管造成水击现象,供汽立管应从蒸汽干管的上方或侧上方接出。干管沿途产生的凝结水,可通过干管末端设置的凝结水立管和疏水装置排除。

⑤ 水平干式凝结水干管通过过门地沟时,需将凝结水管内的空气与凝结水分流,并应在门上设空气绕行管。

3. 低温热水地板辐射加热管的布置与敷设

低温热水地面辐射采暖,俗称"地暖"。由于其具有舒适、卫生、节能、不影响室内观感、占有室内面积与空间小等优点,近年来在建筑中使用越来越多。

(1) 低温热水地面辐射采暖构造

低温热水地面辐射采暖一般由热水管网、分水器、加热管、集水器、绝热层、填充层、隔离层、找平层、面层等组成。加热管是通过热水循环加热地板的管道,下面主要介绍加热管的布置。

加热管的布置要保证地面温度均匀,一般将高温管段布置在外窗、外墙侧。加热管的敷设间距,应根据地面散热量、室内计算温度、平均水温及地面传热热阻等通过计算确定,一般为100～300mm。加热管应保持平直,防止管道扭曲。加热管一般无坡度敷设。埋设在填充层内的每个环路加热管不应有接头,且其长度不大于120m。加热管环路布置不宜穿越填充层内的伸缩缝,必须穿越时,伸缩缝处应设长度不小于200mm的柔性套管。

加热管管道弯曲时,圆弧的顶部应加以限制,并用管卡进行固定,不得出现"死折"现象。采用塑料及铝塑复合管时,其弯曲半径不宜小于6倍管外径;采用铜管时,其弯曲半径不宜小于5倍管外径。加热管应设固定装置。

（2）系统设置

低温热水地板辐射采暖系统的楼内分户计量热水采暖系统构造与单户计量热水采暖系统相同，只是在户内需设置分水器和集水器，另外，当集中采暖热媒的温度超过低温热水地板辐射采暖的允许温度时，可设集中的换热站以保证温度在允许的范围内。图5.42所示为低温热水地板辐射采暖系统设置。

低温热水地板辐射采暖的楼内系统一般通过设置在户内的分水器、集水器与户内埋在地面层内的管路系统连接，每套分水器、集水器宜接3～5个回路，最多不超过8个。分水器、集水器宜布置在厨房、卫生间等地方，注意应留有一定的检修空间，且每层安装位置应相同。

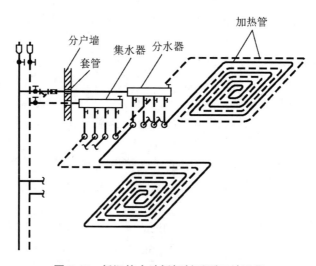

图 5.42　低温热水地板辐射采暖系统设置

5.5.4　采暖系统常用的管材

采暖系统常用的管材有以下几种。

1. 焊接钢管

焊接钢管及镀锌钢管常用于输送低压流体，是采暖工程中最常用的管材。焊接钢管使用时压力≤1MPa，输送介质的温度≤130℃。焊接钢管的 DN≤32时丝接，DN≥40时焊接。

2. 无缝钢管

无缝钢管主要用于系统需承受较高压力的室内采暖系统，通常采用焊接连接。

3. 其他管材

其他管材有交联铝塑复合（XPAP）管、聚丁烯（PB）管、交联聚乙烯（PE-X）管、无规共聚聚丙烯（PP-R）管等，常用于低温热水地板辐射采暖系统。

5.5.5 采暖管道的安装

为了更好地发挥采暖系统的作用，保证采暖系统的安装质量，管道安装时必须遵循以下工艺流程：热力入口安装→干管安装→立管安装→支管安装，即一般按安装准备→预制加工→总管及其入口装置→干管→立管→散热器→支管的施工顺序进行。

1. 热力入口安装

采暖系统热力入口由供水总管、回水总管及配件构成。供水总管、回水总管一般并行穿越建筑物基础预留洞进入室内。热力入口处设有温度计、压力表、旁通管、调压板、除污器、阀门等，安装时应预先装配好，必要时经水压试验合格后，整体穿入基础预留洞内。

2. 干管安装

干管的安装按下列程序进行：管道定位、画线→安装支架→管道就位→接口连接→开立管连接孔、焊接→水压试验、验收。下面主要介绍管道定位、画线和管道就位两个程序。

① 管道定位、画线。根据施工图所要求的干管走向、位置、坡度，检查预留孔洞，画出管道安装中心线。

② 管道就位。

a. 干管悬吊式安装。安装前，将地沟、地下室、技术层或顶棚内的吊卡穿于型钢上，在干管上套上吊卡，上下对齐，再穿上螺栓，拧紧螺母，将干管初步固定。

b. 干管在托架上安装。将干管搁置于托架上，先用U形卡固定第一节干管，然后依次固定各节干管。

c. 管道连接。在支架上将管段对好口，按要求焊接或螺纹连接，连成系统。

d. 管道找坡。管道连接好后，应校核管道坡度，合格后再固定管道。

3. 立管安装

立管安装应从底层到顶层逐层安装，安装时首先应确定安装位置，管道距左墙净距不得小于150mm，距右墙净距不得小于300mm。

① 画好立管垂直中心线，确定管卡安装位置，安好各层管卡。

② 立管逐层安装时，一定要穿入套管，并将其固定好，再用立管卡将立管固定。

4. 支管安装（略）

5.5.6 散热器的安装

散热器的安装主要包括散热器的组对，散热器的试压，在墙上画线、打眼、安装支架和托钩，安装散热器等。

1. 散热器的组对

常用散热器有钢制和铸铁两大类。钢制散热器在出厂前，已经根据设计要求的片数焊接完成。铸铁散热器除翼型铸铁散热器外，都要根据设计要求进行组对。

散热器组对前，应检查每片散热器有无裂纹、砂眼及其他损坏，接口断面是否平整。将散热器用钢刷将对口处螺纹内的铁锈处理干净，按正扣向上，依次放齐。组对常用的对丝、丝堵、补芯等部件应放在易取位置。组对密封垫一般采用石棉橡胶垫片，其厚度不超过1.5mm，用机油随用随浸。组对的散热器要求平直严紧，垫片不得外露。

2. 散热器的试压

将散热器抬到试压台上，用管钳上好临时丝堵和临时补芯，联接试压泵；试压时一般按工作压力的1.5倍作为试验压力，稳压5min，然后逐个观察每个接口是否有渗漏，不渗漏为合格。

将试压合格后的散热器表面除锈、刷防锈漆、刷银粉漆，然后运至集中地点，堆放整齐，准备安装。

3. 在墙上画线、打眼、安装支架和托钩

根据安装位置及高度在墙上画出安装中心线、打眼、安装支架和托钩。

4. 安装散热器

散热器与外墙的安装距离应符合设计要求和产品说明书要求，如未注明，应为30mm。

> **知识链接**

低温热水地板辐射采暖系统的安装

低温热水地板辐射采暖系统的施工工序为：地面清理→绝热层安装→安装分水器、集水器→安装加热管→水压试验→做填充层→做面层。

① 地面清理。

施工前，应先进行地面清理，清除地面上的积土和各类杂物，保持地面干净，防止损坏保温板。

② 绝热层安装。

绝热层一般采用聚苯乙烯泡沫塑料板。绝热层做在找平层上，保温板要平整，板块接缝应严密，下部无空鼓及凸起现象。保温板与四周墙壁之间应留出伸缩缝。

③ 安装分水器、集水器。

分水器、集水器宜在开始铺设加热管之前安装。

水平安装时，宜将分水器安装在上，集水器安装在下，中心距宜为200mm，集水器中心距地面不应小于300mm。每个环路加热管的进、出水口，应分别与分水器、集水器相连接。分水器、集水器一般布置在不影响室内使用且操作方便的地方，并加以固定。

④ 安装加热管。

加热管安装前，应对材料的外观和接头的配合公差进行仔细检查，并清除管道和管件内外的污垢和杂物。注意管与管、管卡之间的间距。加热管出地面到分水器、集水器连接处的明装部分，外部应加套管，套管高出装饰面150～200mm，以保护加热管。

⑤ 水压试验。

低温热水地板辐射采暖系统进行水压试验前，必须事先冲洗管道。水压试验一般进行两次，分别是在浇捣混凝土填充层前和填充层养护期满后。低温热水地板辐射采暖系统试验压力为工作压力的 1.5 倍，且不应小于 0.6MPa。在试验压力下稳压 1h，其压力降不应大于 0.05MPa。不宜以气压试验替代水压试验。水压试验宜采用手动泵缓慢升压，升压过程中应随时观察与检查，系统各处无任何渗漏后方可带压充填细石混凝土。

⑥ 做填充层及做面层。

细石混凝土的搅拌、运输、浇筑、振捣和养护等要满足低温热水地板辐射采暖系统的一系列施工要求，混凝土层在施工完毕后要进行养护，养护期不少于 21d。面层施工同一般楼地面，但要注意以下几点。

a. 对面积较大的地板，当面层为大理石、花岗岩时，在混凝土垫层上设有伸缩缝的，对应部位需做专门处理。

b. 当选用木地板作面层时，应注意选用地暖适用型。

c. 注意当面层施工不合格，需返工时，不得用切割机切割，要用凿子小心凿锻，不得触及垫层，以免盘管受损。

5.5.7 采暖系统的试压与冲洗

1. 试压

（1）试验压力

系统安装完毕，应做水压试验。水压试验的试验压力应符合设计要求，当设计未注明时，应符合下列规定。

① 蒸汽、热水采暖系统，应以顶点工作压力加 0.1MPa 做水压试验，同时在系统顶点的试验压力不小于 0.3MPa。

② 高温热水采暖系统，试验压力为系统顶点工作压力加 0.4MPa。

③ 使用塑料管及复合管的热水采暖系统，应以系统顶点工作压力加 0.2MPa 做水压试验，同时系统顶点的试验压力不小于 0.4MPa。

（2）试压方法

室内采暖系统的水压试验，可分段或分层进行，也可以整个系统进行。对于分段或分层试压的系统，如有条件，还应进行一次整个系统的试压。对于系统中需要隐蔽的管段，应做分段试压，试压合格后方可隐蔽，同时填写隐蔽工程验收记录。

① 试压准备：打开系统最高点的排气阀阀门；打开系统所有的阀门；采取临时措施隔断膨胀水箱和热源；在系统下部安装手摇泵或电动泵，接通自来水管道。

② 系统充水：依靠自来水的压力向管道内充水，系统充满水后不要进行加压，应反复地进行充水、排气，直到将系统中的空气排除干净；关闭排气阀。

③ 系统加压：确定试验压力，用试压泵加压。一般也应分 2～3 次升至试验压力。在试压过程中，每升高一次压力，都应停下来对管道进行检查，无问题再继续升压，直至升到试验压力。

④ 系统检验：采用金属及金属复合管的采暖系统，在试验压力下观测 10min，压力降不应大于 0.02MPa，然后降到工作压力进行检查，不渗不漏为合格。采用塑料管的采暖系统，在试验压力下稳压 1h，压力降不得超过 0.05MPa，然后在工作压力的 1.15 倍状态下稳压 2h，压力降不大于 0.03MPa，同时检查各连接处，不渗不漏为合格。

（3）试压注意事项

① 气温低于 4℃时，试压结束后应及时将系统内的水放空，并关闭泄水阀。

② 系统试压时，应拆除系统的压力表、打开疏水器旁通阀，避免压力表、疏水器被污物堵塞。

③ 试压泵上的压力表应为合格的压力表。

2. 冲洗

系统试压合格，应对系统进行冲洗，冲洗的目的是清除系统的泥沙、铁锈等杂物，保证系统内部清洁，避免运行时发生阻塞。

热水采暖系统可用水冲洗，冲洗的方法是：将系统内充满水，打开系统最低处的泄水阀，让系统中的水连同杂物由此排出，反复多次，直到排出的水清澈透明为止。

蒸汽采暖系统可采用蒸汽冲洗，冲洗的方法是：打开疏水装置的旁通阀，送汽时，送汽阀门慢慢开启，蒸汽由排汽口排出，直到排出干净的蒸汽为止。

采暖系统试压、冲洗结束后，方可进行防腐和保温。

5.5.8 管道、设备的防腐与保温

1. 防腐

在管道工程中，为了防止各种管道、设备产生锈蚀而受到破坏，需要对这些管道、设备进行防腐处理。

（1）管道防腐的程序

防腐处理的程序：除锈、刷防锈漆、刷面漆。

除锈是指在刷防锈漆前，将金属管道表面的灰尘、污垢及锈蚀物等杂物彻底清理干净。除锈可以用物理方法或是化学方法，不管采用哪种除锈方法，除锈后都应露出金属光泽，使涂刷的油漆能够牢固地黏结在管道或设备的表面上。

（2）常用油漆

① 红丹防锈漆。多用于地沟内保温的采暖及热水供应管道和设备。它是由油性红丹防锈漆和 200 号溶剂汽油按 4∶1 的比例配制的。

② 防锈漆。多用于地沟内不保温的管道。它是由酚醛防锈漆与 200 号溶剂汽油按 3.3∶1 的比例配制的。

③ 银粉漆。多用于室内采暖管道、给水排水管道及室内明装设备面漆。它是由银粉、200 号溶剂汽油、酚醛清漆按照 1∶8∶4 的比例配制的。

④ 冷底子油。多用于埋地管材的第一遍漆。它是由沥青和汽油按照 1∶2.2 的比例配制的。

⑤ 沥青漆。多用于埋地给水或排水管道的防水。它是由煤焦沥青漆和苯按照 6.2∶1 的比例配制的。

⑥ 调和漆。多用于有装饰要求的管道和设备的面漆。它是由酚醛调和漆和汽油按照 9.5∶1 的比例配制的。

（3）防腐要求

① 明装管道和设备必须刷一道防锈漆、两道面漆，如需保温和防结露处理，应刷两道防锈漆，不刷面漆。

② 暗装的管道和设备，应刷两道防锈漆。

③ 埋地钢管的防腐层做法应根据土壤的腐蚀性能来定，按表 5.1 来执行。

表 5.1 埋地钢管防腐层做法

防腐层层数 （从金属表面算起）	防腐层种类		
	正常防腐	加强防腐	超加强防腐
1	冷底子油	冷底子油	冷底子油
2	沥青漆涂层	沥青漆涂层	沥青漆涂层
3	外包保护层	加强包扎层	加强包扎层
4		（封闭层）	（封闭层）
5		沥青漆涂层	沥青漆涂层
6		外包保护层	外包保护层
7			（封闭层）
8			沥青漆涂层
9			外包保护层
防腐层层数	共 3 层	共 6 层	共 9 层

④ 出厂未涂油的排水铸铁管和管件，埋地安装前应在管道外壁涂两道石油沥青。

⑤ 涂刷应厚度均匀，不得有脱皮、起泡、流淌和漏涂等现象。

⑥ 管道、设备的防腐，严禁在雨、雾、雪和大风天气操作。

2. 保温

（1）保温的一般要求

为了减少在输送过程中的热量损失，节约燃料，实现资源节约集约利用[①]，必须对管道和设备进行保温。

保温应在防腐和水压试验合格后进行。

对保温材料的要求是：质量轻；来源广泛；热传导率小，隔热性能好；阻燃性能好；吸声率良；绝缘性高；耐腐蚀性高；吸湿率低；施工简单，价格低廉。

常用的保温材料

（2）常用的保温材料

保温材料的种类繁多，《严寒和寒冷地区居住建筑节能设计标准》（JGJ 26—2018）推荐下面两种保温材料（多用于采暖管道）。

① 水泥膨胀珍珠岩管壳，如图 5.43 所示。该保温材料具有较好的保

---

① 党的二十大报告"十、推动绿色发展，促进人与自然和谐共生""（一）加快发展方式绿色转型"中的"实施全面节约战略，推进各类资源节约集约利用"。

温性能，产量大，价格低廉，是目前管道保温常用的材料。

②岩棉、矿棉及玻璃棉管壳，如图5.44所示。该保温材料保温效果好，施工方便。

（3）保温层的做法

保温结构一般由保温层和保护层两部分组成。保温层主要由保温材料组成，具有保温绝热的作用；保护层主要保护保温层不受风、雨、雪的侵蚀和破坏，同时可以防潮、防水、防腐，延长管道的使用年限。

①涂抹法。做法是先在管道上缠以草绳，再将粉状绝热材料如石棉灰、硅藻土等调和成糊状抹在草绳外面。涂抹法由于施工慢、保温性能差，已逐步被淘汰。

图5.43 水泥膨胀珍珠岩管壳

图5.44 玻璃棉管壳

②预制法。做法是在工厂或预制厂将保温材料制成扇形、梯形、半圆形或弧形管壳，然后将其用铁丝捆扎在管道外面。预制法施工简单，保温效果好，是目前使用比较广泛的一种保温做法。

③包扎法。做法是先将矿渣棉毡或玻璃棉毡按管道的周长搭接宽度裁好，然后包在管道上，搭接缝在管道上部，外面用镀锌铁丝缠绑。包扎法必须采用干燥的保温材料，宜用油毡玻璃丝布做保护层。

④填充式。做法是将松散粒状或纤维保温材料如矿渣棉毡、玻璃棉毡等充填于管道周围的特制外套或铁丝网中，或直接充填于地沟内或无沟敷设的槽内。填充法造价低，保温效果好。

⑤浇灌式。做法是把配好的原料注入钢制的模具内，在管外直接发泡成型。浇灌法一般用于不通行地沟或直埋敷设的热力管道。

（4）保护层的做法

保温层干燥后，可做保护层。

①沥青油毡保护层。具体做法与包扎法相似，所不同的是，搭接缝在管道的侧面，缝口朝下，搭接缝用热沥青粘住。

②缠裹材料保护层。室内采暖管道常用玻璃丝布、棉布、麻布等材料缠裹作为保护层。如需做防潮，可在布面上刷沥青漆。

③石棉水泥保护层。泡沫混凝土、矿渣棉、石棉硅藻土等保温层常用石棉水泥保护层。具体做法是先将石棉与优质高强度等级水泥按照3∶17的质量比搅拌均匀，再用水调和成糊状，涂抹在保温层外面。其厚度一般为10～15mm。

④铁皮保护层。为了提高保护层的坚固性和防潮性，可采用铁皮保护层。铁皮保护层适用于预制瓦片保温层和包扎保温层中。具体做法是铁皮下料后，用压边机压边，

用滚圆机滚圆。铁皮应紧贴保温层，不留空隙，纵缝搭口朝下，铁皮的搭接长度为环向30mm；纵向不小于30mm，铁皮用半圆头自攻螺钉紧固。

项目 5.6　采暖系统施工图

5.6.1　采暖系统施工图的组成与内容

采暖系统施工图是室内采暖系统施工的依据和必须遵守的文件。施工图可使施工人员明白设计人员的设计意图，进而贯彻到采暖工程施工中去。施工时，未经设计单位同意，不能随意修改施工图中的内容。

1. 采暖系统施工图的组成

采暖系统施工图由文字部分和图示部分组成。文字部分包括设计施工说明、图纸目录、图例及主要设备材料表等，图示部分包括平面图、系统图和详图。

2. 采暖系统施工图的内容

（1）设计施工说明

设计施工说明主要内容有：建筑物的采暖面积；采暖系统的热源种类、热媒参数、系统总热负荷；系统形式，进出口压力差；各房间设计温度；散热器形式及安装方式；管材种类及连接方式；管道防腐、保温的做法；所采用的标准图号及名称；施工注意事项，施工验收应达到的质量要求；系统的试压要求；对施工的特殊要求和其他不易用图表达清楚的问题；等等。

（2）图纸目录

图纸目录包括设计人员绘制部分和所选用的标准图部分。

（3）图例

采暖系统施工图中的管道及附件、管道连接、阀门、采暖设备及仪表等，采用《暖通空调制图标准》（GB/T 50114—2010）中统一的图例表示，凡在标准图例中未列入的可自设，但在图纸上应专门画出图例，并加以说明。《暖通空调制图标准》（GB/T 50114—2010）中的部分图例见表 5.2。

表5.2　采暖系统施工图常用图例

序号	名称	图例	附注
1	阀门（通用）、截止阀	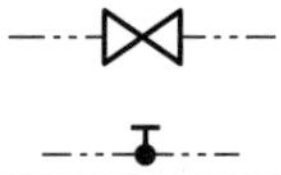	（1）没有说明时，表示螺纹连接 法兰连接时—  焊接时—  （2）轴测图画法 阀杆为垂直  阀杆为水平 
2	闸阀		
3	手动调节阀		

续表

序号	名称	图例	附注
4	球阀、转心阀		
5	蝶阀	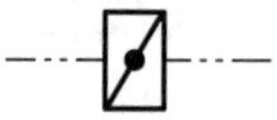	
6	角阀	 	
7	平衡阀		
8	三通阀	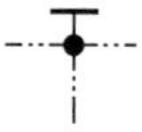 	
9	四通阀	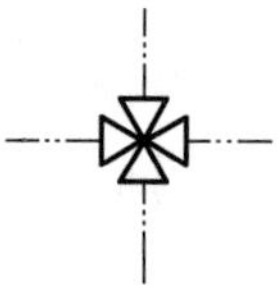	
10	节流阀		
11	膨胀阀	 	也称隔膜阀
12	旋塞		
13	快放阀		也称快速排污阀
14	止回阀		左、中图为通用画法,流向均由空白三角形至非空白三角形;中图也代表升降式止回阀;右图代表旋启式止回阀
15	减压阀	 	左图小三角为高压端,右图右侧为高压端。其余同阀门类推
16	安全阀		左图为通用安全阀,中图为弹簧安全阀,右图为重锤安全阀
17	疏水阀	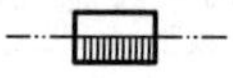	在不致引起误解时,也可用  —⊘— 表示,也称疏水器
18	浮球阀	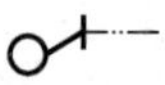 	
19	集气罐、排气装置	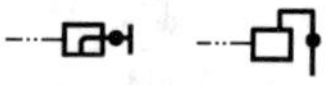	左图为平面图
20	自动排气阀		
21	除污器(过滤器)		左图为立式除污器,中图为卧式除污器,右图为Y形过滤器

续表

序号	名称	图例	附注
22	节流孔板、减压孔板	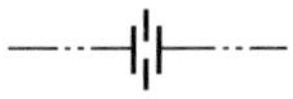	在不致引起误解时，也可用  表示
23	补偿器		也称伸缩器
24	矩形补偿器		
25	套管补偿器	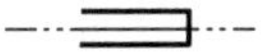	
26	波纹管补偿器		
27	弧形管补偿器		
28	球形补偿器	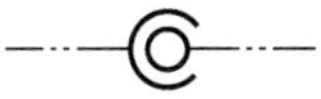	
29	变径管 异径管		左图为同心异径管，右图为偏心异径管
30	活接头	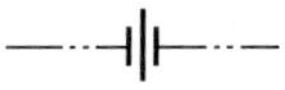	
31	法兰	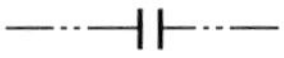	
32	法兰盖		
33	丝堵	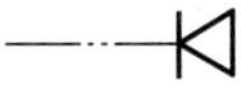	也可表示为 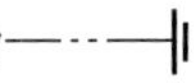
34	可屈挠橡胶软接头		也可表示为 
35	金属软管		
36	绝热管		
37	保护套管	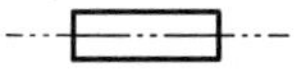	
38	伴热管	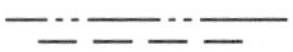	
39	固定支架	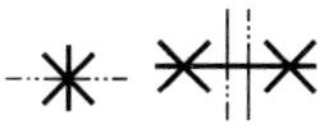	
40	介质流向	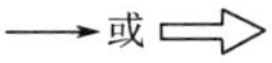 → 或 ⇨	在管道断开处时，流向符号宜标注在管道中心线上，其余可同管径标注位置
41	坡度及坡向	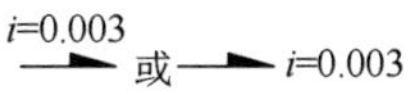 i=0.003 或 i=0.003	坡度数值不宜与管道起、止点标高同时标注。标注位置同管径标注位置

（4）主要设备材料表

为了使施工准备的材料和设备符合图纸要求，并且便于备料，设计人员应编制主要设备材料表，包括序号、名称、型号、规格、单位、数量、备注等项目，施工图中涉及的采暖设备、采暖管道及附件等均列入表中。

（5）平面图

平面图是表示建筑物各层采暖管道及设备的平面布置，一般有如下内容。

① 与采暖有关的建筑物轮廓，包括建筑物墙体、主要的轴线及轴线编号、尺寸线等。

② 采暖系统主要设备或管件（如支架、补偿器、膨胀水箱、集气罐等）在平面上的位置。

③ 干管、立管（平面图上为小圆圈）和支管的水平布置，同时注明干管管径和立管编号。

④ 散热器的位置（一般用小长方形表示）、片数及安装方式（明装、半暗装或暗装）。

⑤ 用细虚线画出采暖地沟、过门地沟的位置。

⑥ 热力入口位置与编号等。

（6）系统图

系统图主要表达采暖系统中管道、附件及散热器的空间位置及空间走向，主要包括以下内容。

① 采暖管道的走向、空间位置、坡度，管径及变径的位置，管道与管道之间的连接方式。

② 散热器与管道的连接方式。

③ 管路系统中阀门的位置、规格，集气罐的规格、安装形式。

④ 疏水器和减压阀的位置、规格及类型。

⑤ 立管编号。

⑥ 供、回水干管的标高。

（7）详图

在平面图和系统图上表达不清楚、用文字也无法说明的地方，可用详图画出。

详图是局部放大比例的施工图，因此也叫大样图。例如，一般采暖系统入口处管道的交叉连接复杂，因此需要另画一张比例比较大的详图。

5.6.2 采暖系统施工图识读

1. 识读方法与步骤

（1）建筑采暖系统安装于建筑物内，因此要先了解建筑物的基本情况，阅读采暖系统施工图中的设计施工说明，熟悉有关的设计资料、标准规范、采暖方式、技术要求及引用的标准图等。

（2）平面图和系统图是采暖施工图中的主要图纸，看图时应相互联系和对照，一般按照热媒的流动方向阅读，即供水总管→供水总立管→供水干管→供水立管→供水支管

→散热器→回水支管→回水立管→回水干管→回水总管。按照热媒的流动方向，可以较快地熟悉采暖系统的来龙去脉。

2. 采暖系统施工图识读实例

【案例】现以某学校实训楼采暖系统施工图为例，介绍采暖系统施工图的识读。

◆工程实例

某学校实训楼，地上二层，框架结构。主要房间为办公室、多媒体室、小型构件展览室、综合识图模型室、钢结构实训室、电子电工操作室、给水排水实训室、装饰实验室、建筑智能化实训室和暖通实训室等。

【附图】某学校实训楼采暖系统施工图，请扫二维码。

（1）施工图图纸简介

本套图纸包括设计施工说明一张、图例和主要设备材料表一张（设计施工说明、图例），详图一张（热力入口详图），平面图两张（首层采暖平面图、二层采暖平面图），系统图一张（采暖系统图）。所示图样为本工程截取的部分图样。

（2）阅读设计施工说明

从设计施工说明了解到，本系统为热水采暖系统，其最大热负荷160kW，总管阻35kPa（见系统图入口处标注），采暖热媒采用80/60℃热水，由外网集中供应，系统定压由外网解决。室外设计温度为-5℃。室内设计温度：办公室、多媒体室、小型构件展览室、综合识图模型室、钢结构实训室、电子电工操作室、给水排水实训室、装饰实验室、建筑智能化实训室和暖通实训室为16～18℃，卫生间为16℃，走廊、楼梯间为14℃。本系统采用上供中回单管顺序式采暖系统。管材采用热镀锌钢管，丝扣连接。散热器选用铜铝复合散热器，同侧进、出口中心距700mm挂装。散热量不小于172W/柱（$\Delta T=64.5℃$）。单柱长80mm，宽75mm。立、支管管径均为$DN20$。管道穿楼板，墙、梁处配合土建预埋大号钢套管，楼板内套管顶部高出地面2cm，底部相平，墙内套管两端与饰面平齐。穿厕所的管道与套管间填实油麻。管道穿沉降缝处橡胶挠性接管连接。楼梯间、走道及不采暖房间内管道均采用3cm超细玻璃棉管壳保温材料，外包铝箔，做法详见国标87R411。管道上必须配置必要的支、吊、托架，具体形式由施工及监理单位根据现场实际情况确定，做法参见国标88R420。埋地部分供、回水干管采用氰聚塑直埋保温管，直埋管出地坪后应高于地面10cm。管道系统安装完毕并经试压合格后应对系统进行反复冲洗，直至排出水中无杂质且水色不浑浊方为合格。

（3）平面图的识读

从首层采暖平面图中可以看到，采暖总管热力入口布置在建筑物西北角楼梯间内，供水干管从西侧外墙进入建筑物，向上出地面接入热力入口，通过热力入口后向东，沿楼梯间梁下穿墙进入专用卫生间，穿楼板至二层杂物间，向北至北外墙拐向东并沿北外墙分别引出L_1～L_{10}10根立管，至二层女卫生间东侧内墙向南穿墙进入走廊，向东至东外墙向南穿内墙进入暖通实训室，向南至南外墙并沿南外墙屋顶下敷设分别引出L_{11}～L_{22}12根立管，系统总共引出立管22根。从平面图中可以看出，室内散热器除办公室、储藏室因采用落地窗无法在窗下布置而沿内墙布置外，其他房间内的散热器均安装在窗台下。本工程采用铜铝复合散热器，每组散热器的柱（片）数均标注在窗口墙外或其附近处。采暖干管沿顶层敷设；回水干管沿首层顶棚下敷设，呈矩形同程式布置，汇集采暖立管 $L_1 \sim L_{22}$ 回水于总回水管。在首层和二层采暖平面图中，分别标注有回水干管、供水干管的管径尺寸及管道安装坡度。供、回水干管末端最高点处设自动排气阀。供、回水干管最高处设 E121 型自动排气阀。

（4）系统图的识读

将本工程的采暖系统图与平面图对照，可以清楚地看到该采暖系统整个管道系统的组成、管道走向及其与设备部件连接的空间位置。采暖总管从楼房南面正中地下标高 -1.400m 处穿基础进入建筑，然后向上出地面于 1.350m 标高处进入热力入口，通过热力入口后向上到一层屋面下，沿一层楼梯间梁下 2.800m 标高处穿墙进入专用卫生间抬头向上，穿楼板至二层杂物间，在二层顶棚下向北至北外墙内侧拐向东分别向下引出 $L_1 \sim L_{10}$ 10 根立管，至二层女卫生间东侧内墙向南穿墙进入走廊，向东至东外墙再向南穿内墙进入暖通实训室，至南外墙沿南外墙屋顶自东向西敷设分别向下引出 $L_{11} \sim L_{22}$ 12 根立管，供水干管自末端向热力入口方向保持 0.2% 坡度，末端标高 6.950m。回水干管的起点在一层男卫生间 L_1 立管处，末端设自动排气阀，标高 2.850m，沿一层顶棚呈顺时针围绕建筑外墙敷设，分别接收北侧 $L_1 \sim L_{10}$ 和南侧 $L_{11} \sim L_{22}$ 立管的回水，按 0.2% 下降坡度引回一楼西侧楼梯间，降低高度至标高 0.800m 处接入热力入口。通过热力入口后埋入地下与室外热力管网连接。系统中散热器立管采用单管串联式连接。系统中每根立管供、回水流程长度大致相等，构成同程式系统，有利于系统的水力平衡。由于系统采用上供中回式干管布置形式，首层散热器位置低于回水干管，故每组散热器立管的最低点均设有泄水阀。图中标注了各管段管径大小、散热器数量、管道坡度、水平干管起末端标高，以及在立管上标注的楼层地面标高。

（5）详图的识读

热力入口详图的比例为 1:25。该热力入口及配管阀门安装详细尺寸和做法可查阅 05N1 标准图集，由图中可看到热力入口主要设备包括闸阀、粗过滤器、精过滤器、平衡阀、压力表、温度计、旁通管、泄水阀等。

知识梳理与总结

（1）在冬季，人们用一定的方式向房间补充热量，以维持热平衡来保证日常生活、工作和生产活动所需要的环境温度，这就是采暖系统的任务。

（2）以热水为热媒，把热量带给散热设备的采暖系统，称为热水采暖系统。当热水采暖系统的供水温度为 95℃、回水为 70℃ 时，称为低温热水采暖系统；当供水温度高于 100℃ 时，称为高温热水采暖系统。低温热水采暖系统多用于民用建筑的采暖系统，高温热水采暖系统多用于生产厂房。

（3）以蒸汽为热媒，把热量带给散热设备的采暖系统，称为蒸汽采暖系统。蒸汽相对压力不高于 70kPa 的，称为低压蒸汽采暖系统；蒸汽相对压力为 70～300kPa 的，称为高压蒸汽采暖系统。蒸汽采暖系统主要应用于工业建筑。

（4）采暖系统是依靠采暖设备及附件实现的，采暖设备主要有散热器、膨胀水箱、排气装置、除污器、疏水器和伸缩器等。

（5）采暖系统的布置、敷设及安装是采暖系统的重要环节，要满足采暖系统试压、冲洗、防腐和保温的要求。

（6）为了更好地发挥采暖系统的作用，保证采暖系统的安装质量，管道安装时必须遵循以下工艺流程：热力入口→干管安装→立管安装→支管安装，即一般按安装准备→预制加工→总管及其入口装置→干管→立管→散热器→支管的施工顺序进行。

（7）建筑采暖施工图由文字部分和图示部分组成。文字部分包括设计施工说明、图纸目录、图例及主要设备材料表等，图示部分包括平面图、采暖系统图和详图。

复习思考题

1. 简述自然循环热水采暖系统的工作原理。
2. 列出自然循环热水采暖系统与机械循环热水采暖系统的不同之处。
3. 热水采暖系统常用的管网形式有哪些？各有什么特点？
4. 在采暖系统中采用同程式的优点有哪些？
5. 简述蒸汽采暖系统的工作原理及其分类。
6. 采暖系统设备与附件有哪些？各有什么作用？
7. 钢制散热器与铸铁散热器相比，有哪些特点？
8. 绘制膨胀水箱的示意图，并简述膨胀水箱及其配管的作用。
9. 热水采暖系统中常用的排气装置有哪几种？并简述其各自特点。
10. 采暖施工图由哪些组成？
11. 简述采暖平面图、系统图的内容。
12. 简述采暖施工图的识图方法和步骤。
13. 室外供热管道的敷设方式有哪几种？各有何特点？
14. 热力入口上有哪些仪表？分别起什么作用？
15. 建筑热水采暖管道的布置与敷设应注意哪些问题？
16. 简述采暖系统的安装工艺流程。
17. 简述管道、设备的防腐处理程序。
18. 管道常用的保温材料有哪些？各有什么特点？
19. 简述保温层的做法。
20. 简述保护层的做法。

参考文献

程文义，2009.建筑给排水工程［M］.2版.北京：中国电力出版社.
杜渐，2006.采暖与供热管网系统安装［M］.北京：中国建筑工业出版社.
高绍远，2007.房屋卫生设备［M］.3版.北京：高等教育出版社.
龚延风，1997.建筑设备［M］.天津：天津科学技术出版社.
贺平，孙钢，王飞，等，2009.供热工程［M］.4版.北京：中国建筑工业出版社.
靳慧征，李斌，2020.建筑设备基础知识与识图［M］.3版.北京：北京大学出版社.
刘昌明，鲍东杰，2007.建筑设备工程［M］.武汉：武汉理工大学出版社.
陆耀庆，2008.实用供热空调设计手册［M］.2版.北京：中国建筑工业出版社.
马铁椿，2013.建筑设备［M］.3版.北京：高等教育出版社.
孙桂良，张齐欣，2009.建筑设备［M］.合肥：合肥工业大学出版社.
王东萍，2002.建筑设备工程［M］.哈尔滨：哈尔滨工业大学出版社.
曾澄波，周硕珣，2017.建筑设备与识图［M］.北京：北京理工大学出版社.
张建英，2005.建筑设备与识图［M］.北京：高等教育出版社.
张孟同，张月霞，2012.房屋卫生设备［M］.武汉：武汉理工大学出版社.
张清，2009.房屋卫生设备［M］.3版.武汉：武汉理工大学出版社.
张闻民，王绍民，1995.暖卫与通风工程施工技术［M］.北京：中国建筑工业出版社.
赵培森，竺士文，赵炳文，1997.建筑给水排水暖通空调设备安装手册［M］.北京：中国建筑工业出版社.
赵淑敏，2001.通风与空气调节［M］.北京：中国建筑工业出版社.